oVirt
企业部署及实践

姬涛涛　顾云苏　赵冬伟　胡　薇
李晓鹏　王德鑫　刘碧楠　周勇亮　著

电子工业出版社
Publishing House of Electronics Industry
北京·BEIJING

内 容 简 介

本书全面介绍了 oVirt 这一强大且开源的虚拟化平台,涵盖了从基础架构搭建到高级配置与优化的各个方面,帮助读者从零开始搭建并管理企业级的虚拟化环境。

本书首先介绍了虚拟化的基本概念和 oVirt 的架构,随后深入讲解了 oVirt 的安装、配置和管理实践。本书不仅帮助读者掌握 oVirt 的核心功能,还介绍了如何将 oVirt 部署在国产化的鲲鹏、龙芯服务器上,以获得高效、可靠的虚拟化解决方案。

本书适合希望深入了解和掌握 oVirt 的 IT 专业人士、系统架构师、系统管理员,以及希望在虚拟化技术方面有所突破的读者,是一本不可多得的实用指南。

未经许可,不得以任何方式复制或抄袭本书之部分或全部内容。
版权所有,侵权必究。

图书在版编目(CIP)数据

oVirt 企业部署及实践 / 姬涛涛等著. -- 北京:电子工业出版社, 2025.2. -- ISBN 978-7-121-49648-6
Ⅰ. TP338
中国国家版本馆 CIP 数据核字第 2025PD3645 号

责任编辑:董英　南海宝
印　　刷:三河市龙林印务有限公司
装　　订:三河市龙林印务有限公司
出版发行:电子工业出版社
　　　　　北京市海淀区万寿路 173 信箱　　邮编:100036
开　　本:787×980　1/16　　印张:20.25　　字数:486 千字
版　　次:2025 年 2 月第 1 版
印　　次:2025 年 2 月第 1 次印刷
定　　价:89.00 元

凡所购买电子工业出版社图书有缺损问题,请向购买书店调换。若书店售缺,请与本社发行部联系,联系及邮购电话:(010)88254888,88258888。
质量投诉请发邮件至 zlts@phei.com.cn,盗版侵权举报请发邮件至 dbqq@phei.com.cn。
本书咨询联系方式:faq@phei.com.cn。

前　　言

当前在国内的私有云领域，VMware 的市场份额远超其他虚拟化管理平台。然而 VMware 在 2024 年改变了产品的付费方式，从永久授权的销售模式走向了全面订阅模式，此举将会大大增加企业的 IT 支出。此外，随着当前国际竞争的加剧，外国频繁地对中国企业进行技术封锁和制裁，前车之鉴比比皆是。通过开源的虚拟化产品代替 VMware 来规避安全风险也是一些企业考虑的重点。

oVirt 是一款基于 KVM 技术的开源轻量级虚拟化管理平台，其定位是替代 VMware vSphere。oVirt 提供的超融合服务支持上万规模的虚拟机，相比 VMware，它在性能方面也更有优势。对于一般企业而言，客户对虚拟化产品的需求可能只占 oVirt 功能的 20%～30%，oVirt 提供的功能和支持的虚拟机数量远远超过了用户的期望。此外，oVirt 是红帽 RHEV 商业版本对应的开源产品，当前国内也有不少企业部署了 RHEV，并且这些系统已经稳定运行了近二十年，其安全性和稳定性也已经得到了长期的检验。

考虑到当前国内还没有一本书对 oVirt 进行全面的介绍，大多数相关资料都需要从 oVirt 官方文档中查询，因此我们总结了生产中使用 oVirt 的一些经验，希望更多人可以通过本书来了解和使用 oVirt 这一优秀软件。

面向哪些读者？

当前国内关于 oVirt 的系统性书籍资源较为有限，很多用户在学习和部署 oVirt 时，主要依赖官方文档、开源社区或技术博客。然而，官方文档内容庞大且不易理解，社区和博客的内容不成体系，并且质量参差不齐。如果你在部署 oVirt 时有以下疑问，那么通过阅读本书可以得到答案。

- ❖ 对 oVirt 中的一些术语和概念比较迷惑。
- ❖ oVirt 部署前需要哪些准备，如何规划和安装？
- ❖ 如何方便地管理和使用 oVirt？
- ❖ oVirt 证书的续订及环境的备份与恢复如何进行？
- ❖ 国产鲲鹏或者龙芯处理器的服务器如何部署并使用 oVirt？

本书特色：

本书在撰写之初对 oVirt 的 4.5 版本和 4.4 版本进行了部署和全面的功能验证，最终挑选了 4.4.10 版本。这个版本功能最全面，并且其稳定性也得到了广大使用者的一致认可。

对于本书使用到的安装包和相关的测试镜像文件，我们都会提供下载链接，读者按照本书的操作步骤完全可以部署一个生产级别的 oVirt 虚拟化平台。

本书每章相对独立，读者可以将每章当作一个一个的小实验，在完成实验的过程中可以进一步强化相关知识。

本书内容及体系结构

第 1、2 章：对虚拟化技术的原理进行了介绍，并对 oVirt 虚拟化管理平台的术语和架构进行了说明，后面还提供了自托管引擎架构的部署方法。通过这些内容，读者可以了解虚拟化技术发展的过程，对 oVirt 有一个整体性的了解。同时读者能够从零开始一步一步搭建出完整的集群。

第 3、4 章：提供了 oVrit 的快速使用指南，并且提供了详细的虚拟机设置选项说明，内容涉及大量的虚拟化术语及 oVirt 功能特性。通过本章，读者不仅可以掌握虚拟机和虚拟机模板的基本使用和管理方法，还可以自定义虚拟机的控制台、显示器数量、外设、引导、高可用等选项，并对 CPU、内存等资源进行调优。

第 5、6 章：介绍了 oVirt 的一些使用技巧，包括虚拟机内外网通信的方式、oVirt 的内部认证域的使用、用户（组）及权限管理、虚拟机门户管理实践、模板管理实践、用户权限实践及配额管理实践。通过本章，读者可以学习如何简化一些虚拟机管理方面的工作，提高管理效率。

第 7 章：介绍了 oVirt 常见的维护操作和恢复操作，通过本章，读者可以学习到如何更新 oVirt，备份和恢复 oVirt，以及更新 oVirt 的证书文件。

第 8、9 章：主要介绍了如何在国产鲲鹏服务器和国产龙芯服务器上部署 oVirt，解决国产服务器上虚拟机管理困难的用户痛点。

读者服务

微信扫码回复：49648

获取本书配套资源

加入本书读者交流群，与作者互动

获取【百场业界大咖直播合集】（持续更新），仅需 1 元

目 录

第 1 章 虚拟化及 oVirt 技术简介 ·· 1
  1.1 虚拟化发展历史 ·· 2
    1.1.1 x86 虚拟化的困难 ·· 3
    1.1.2 全虚拟化技术 ·· 4
    1.1.3 半虚拟化技术 ·· 5
    1.1.4 基于硬件辅助的全虚拟化技术 ·· 6
    1.1.5 内存虚拟化 ·· 8
    1.1.6 I/O 设备虚拟化 ·· 10
    1.1.7 容器技术 ·· 11
    1.1.8 企业虚拟化技术的优势 ·· 11
    1.1.9 虚拟化技术当前的发展形势 ·· 12
  1.2 oVirt 介绍 ·· 13
    1.2.1 oVirt 相关术语 ·· 13
    1.2.2 oVirt 架构 ·· 15
    1.2.3 oVirt 的关键组件 ·· 16
    1.2.4 自托管引擎架构 ·· 19
    1.2.5 独立管理器架构 ·· 20

第 2 章 部署自托管引擎架构的 oVirt 集群 ·· 21
  2.1 确认主机满足安装要求 ·· 22
    2.1.1 CPU 要求 ·· 22
    2.1.2 内存要求 ·· 23
    2.1.3 存储容量要求 ·· 23
    2.1.4 网络硬件要求 ·· 24
    2.1.5 网络配置要求 ·· 24

2.2 准备共享存储 25
    2.2.1 为 NFS、iSCSI 存储的服务器安装操作系统 25
    2.2.2 配置 NFS 存储 28
    2.2.3 准备 iSCSI 存储 29
2.3 准备安装介质 31
2.4 规划整体网络 32
2.5 准备主机 33
    2.5.1 安装操作系统 33
    2.5.2 安装后通过 nmtui 命令配置网络 35
    2.5.3 安装后通过 nmcli 命令配置网络 38
    2.5.4 设置主机名称 38
2.6 在主机上部署管理器引擎 39
    2.6.1 配置管理器引擎主机 39
    2.6.2 安装 ovirt-engine-appliance 软件包 40
    2.6.3 通过命令部署管理器引擎 41
2.7 连接到管理门户 46
    2.7.1 为网站添加 CA 证书 46
    2.7.2 登录管理门户 47
2.8 添加新的主机 48
    2.8.1 安装操作系统 49
    2.8.2 将主机域名同步添加至管理器节点 50
    2.8.3 在门户界面添加主机 50
2.9 添加主机时常见的故障排除 53
    2.9.1 yum 源无法使用 53
    2.9.2 主机因网络原因处于不可用状态 54
    2.9.3 iSCSI 连接器名称有误导致主机不可用 56

第 3 章 快速使用指南 58

3.1 oVirt 配置存储 58
    3.1.1 准备 NFS 存储 59
    3.1.2 准备 iSCSI 存储 61
    3.1.3 添加数据域 64
    3.1.4 添加 ISO 域 71

3.1.5 添加导出域 75
3.2 创建虚拟机 77
    3.2.1 安装 virt-viewer 客户端控制台 77
    3.2.2 创建 Linux 虚拟机 77
    3.2.3 为 Linux 安装客户机代理和驱动程序 83
    3.2.4 创建 Windows 虚拟机 84
    3.2.5 为 Windows 安装客户机代理和驱动程序 93
3.3 管理虚拟机 97
    3.3.1 启动虚拟机 97
    3.3.2 关闭虚拟机 97
    3.3.3 暂停/恢复虚拟机 98
    3.3.4 重启或重置虚拟机 99
    3.3.5 删除虚拟机 100
    3.3.6 克隆虚拟机 101
    3.3.7 更换虚拟机的 CD 102
    3.3.8 添加网络接口 103
    3.3.9 修改网络接口 104
    3.3.10 删除网络接口 105
    3.3.11 添加虚拟磁盘 106
    3.3.12 修改虚拟磁盘 108
    3.3.13 删除虚拟磁盘 108
    3.3.14 虚拟机快照 109
    3.3.15 配置虚拟机使用主机设备 114
    3.3.16 将虚拟机固定在特定主机上 117
3.4 管理模板 119
    3.4.1 封装 Linux 或 Windows 虚拟机 119
    3.4.2 创建模板 120
    3.4.3 编辑、删除模板 121
    3.4.4 导出模板 122
    3.4.5 导入模板 123
    3.4.6 通过模板创建虚拟机 124

3.5 导入或导出虚拟机 · 127
   3.5.1 将虚拟机导出到主机上 · 127
   3.5.2 从主机中导入虚拟机 · 128
   3.5.3 将虚拟机导出到导出域 · 130
   3.5.4 从导出域导入虚拟机 · 132
   3.5.5 将虚拟机导出到数据域 · 133
   3.5.6 从数据域导入虚拟机 · 134
   3.5.7 从 VMware 中导入虚拟机 · 136
   3.5.8 从 KVM 导入虚拟机 · 138

第 4 章 设置虚拟机详细指南 · 141

4.1 虚拟机"普通"选项卡设置说明 · 142
   4.1.1 磁盘设置项说明 · 144
   4.1.2 网络设置项说明 · 147
4.2 虚拟机"系统"设置说明 · 148
4.3 虚拟机"初始运行"设置说明 · 151
4.4 虚拟机"控制台"设置说明 · 152
4.5 虚拟机"主机"设置说明 · 155
4.6 虚拟机"高可用性"设置说明 · 157
4.7 虚拟机"资源分配"设置说明 · 158
4.8 虚拟机"引导选项"设置说明 · 160
4.9 虚拟机"随机数生成器"设置说明 · 161
4.10 虚拟机"自定义属性"设置说明 · 163
4.11 虚拟机"图标"设置说明 · 164
4.12 虚拟机"Foreman/Satellite"设置说明 · 165

第 5 章 高级配置管理 · 166

5.1 oVirt 配置内网 · 166
   5.1.1 创建 ovirt-provider-ovn · 166
   5.1.2 创建路由连通内网与外网 · 170
   5.1.3 配置内网虚拟机以访问外网 · 173
   5.1.4 配置外网设备以访问内网 · 175

5.2 用户（组）及权限管理 ··· 177
5.2.1 内部认证 AAA-JDBC 介绍 ··· 178
5.2.2 管理内部域中的本地用户 ··· 178
5.2.3 管理内部域中的本地用户组 ··· 187
5.2.4 将用户（组）添加到管理器引擎 ··· 192
5.2.5 从管理器引擎中删除用户（组） ··· 195
5.2.6 管理器引擎中用户（组）权限管理 ··· 195

第6章 企业实践及案例 ··· 204

6.1 虚拟机门户管理实践 ··· 204
6.1.1 登录到虚拟机门户 ··· 205
6.1.2 创建虚拟机和使用虚拟机控制台 ··· 206
6.1.3 查看虚拟机 ··· 209
6.1.4 删除虚拟机 ··· 211
6.1.5 编辑虚拟机 ··· 211

6.2 模板管理实践 ··· 214
6.2.1 创建带有 Cloud-Init 工具的模板 ··· 215
6.2.2 创建虚拟机时选择 Cloud-Init 选项 ··· 216

6.3 用户权限实践 ··· 219
6.4 配额管理实践 ··· 226

第7章 更新及维护 ··· 231

7.1 oVirt 更新 ··· 231
7.1.1 更新管理器引擎节点 ··· 232
7.1.2 更新 oVirt 的所有主机 ··· 233
7.1.3 手动更新 oVirt 的主机 ··· 235

7.2 oVirt 的备份与恢复 ··· 235
7.2.1 使用 engine-backup 命令创建备份 ··· 236
7.2.2 使用 engine-back 命令恢复备份 ··· 238
7.2.3 修改 oVirt 管理器的域名 ··· 249

7.3 更新证书 ··· 250
7.3.1 查看证书过期时间 ··· 251
7.3.2 在证书过期前续订证书 ··· 252

7.3.3 在证书过期后更新主机证书 ········· 254
7.3.4 当管理器证书过期且无法启动管理器引擎时 ········· 257

第8章 在国产鲲鹏920上使用oVirt ········· 261

8.1 整体安装规划 ········· 262
8.2 部署openEuler操作系统 ········· 263
 8.2.1 部署操作系统 ········· 263
 8.2.2 设置BIOS ········· 265
8.3 安装和部署管理器引擎 ········· 266
8.4 部署和添加主机 ········· 275
 8.4.1 部署主机 ········· 275
 8.4.2 添加主机 ········· 279
8.5 通过管理门户添加存储域 ········· 281

第9章 在国产龙芯服务器上使用oVirt ········· 284

9.1 整体安装规划 ········· 284
9.2 部署和配置Loongnix Server 8.4操作系统 ········· 285
 9.2.1 部署操作系统 ········· 285
 9.2.2 配置网络并启用SSH服务 ········· 287
 9.2.3 配置远程yum源 ········· 288
9.3 安装和部署管理器引擎 ········· 289
9.4 部署和添加主机 ········· 297
 9.4.1 部署主机 ········· 297
 9.4.2 添加主机 ········· 299
9.5 通过管理门户添加存储域 ········· 300

附录 ········· 301

附录A 管理器引擎开放的防火墙端口清单 ········· 301
附录B 主机防火墙端口清单 ········· 302
附录C 打开主机虚拟化嵌套（仅x86架构支持）········· 303
附录D cert_data.sh脚本文件 ········· 305
附录E singlehost.sh脚本文件 ········· 306

第 1 章
虚拟化及 oVirt 技术简介

在计算机科学中，虚拟化技术（Virtualization）是一种资源管理分配技术，将计算机的各种硬件资源（例如中央处理器、内存、硬盘、网络适配器等 I/O 设备）予以抽象、转换，之后呈现出一个可供分割并任意组合为一个或多个（虚拟）计算机的配置环境。

虚拟化技术打破了计算机内部实体结构间不可分割的障碍，使用户能够以更好的配置方式来应用这些计算机硬件资源。而这些资源的虚拟形式将不受现有架设方式、地域或物理位置所限制。

虚拟化技术是一个广义的术语，根据不同的对象类型可以将其细分为以下三类。

- 平台虚拟化（Platform Virtualization）：是一种针对计算机和操作系统的虚拟化技术，通过在单个物理主机上创建和运行多个虚拟操作系统环境来提高资源利用率和灵活性。
- 资源虚拟化（Resource Virtualization）：是针对特定系统资源（如内存、存储和网络资源）的虚拟化技术。通过资源虚拟化，硬件资源被整合、抽象和分配，使得多个虚拟实例可以共享这些资源，从而提高效率和灵活性。
- 应用程序虚拟化（Application Virtualization）：是一种使应用程序独立于底层操作系统和硬件环境运行的技术。它通过仿真、模拟和解释技术将应用程序与操作系统隔离，以确保应用程序在不同环境中运行的一致性。一个典型的例子是 Java 虚拟机（JVM），它允许 Java 应用程序在任何支持 JVM 的操作系统上运行，而无须针对每个操作系统进行修改。

这里我们主要讨论的是平台虚拟化，即将硬件资源分割成多份，分配给多台虚拟机，以实现资源的更高效利用，且具备更好的可靠性与灵活性。

1.1 虚拟化发展历史

虚拟化技术源于大型机，最早可以追溯到 20 世纪六七十年代大型机上的虚拟分区技术，即允许在一个主机上运行多个操作系统，让用户尽可能充分地利用昂贵的大型机资源。随着技术的发展和市场竞争的加剧，虚拟化技术向小型机或 UNIX 服务器上转移，只是真正使用大型机和小型机的用户还是少数，加上各厂商产品和技术之间的不兼容，使得虚拟化技术不太被公众所关注。到了 20 世纪末至 21 世纪初，得益于硬件性能的提升和计算机小型化，各大软硬件厂商对虚拟化技术进行了广泛的研究和支持，如图 1-1 所示，虚拟化技术在这期间得到了快速的发展。

图 1-1　虚拟机发展历史

1974 年，Gerald J. Popek（杰拉尔德·J·波佩克）和 Robert P. Goldberg（罗伯特·P·戈德堡）在合作论文 *Formal Requirements for Virtualizable Third Generation Architectures* 中提出了一组被称为虚拟化准则的充分条件，该组条件又称为波佩克与戈德堡虚拟化需求（Popek and Goldberg Virtualization Requirements），它包含虚拟化系统结构的三个基本条件。

（1）资源控制（Resource Control）：控制程序必须能够管理所有的系统资源。

（2）等价性（Equivalence）：在控制程序管理下运行的程序（包括操作系统），除时序和资源可用性外应该与没有控制程序管理时完全一致，且预先编写的特权指令可以自由地被执行。

（3）效率性（Efficiency）：绝大多数客户机的指令应该由主机硬件直接执行，无须控制程序的参与。

满足以上条件的控制程序才可以被称为 VMM（Virtual Machine Monitor，虚拟机监视器），这些理论一直沿用至今。

1.1.1　x86 虚拟化的困难

在计算机系统中，指令可以分为特权指令和非特权指令。非特权指令通常包括操作数的算术和逻辑操作、访问内存的加载和存储指令、分支和跳转指令等，这些指令可以在用户模式下被执行。而特权指令涉及对硬件资源的直接操作，例如访问或修改系统控制寄存器、管理内存、中断控制、控制 I/O 等，这些只能在操作系统内核模式下执行。

x86 架构的 CPU 运行可以分为四个特权等级，如图 1-2 所示，分别是 RING 0、RING 1、RING 2、RING 3。权限最高的是 RING 0，这个等级的指令可以直接控制硬件，如 CPU、I/O 与存储器。只有操作系统内核与驱动程序可以存在于 RING 0 并实现与硬件直接沟通。通常，应用程序都属于 RING 3 等级，RING 1 和 RING 2 等级很少被使用。对于应用程序与操作系统发出的非特权指令，处理器一律采取直接执行的方式，如果应用程序需要执行特权操作，则需要通过系统调用来请求操作系统内核在受控的环境下执行特权操作。

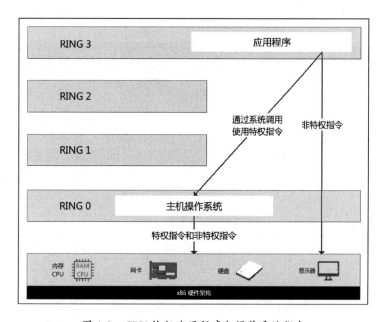

图 1-2　CPU 执行应用程序与操作系统指令

如果要进行虚拟化，RING 0 等级指令就必须通过虚拟机监视器来控制，进行硬件资源的分配处理，而操作系统则需要被调降到 RING 1 等级运行。

在 x86 的指令集架构中有 17 条非特权指令必须运行在 RING 0 等级，我们称之为非虚拟化指令（Nonvirtualizable Instructions）。这些指令不能完全地虚拟化，在非 RING 0 下执行时与 RING 0 下执行的语义有所不同，或者在执行时静默失败，导致虚拟机监视器不能捕获这部分命令并执行。它们需要在 RING 0 等级执行，以确保正确的操作和安全性，如图 1-3 所示，如果在 RING 1 等级直接执行这些指令，则操作系统将会产生警告、终止应用程序甚至导致系统崩溃。

捕获和翻译这些非虚拟化指令是很困难的，这使得在 x86 架构下很难实现虚拟化。为了解决这个问题，后面又催生出了全虚拟化技术、半虚拟化技术、基于硬件辅助的全虚拟化技术。

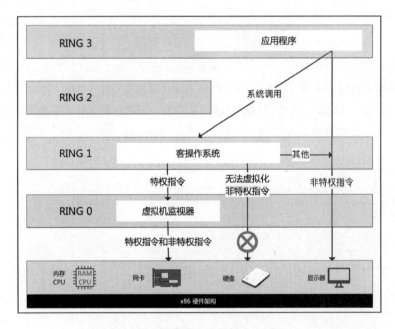

图 1-3　操作系统运行于 RING 1

1.1.2　全虚拟化技术

20 世纪 90 年代，以 VMware 为代表的部分虚拟化软件厂商采用了一种软件解决方案，这种方案是通过二进制转译（Binary Translation）技术来实现的，其原理是将虚拟机的操作系统（简称为客操作系统）放在 RING1 等级运行，通过虚拟机监视器来预先拦截客操作系统中的非虚拟化指令，将其翻译后替换成具有相同效果的指令序列。客操作系统在运行时认为自己可以直接掌控硬件，能使 x86 服务器平台实现虚拟化。

在全虚拟化技术中虚拟机模拟了完整的底层硬件，包括处理器、物理内存、时钟、外设等，使得为原始硬件设计的操作系统或其他系统软件完全不做任何修改就可以在虚拟机中运行。如图 1-4 所示，客操作系统与真实硬件之间的交互需要通过虚拟机监视器来完成。这种纯软件的"全虚拟化"模式，需要利用二进制进行转换，而二进制转换带来的开销会使得虚拟机的性能大打折扣。

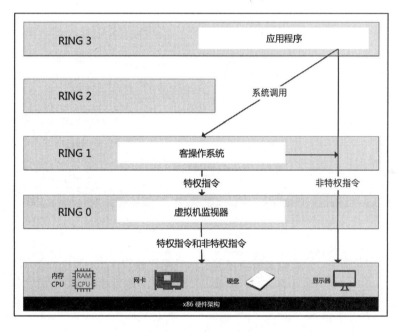

图 1-4　全虚拟化架构

为解决性能问题，出现了一种新的虚拟化技术——半虚拟化技术，其典型代表是 Xen，即不需要二进制转换，而是通过对客操作系统进行代码级修改，使定制的客操作系统获得额外的性能和高扩展性。

1.1.3　半虚拟化技术

在半虚拟化技术中，客操作系统运行在 RING 0 等级，不会被调降到 RING 1 等级，如图 1-5 所示。它的原理是修改客操作系统内核中的部分代码，通过植入超级调用（Hypercall）使客操作系统将与特权指令相关的操作都转发给虚拟机监视器，由虚拟机监视器继续处理。这样就能让原本不能被虚拟化的命令可以通过超级调用接口向虚拟机监视器提出请求，而超级调用支持批处理和异步这两种优化方式，使得虚拟机能得到近似于物理机的速度。

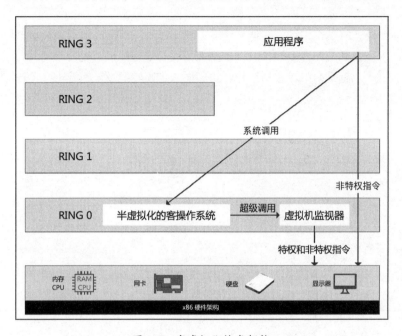

图 1-5　半虚拟化技术架构

相较于全虚拟化而言，半虚拟化需要修改虚拟机操作系统内核，替换掉不能虚拟化的指令，通过超级调用直接与虚拟机监视器通信。因此，客操作系统不做修改是无法在虚拟机中运行的，甚至运行在虚拟机中的其他程序也需要进行修改，如此代价换来的就是接近于物理机的虚拟机性能。

但是半虚拟化的地位其实也很尴尬，对 Linux 而言，内核可以进行修改，但 Windows 操作系统是完全闭源的，无法支持半虚拟化。要想从根源上解决问题，还是需要从 CPU 入手。因此，后面在 CPU 厂商的配合下发展出了基于硬件辅助的全虚拟化技术。

1.1.4　基于硬件辅助的全虚拟化技术

自 2005 年起，虚拟化技术逐渐成为主流趋势，其发展势头迅猛。为了应对这种趋势，Intel 与 AMD 对 CPU 的基本架构进行了改进，如图 1-6 所示，它们并没有将那些非虚拟化指令修改为特权指令，而是为 CPU 增加了虚拟机扩展（Virtual-Machine Extensions），简称 VMX。一旦启动了 CPU 的 VMX 支持，CPU 将提供两种运行模式：VMX Root Operation 和 VMX non-Root

Operation，每一种模式都支持 RING 0～RING 3 等级。虚拟机监视器运行于 VMX Root Operation 模式上，具有更高的特权，而客操作系统则运行在 VMX non-Root Operation 模式上，客操作系统无须采用特权压缩的方式，其内核可以直接运行在 VMX non-Root Operation 模式的 RING 0 等级中。

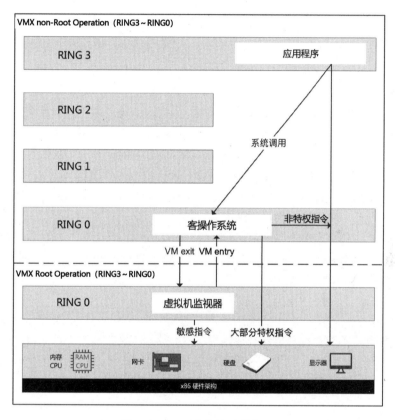

图 1-6 CPU 硬件辅助虚拟化

在 VMX 技术框架下，虚拟机监视器的运行模式为 VMX Root Operation（例如启动、恢复虚拟机的操作），而客操作系统的运行模式为 VMX non-Root Operation。这两种模式均支持四个特权级别（RING 0 至 RING 3），虚拟机监视器和客操作系统可以根据需要选择合适的运行级别。

此外，这两种模式可以互相切换。处于 VMX Root Operation 模式的虚拟机监视器可以通过执行 CPU 提供的虚拟化指令 VMLaunch 或者 VMResume 切换到 VMX non-Root Operation 模式，因为这个过程相当于进入 Guest，所以通常也被称为 VM entry。在 Guest 内部执行了敏感指令（比如某些 I/O 操作）后，将触发 CPU 发生陷入的动作，从 VMX non-Root Operation 模式切换回 VMX Root Operation 模式，这个过程相当于退出 VM，所以也称为 VM exit。

虚拟机监视器从 VMX Root Operation 模式切换到 VMX non-Root Operation 模式，之后硬件自动加载客操作系统的上下文，允许客操作系统开始运行。当客操作系统运行过程中遇到需要虚拟机监视器介入的事件（如外部中断或缺页异常），或当客操作系统通过 VMCALL 指令主动请求虚拟机监视器服务时（类似系统调用），硬件会自动暂停客操作系统并切换回 VMX Root Operation 模式，从而恢复 VMM 的运行。

在 VMX Root Operation 模式中，软件的行为与未启用 VT-x 技术的处理器上的运行行为相似。而在 VMX non-Root Operation 模式中，运行行为显著不同，特别是当某些指令执行或特定事件发生时会触发 VM Exit 操作，相比于全虚拟化技术中的将客操作系统内核也运行在用户模式（RING 1 ～ RING 3）的方式，支持 VMX 的 CPU 有以下三点不同。

（1）运行于 VMX non-Root Operation 模式时，客操作系统用户空间的系统调用直接陷入客操作系统的内核空间，而不再是陷入 VMX Root Operation 模式的内核空间。

（2）对于外部中断，因为需要由虚拟机监视器控制系统的资源，所以处于 VMX non-Root Operation 模式的 CPU 收到外部中断后，触发 VM exit 操作，从 VMX non-Root Operation 模式退出到 VMX Root Operation 模式，由主机内核的虚拟机监视器处理外部中断，处理完中断后再通过 VM entry 切回到 VMX non-Root Operation 模式。

（3）不再是所有的特权指令都会导致 CPU 发生 VM exit 操作，仅当运行敏感指令时才会导致 CPU 从 VMX non-Root Operation 模式陷入 VMX Root Operation 模式，因为有的特权指令并不需要由虚拟机监视器介入处理。

硬件虚拟化技术把纯软件虚拟化技术的各项功能用硬件电路来实现，可减少虚拟机监视器运行的系统开销，可同时满足 CPU 半虚拟化和二进制转换技术的需求，使虚拟机监视器的设计得到简化，进而使虚拟机监视器能够按通用标准进行编写。硬件辅助虚拟化技术除了在处理器上集成硬件辅助虚拟化指令，还提供 I/O 方面的虚拟化支持，最终将实现整个平台的虚拟化。

1.1.5 内存虚拟化

VMM 掌控所有系统资源（包括整个内存资源），并负责页式内存管理，维护虚拟地址到机器地址的映射关系。由于客操作系统本身亦有页式内存管理机制，所以有虚拟机监视器的整个系统就比正常系统多了一层映射。内存虚拟化示意图如图 1-7 所示。

图 1-7 中的客操作系统虚拟地址（GVA）表示客操作系统提供给其应用程序使用的线性地址；客操作系统物理地址（GPA）表示经虚拟机监视器抽象的虚拟机看到的伪物理地址；机器地址（MA）表示真实的机器地址，即地址总线上出现的地址信号。它们之间存在下列映射关系。

客操作系统：GPA=F(GVA)；虚拟机监视器：MA=G(GPA)。

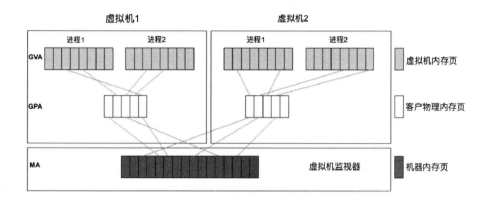

图 1-7　内存虚拟化示意图

　　虚拟机监视器维护一套页表,负责 GPA 到 MA 的映射。客操作系统维护一套页表,负责 GVA 到 GPA 的映射。在实际运行时,用户程序先访问 GVA1,经客操作系统的页表转换得到 GPA1,再由虚拟监视器介入,使用虚拟监视器的页表将 GPA1 转换为 MA1。

　　普通内存管理单元(MMU)只能完成一次虚拟地址到物理地址的映射,在虚拟机环境下,经过内存管理单元转换所得到的"物理地址"并不是真正的机器地址。若想得到真正的机器地址,必须由虚拟机监视器介入,再经过一次映射才能得到总线上使用的机器地址。如果虚拟机的每个内存访问都需要虚拟机监视器介入,并由软件模拟地址转换,那么这样的效率是很低下的,几乎不具有实际可用性。

　　页表虚拟化(Page Table Virtualization)是现代虚拟化技术中的一个关键概念,用于解决虚拟机监视器(VMM)管理客操作系统内存映射时的性能和复杂性问题。现普遍采用的方法是:由虚拟机监视器根据映射关系 F()和 G()生成复合的映射关系 FG(),并将这个映射关系写入内存管理单元,将虚拟地址直接翻译为机器地址,这就是内存管理单元半虚拟化(MMU Paravirtualization)技术,后期 CPU 厂商对 CPU 电路进行了改进,发展出了内存硬件辅助虚拟化技术。

- 内存管理单元半虚拟化技术的基本原理是:当客操作系统创建一个新的页表时,会从它所维护的空闲内存中分配一个页面,并向虚拟机监视器注册该页面,虚拟机监视器会剥夺客操作系统对该页表的写权限,之后客操作系统对该页表的写操作都会陷入(Traps)虚拟机监视器。虚拟机监视器会检查页表中的每一项,确保它们只映射了属于该虚拟机的机器页面,而且不得包含对页表页面的可写映射。之后虚拟机监视器会根据自己所维护的映射关系,将页表项中的物理地址替换为相应的机器地址,并把修改过的页表载入内存管理单元。这样,内存管理单元就可以根据修改过的页表来完成虚拟地址到机器地址的转换,但是通过软件实现地址转换的方式内存开销大、性能差,因此后面发展出了内存硬件辅助虚拟化技术。

- 内存硬件辅助虚拟化技术的基本原理是：客操作系统的虚拟地址（GVA）先转换到客操作系统的物理地址（GPA），再转换到机器地址（MA）时的两次地址转换都由 CPU 硬件自动完成。以 VT-x 技术的页表扩充技术 Extended Page Table（EPT）为例，首先，虚拟机监视器把客户机物理地址预先转换到机器地址的 EPT 页表设置到 CPU 中；然后，客户机修改客户机页表，无须 VMM 干预；最后，地址转换时，CPU 自动查找两张页表，完成从客户机虚拟地址到机器地址的转换。使用内存的硬件辅助虚拟化技术，客户机运行过程中无须虚拟机监视器干预，去除了大量软件开销，内存访问性能接近物理机。

1.1.6 I/O 设备虚拟化

虚拟机监视器通过 I/O 虚拟化来复用有限的外设资源，它会截获客操作系统对 I/O 设备的访问请求，并通过软件模拟真实的外设资源，从而满足多台虚拟机对外设的使用要求。目前 I/O 设备的虚拟化方式主要有三种：设备接口完全模拟、前端/后端模拟、直接划分。

设备接口完全模拟：该方式采用软件模拟真实硬件设备。一个设备的所有功能或者总线结构（如设备枚举、识别、中断和 DMA）等都可以在宿主机中模拟。而客户机看到的是一个功能齐全的"真实"的硬件设备。其实现上通常需要宿主机上的软件配合截取客户机对 I/O 设备的各种请求，通过软件去模拟。这个方法的优点是灵活，不需要专有驱动，因此既不需要修改客户机，也无须考虑底层硬件。这个方法的缺点是，完成一次操作涉及多个寄存器，这使得虚拟机监视器要截获每个寄存器访问并进行相应的模拟，从而导致多次上下文切换，由于是软件模拟，所以性能较低。

前端/后端模拟：在这种虚拟化中，客户机操作系统能够感知到自己是虚拟机，I/O 的虚拟化由前端驱动和后端驱动共同模拟实现。在客户机中运行的驱动程序我们称之为"前端"，在宿主机上与前端通信的驱动程序我们称之为"后端"。前端发送客户机请求给后端，后端驱动处理完这些请求后再返回给前端。这种方法是基于事务的通信机制，优点是能在很大程度上减少上下文切换开销，没有额外的硬件开销，缺点是需要虚拟机监视器实现前端驱动，且后端驱动可能成为性能瓶颈。

直接划分：直接将物理设备分配给某个客操作系统，由客操作系统直接访问 I/O 设备，不需要经过虚拟机监视器。目前与此相关的技术有 I/O 内存管理单元（IOMMU）、英特尔定向 I/O 虚拟化（Intel VT-d）、单根 I/O 虚拟化（SR-IOV）等，这些技术可重用已有驱动，并通过建立高效的 I/O 虚拟化直连通道减少虚拟化访问开销。

1.1.7 容器技术

容器是一种操作系统级的虚拟化技术，它将应用程序及其所有依赖项打包在一个独立的单元中，可以在任何兼容的主机操作系统上运行。与传统虚拟机不同，容器共享主机操作系统的内核，但彼此隔离运行。容器技术提供了更轻量级和高效的虚拟化解决方案。

早期的容器技术可以追溯到 1979 年的 chroot 命令，它通过改变进程的根目录提供进程隔离。然而，这种方法提供的隔离性和功能非常有限。2008 年，Linux 容器（LXC）项目问世，该项目利用 Linux 内核的 Cgroup（控制组）和 Namespace（命名空间）等特性进一步增强了进程和资源的隔离性，允许在一个物理主机上运行多个相互隔离的 Linux 系统。

2013 年，Docker 的出现是容器技术的重要转折点。Docker 是一个简单易用的工具和平台，用于创建、部署和管理容器，这极大地简化了容器的使用。Docker 将应用程序及其依赖项打包在一个标准化的镜像中，使其在不同环境中的运行更加一致和可靠。Docker 的广泛使用推动了容器技术的发展，并使其成为主流的虚拟化解决方案。随着 Docker 的成功，容器生态系统迅速扩展，许多工具和服务被开发出来，以支持容器的构建、分发和管理。

随着容器技术的普及，管理大量容器的需求也随之增长。2014 年，Google 开源了 Kubernetes，这是一个用于自动化部署、扩展和管理容器化应用程序的编排平台。Kubernetes 提供了强大的容器编排能力，支持负载均衡、服务发现、自动扩展等功能，帮助开发者和运维人员更加高效地管理容器化应用。

Kubernetes 的引入解决了容器大规模部署和管理的难题，使得容器技术在云计算和微服务架构中得以广泛应用。许多企业级容器平台（如 Red Hat OpenShift、Rancher 和 VMware Tanzu）也相继出现，为企业提供了更丰富的功能。

容器的主要目标是封装、分发、部署、运行等生命周期的管理，使用户的应用程序（互联网应用或数据库应用等）及其运行环境能够实现"一次封装，到处运行"。虽然容器技术优势明显，但容器与虚拟机之间也不是对立的取代与被取代的关系，而应该是互补的关系，容器更适合微服务架构使用，而虚拟机更适合运行大型应用。

1.1.8 企业虚拟化技术的优势

企业通过虚拟化技术可以提高资源利用率、降低硬件和运营成本、增强业务连续性、简化管理流程和提供灵活的开发和测试环境，从而显著提升 IT 基础设施的效率和可靠性。

提高资源利用率：虚拟化技术允许多个虚拟机在一台物理服务器上运行，这提高了硬件资源的利用率，减少了硬件闲置。同时，动态负载均衡可以确保资源在多个虚拟机之间均匀分配，从而避免了单一物理服务器过载的情况。

降低硬件和运营成本：企业可以通过虚拟化减少对物理硬件的需求，从而降低硬件采购和维护的成本。此外，虚拟化技术还简化了数据中心的管理，减少了电力和散热的需求，从而进一步降低了运营成本。由于虚拟机可以在不同的物理服务器之间灵活迁移，企业还可以通过负载均衡和资源调度来避免单点故障，以提高整体系统的可靠性和可用性。这些因素综合起来，使得企业能够显著降低总拥有成本（TCO）。

　　增强业务连续性：虚拟化技术支持虚拟机的快速备份和恢复，增强了业务连续性和灾难恢复能力。通过快照和备份功能，企业可以定期保存虚拟机的状态，并在出现故障时快速恢复。此外，虚拟化还支持虚拟机的实时迁移（如 vMotion），允许在不中断业务的情况下，将虚拟机从一台物理服务器迁移到另一台，从而实现高可用性和业务连续性。对于灾难恢复，企业可以将虚拟机备份到异地数据中心，在发生灾难时迅速恢复业务。

　　简化管理流程：虚拟化技术提供了集中化的管理平台，使得企业可以通过统一的界面对所有虚拟机和物理资源进行管理。这种集中管理方式简化了资源配置、监控和维护工作，提高了 IT 部门的效率。此外，虚拟化技术还提供了高度的灵活性，企业可以根据需求动态分配和调整资源，快速响应业务变化。通过自动化管理工具和脚本，企业还可以实现虚拟机的批量部署和自动化运维，进一步提升效率。

　　提供灵活的开发和测试环境：虚拟化技术为企业提供了理想的开发和测试环境。开发人员和测试人员可以快速创建和销毁虚拟机，以便在隔离的环境中进行测试和开发工作。这不仅提高了开发和测试效率，还避免了在生产环境中进行测试所带来的风险。虚拟化还支持多种操作系统和配置，满足了不同的开发和测试需求，使得企业能够更加快速地推出高质量的软件产品。

　　随着虚拟化技术的不断发展和成熟，企业能够更加灵活和高效地应对业务需求的变化，在快速发展的时代中保持一定的竞争优势。

1.1.9　虚拟化技术当前的发展形势

　　随着云计算的迅猛发展，虚拟化技术得到了更加广泛的应用和进一步的优化。公有云、私有云和混合云的普及，推动了虚拟化技术的不断发展。企业通过虚拟化技术实现了资源的按需分配、动态扩展和高可用性，同时也推动了开发运维一化体（DevOps）和自动化运维的发展。

　　此外，容器技术正迅速成为虚拟化的主流补充。与传统的虚拟机相比，容器更轻量化、启动速度更快，并且可以实现更高的资源利用率。容器化技术支持微服务架构的发展，使得应用程序可以拆分为独立的、可管理的服务单元，从而提高了开发和部署的灵活性和效率。容器编排工具，如 Kubernetes，进一步简化了大规模容器管理，促进了企业在生产环境中的应用。

随着虚拟化技术的广泛应用，人们对虚拟化环境中的安全性和管理提出了更高的要求。现代虚拟化解决方案正在不断强化安全性，提供诸如虚拟机隔离、虚拟化安全补丁和加密等功能。同时，管理工具和平台也在不断发展，如 VMware vSphere、Microsoft Hyper-V 和 oVirt 等，提供了更强大的管理功能，支持自动化运维、资源调度和高可用性配置。

总而言之，虚拟化技术正处于不断发展和演进的阶段，从传统的服务器虚拟化扩展到全面的 IT 基础设施虚拟化，并与云计算、容器化和微服务架构紧密结合。未来，虚拟化技术将更加深入地融合到各类 IT 基础设施中，不仅应用于服务器虚拟化，还将广泛应用于存储虚拟化、网络虚拟化和桌面虚拟化等领域。随着技术的不断创新和应用场景的不断扩展，虚拟化技术将在企业数字化转型和 IT 基础设施优化中发挥更为重要的作用，拥有广阔的发展前景。

1.2 oVirt 介绍

oVirt 是一个基于 KVM 的轻量级虚拟化管理平台，也是 Red Hat 商业版本虚拟化软件 RHEV（Red Hat Enterprise Virtualization）的开源版本，它整合了许多优秀的开源软件，旨在替代 VMware vSphere 产品，成为企业虚拟化的解决方案。

oVirt 整合使用了 Libvirt、Gluster、Patternfly、Ansible 等一系列优秀的开源软件。Libvirt 提供了强大的虚拟化管理 API，Gluster 提供了分布式存储解决方案，Patternfly 提供了现代化的 UI 框架，Ansible 则用于自动化部署和配置管理。这些开源软件的整合使得 oVirt 成为一个功能强大、灵活性高的虚拟化解决方案，适用于各种企业环境。

相比于其他企业虚拟化产品，oVirt 在企业私有云建设的部署和维护中具备了使用简单的优势。虽然 OpenStack 功能强大，但其复杂的架构和配置使得部署和维护成本较高。而 oVirt 通过简化的架构和直观的管理界面，降低了用户的学习曲线和运维难度。企业可以快速部署 oVirt，轻松地管理虚拟机和存储资源，实现高效的资源利用和快速的业务响应。此外，oVirt 的开源特性和社区支持进一步增强了其可扩展性和可靠性，使其成为企业虚拟化的可选解决方案之一。

1.2.1 oVirt 相关术语

为了方便理解本书后面的内容，在这里总结了 oVirt 技术中的一些常见的术语和概念，在理解架构或者部署时如果有一些概念不太清楚，可以通过表 1-1 和表 1-2 进行查阅。

表 1-1 oVirt 相关术语

术 语	描 述
管理器节点	是指运行管理器引擎服务（ovirt-engine）的服务器，这台服务器可以是物理机，也可以是一台虚拟机
独立管理器架构	管理器引擎运行在物理服务器或托管在单独虚拟化环境中的虚拟机上。整个 oVirt 的运行与否不会影响管理器引擎
自托管引擎架构	管理器引擎运行在虚拟机中，但是虚拟机本身被托管在当前的 oVirt 集群环境中，这样做的好处就是可以节约一台物理服务器，但是也引入了管理的复杂性。oVirt 集群出现故障后，可能会导致管理器引擎节点无法启动，解决此类故障问题往往要比在独立管理器架构下解决问题复杂得多 注：自托管引擎架构往往也被称为自承载引擎架构，其中的管理器节点也被称为管理器引擎虚拟机
自托管引擎主机	在自托管引擎架构中并不是每台主机都可以托管管理器引擎虚拟机的，只有安装了自托管引擎软件包的主机才可以在整个集群启动之初自动加载并运行管理器引擎虚拟机。常规主机也可以添加到自托管引擎环境中，但不能运行管理器引擎虚拟机，因此可以说自托管引擎主机是一种特殊的具有双重角色的主机，不仅可以作为普通主机运行客虚拟机，还可以运行管理器引擎虚拟机
管理器引擎高可用服务	包括 ovirt-ha-agent 服务和 ovirt-ha-broker 服务。高可用服务运行在自托管引擎主机上，并且对管理器引擎虚拟机的高可用进行维护，在启动之初或在运行过程中可启动或者迁移管理器引擎虚拟机到选中的自托管引擎主机上 注：高可用服务不会运行在独立管理器架构的 oVirt 中
VDSM	Virtual Desktop and Server Manager，对应于主机上的 vdsmd 服务，它也被称为主机代理服务，运行在主机上，用于管理本节点的虚拟机、存储和网络资源。通过与管理器引擎通信实现虚拟化资源的管理工作
KVM	Kernel-based Virtual Machine，是一个可加载的内核模块，通过使用 Intel VT 或 AMD-V 硬件扩展提供完全虚拟化。尽管 KVM 模块本身在内核空间运行，但其上的客户机作为单独的 QEMU 进程在用户空间运行，并且 KVM 允许主机将其物理硬件提供给虚拟机使用
QEMU	Quice Emulator，是一个多平台仿真器，用于提供完整的系统仿真。QEMU 可以用于仿真一个完整的系统，例如仿真一台 PC 时可以包括一个或多个处理器和外设。QEMU 还可以用来启动不同的操作系统或调试系统代码。此外，当 QEMU 与 KVM 及具有适当虚拟化扩展的处理器结合使用时，可以提供完全的硬件辅助虚拟化
Libvirt	是一个用于管理虚拟化平台的开源软件库，它提供了一个统一的接口来管理不同类型的虚拟化技术。当管理器引擎发起虚拟机的生命周期命令（如启动、停止、重启虚拟机）时，都需要 VDSM 在相关主机上调用 Libvirt 来执行这些命令
客操作系统	是虚拟机中运行的操作系统。运行在由虚拟机管理器构造的虚拟机上，借助虚拟机管理器和宿主操作系统实现对宿主机物理硬件的访问。在 oVirt 中，客操作系统不需要进行修改即可安装在虚拟机上。客操作系统及其上的任何应用程序不会察觉到虚拟化环境，并能正常运行。并且客操作系统可使用 VirtIO 增强型设备驱动程序，更快、更高效地访问虚拟化设备
SPM	Storage Pool Manager，存储池管理器，指在 oVirt 中负责管理和协调存储域的主机。SPM 主机的主要任务是处理所有与共享存储相关的元数据操作，如创建、删除和修改虚拟磁盘，管理快照，以及执行其他涉及共享存储的任务。SPM 主机在集群中扮演关键角色，以确保存储操作的一致性和可靠性
HSM	Host Storage Manager，主机存储管理器，可用于操作数据的任何非 SPM 主机，例如可以在存储域之间移动磁盘，这可以防止 SPM 主机出现性能瓶颈

续表

术 语	描 述
SPICE/VNC	VNC 是虚拟网络控制台的缩写,用于远程访问虚拟机控制台协议,提供图形化界面,方便用户管理和操作虚拟机。 SPICE 协议是专门的桌面虚拟化数据传输协议,客户端运行在用户终端设备上,为用户提供桌面环境。它可以用来执行一些需要在虚拟机里执行的任务,如配置分辨率,另外还可以通过剪贴板来复制文件、远程挂载 USB 设备等
目录服务器	提供了基于网络的集中存储用户和组织信息的功能。存储的信息类型包括应用程序设置、用户配置文件、组数据、策略和访问控制。在 oVirt 中存在一个本地内部域,此内部域初始只有一个管理员用户
数据库	作为管理器引擎和数据仓库的数据库管理系统,存储所有的配置、状态和统计数据

表 1-2 oVirt 集群中的逻辑对象

对象名称	描 述
集群	是一组被视为虚拟机资源池的物理主机。集群中的主机共享相同的网络基础设施和存储。它们构成一个迁移域,在这个域内虚拟机可以从一个主机移动到另一个主机
数据中心	是受管理的虚拟环境中所有物理和逻辑资源的最高级别的容器,它包含集群、虚拟机、存储域和网络的集合
逻辑网络	是物理网络的逻辑表示。逻辑网络可以对管理节点、计算节点、存储和虚拟机之间的网络流量和通信进行分组
虚拟机	是包含操作系统和一组应用程序的虚拟工作站或虚拟服务器。虚拟机可以由高级用户创建、管理或删除,并由普通用户访问
虚拟机池	是一组配置相同的虚拟机,用户可以按需从池中获取和使用虚拟机
模板	是具有预定义配置的虚拟机镜像,基于特定模板创建的虚拟机会继承该模板的设置。使用模板是快速创建大量虚拟机的最快方法
虚拟机高可用	是指虚拟机的进程在其原始主机上异常中断时,oVirt 会自动重新启动这台虚拟机。虚拟机高可用需要少量的停机时间,但成本比容错低得多(容错需要维护每个资源的两个副本,在发生故障时可以立即替换另一个)
快照	是虚拟机操作系统及其所有应用程序在某个时间点的视图。它可用于在升级或安装新应用程序之前保存虚拟机的设置及状态。如果出现问题,就可以使用快照将虚拟机恢复到其创建时的状态

1.2.2 oVirt 架构

一个标准的 oVirt 架构应该包括管理器引擎、数据库、主机和共享存储四个主要部分,如图 1-8 所示,管理器引擎是管理平台的核心,负责整个虚拟化环境的控制和监控;数据库通过结构化数据保存了 oVirt 的配置信息和统计信息；主机是真实的物理服务器，通过安装 oVirt Node 操作系统或 CentOS Linux 操作系统来提供硬件资源以运行虚拟机；共享存储也是不可或缺的部分，用于存储虚拟机镜像和其他数据，常见的类型包括 NFS、iSCSI、GlusterFS 等。

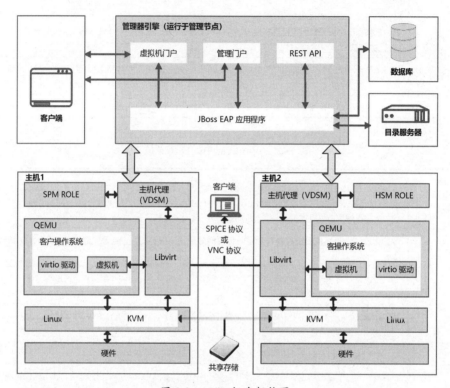

图 1-8　oVirt 标准架构图

虚拟机本身是虚拟化资源的最终表现形式，用户通过 oVirt 的 Web 界面或 API 与整个系统进行交互，完成对虚拟机的创建、管理和监控操作。

1.2.3　oVirt 的关键组件

oVirt 的关键组件包括管理器引擎、主机、共享存储，如表 1-3 所示，这些组件通过协同工作提供了一个强大且灵活的虚拟化管理平台。

表 1-3 oVirt 关键组件

名 称	描 述
管理器引擎	对应于 ovirt-enging 服务，为用户提供图形化网页管理界面和 REST API，用于管理和监控虚拟机、存储、网络和主机等资源。管理器引擎安装在运行 Linux 的物理机或虚拟机上，常常也被称为 ovirt-engine，在后文中统一使用"管理器引擎"来称呼，与 ovirt-engine 等价
主机	与计算节点等价，是指通过 KVM 技术为虚拟机提供硬件资源的服务器，以下两种类型的服务器都可以叫作主机： （1）服务器部署了标准的 CentOS Linux 操作系统，并且在系统中安装配置了 oVirt 主机代理软件 （2）服务器部署了 oVirt Node 操作系统 注：oVirt Node 是基于 CentOS Linux 精简后的一种操作系统，该操作系统在安装时就已经预安装了 oVirt 主机所需要的各种软件包，专门用于创建虚拟化主机
存储	为虚拟机提供存储资源，在 oVirt 中一般指的是共享存储。如果当前数据中心存储类型为"本地"并且只有一个主机，那么可以使用这台主机的本地存储为 oVirt 提供存储资源。 注：oVirt 中的本地存储可以看作共享存储的一种特例，因此后文中都统一使用"共享存储"来表示存储资源

1. 管理器引擎

管理器引擎提供了图形化用户界面和 REST API 来管理 oVrit 环境中的资源，如图 1-9 所示。在独立管理器架构中，管理器安装在物理机上或单独环境中托管的虚拟机上。在自托管引擎环境中，管理器将安装在其管理的自托管引擎主机的虚拟机上。管理器的原生高可用性仅在自托管引擎环境中可用，高可用性至少需要两个自托管引擎主机。

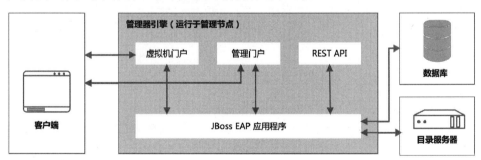

图 1-9 管理器引擎架构

管理器引擎为虚拟化环境提供了集中式管理，并提供多种接口供用户访问。每个接口都以不同的方式帮助用户管理和操作虚拟化环境，为用户提供了灵活的访问和管理选项。

管理器向用户提供了"管理门户""虚拟机门户"图形化管理接口和应用程序编程接口（API），管理员可以通过工具和脚本操纵数据库和目录服务器。

2. 主机

主机也被称作宿主机，是提供硬件资源并运行虚拟机的物理服务器，是安装有 VDSM、Libvirt 等组件的 Linux 发行版。在企业级部署和实践中推荐使用 oVirt Node，这个系统基于 CentOS 进行了精简，只包含足够支撑虚拟化运行的组件，对虚拟化场景提供了针对性优化，稳定性高，专门用于创建 oVirt 主机。为了统一操作系统和软件的版本，本书中的所有主机都是基于 oVirt Node 创建的。

如图 1-10 所示，主机通过 VDSM 负责与 oVirt 管理引擎通信，并且通过 Libvirt 协调 KVM 和 QEMU 管理主机上的虚拟机、存储和网络等逻辑资源。

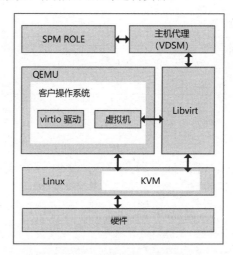

图 1-10　主机各组件之间的关系

3. 存储

存储的基本组成单元是存储域，oVirt 通过存储域提供的服务来存放虚拟机的磁盘镜像、模板、ISO 文件和快照等数据。存储域根据功能的不同可以分为不同的类型，包括数据存储域、ISO 存储域和导出存储域，每种类型对应不同的用途，表 1-4 对每种存储域进行了说明。

表 1-4　存储域类型

类　　型	说　　明
数据域	主要用于存放虚拟机的磁盘镜像、模板、ISO 文件和快照等数据，磁盘镜像可以包含已安装的操作系统或者虚拟机磁盘数据，一个数据域不能在多个数据中心之间共享。 数据存储域支持 NFS、iSCSI、FCP、GlusterFS 和 POSIX 兼容存储

类 型	说 明
ISO 域	用于存储 ISO 镜像文件,通常用于安装虚拟机操作系统。 注:ISO 镜像文件是物理 CD 或 DVD 的表现形式,常见的 ISO 镜像文件类型是操作系统安装盘、应用程序安装盘和客户机代理安装盘。ISO 镜像文件可以附加到虚拟机,并且虚拟机在启动时可以从 ISO 镜像文件中加载操作系统
导出域	用于在不同的数据中心之间导入和导出虚拟机、模板。多个数据中心可以同时添加相同的导出域,但同一时刻只有一个数据中心可以使用它

数据域是每个数据中心必须添加的域类型,每个数据中心都至少需要一个数据域,而 ISO 域和导出域是可选的。存储域可以被数据中心内的所有主机访问。

1.2.4 自托管引擎架构

在自托管引擎架构中,管理器节点作为虚拟机在其管理的虚拟化环境中的自托管引擎主机上运行,故而可以节约一台物理服务器。此外,自托管引擎架构中的管理器引擎具有高可用服务,无需额外的高可用管理组件,如图 1-11 所示。

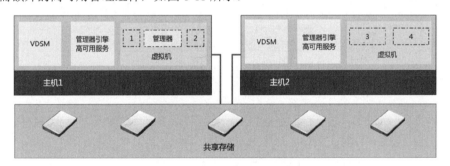

图 1-11 自托管引擎架构

配置自托管引擎对环境有以下要求。
- 一台托管在自托管引擎主机上的管理器引擎。可通过 oVirt Engine Appliance 中预配置的虚拟机镜像进行安装。
- 至少两个"自托管引擎主机"才可实现虚拟机高可用。可以使用 CentOS Linux 操作系统或者 oVirt Node 系统作为引擎节点。管理器高可用服务在所有自托管引擎主机上运行,以保证管理器引擎节点的高可用。主机代理服务(VDSM)在所有主机上运行,与管理器引擎保持通信,并接受管理器引擎对主机上虚拟机的控制。
- 共享存储服务可以运行在本地或远程服务器上,并且可供所有主机访问。

1.2.5 独立管理器架构

管理器引擎运行在物理服务器上或托管在单独虚拟化环境中的虚拟机上。独立的管理器引擎更易于部署和管理，但需要额外的物理服务器，如图1-12所示。只有在使用High Availability Add-On等产品进行外部管理时，管理器引擎才具有高可用性。

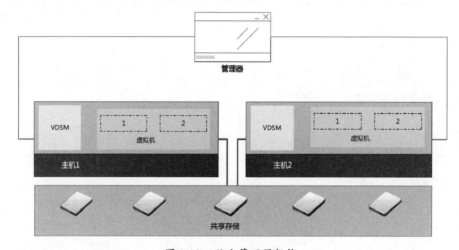

图1-12 独立管理器架构

部署独立管理器对环境有以下要求。
- 管理器软件通常部署在物理服务器上，也可以部署在虚拟机上，只要该虚拟机托管在单独的环境中即可。
- oVirt集群内的虚拟机高可用服务至少需要两台主机。
- 共享存储服务可以运行在本地或远程服务器上，供所有主机访问。

第 2 章
部署自托管引擎架构的 oVirt 集群

上面已经对 oVirt 的架构进行了说明，oVirt 的部署可以选择"自托管引擎架构"，也可以选择"独立管理器架构"。前者能够提供更高的可用性、简化的部署和管理、灵活的可扩展性、集中的统一管理，因此在 oVirt 官方文档中推荐部署为"自托管引擎架构"。本章将介绍如何部署自托管引擎架构的 oVirt 集群。

如图 2-1 所示，部署自托管引擎架构的 oVirt 集群包括以下几个步骤。

（1）需要确保待安装的主机服务器的硬件、网络和存储配置符合 oVirt 的要求，并且手动在目标服务器上安装 oVirt Node 操作系统。

（2）运行 hosted-engine 安装脚本，安装程序会引导用户设置管理器引擎虚拟机的配置，包括配置网络、存储域和虚拟机资源。

（3）安装程序会自动在当前主机上配置并启动管理器引擎虚拟机。

（4）可以根据需要添加其他主机和存储域。

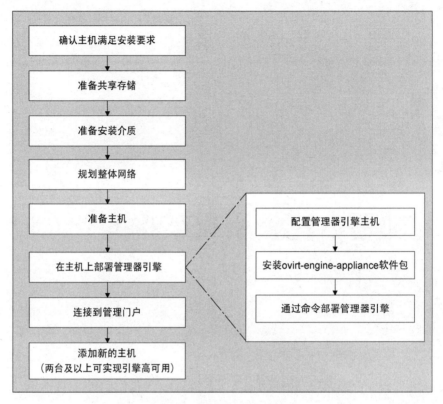

图 2-1 安装部署流程图

2.1 确认主机满足安装要求

oVirt 主机承担了虚拟机的实际运行工作，包括处理多个虚拟机的计算、满足运行多个虚拟机的内存和存储需求。高配置的主机可以提供更强的处理能力、更大的内存和更快的存储性能，从而确保虚拟机能够高效运行，减少性能瓶颈和资源争用，提升虚拟化环境整体的稳定性和响应速度。在部署 oVirt 时，主机需要满足下面所介绍的硬件和软件要求，以确保系统能够稳定、高效地运行。

2.1.1 CPU 要求

CPU 需要对虚拟化技术进行支持。具体来说，CPU 必须支持硬件虚拟化扩展技术，如 Intel

VT-x 或 AMD-V。通过这些硬件扩展，物理机可以有效地运行虚拟化管理程序和虚拟机。

另外，需要确保在 BIOS 或 UEFI 设置中启用了虚拟化技术。有些系统默认情况下是禁用的，需要手动启用。进入 BIOS 或 UEFI 设置，找到虚拟化选项（通常在"高级"或"处理器设置"菜单下），并将其设置为启用。

在 Linux 系统上，可以运行以下命令来检查 CPU 是否支持虚拟化技术：

```
# egrep -o '(vmx|svm)' /proc/cpuinfo
```

如果输出包含"vmx"（适用于 Intel 处理器）或"svm"（适用于 AMD 处理器），则说明 CPU 支持虚拟化技术。

2.1.2 内存要求

内存要求最小为 4 GB，主机支持的内存最大为 16 TB。为了确保主机在各种运行条件下都能提供稳定、高效的虚拟化服务，主机需要的内存大小需要根据以下几个方面综合考虑。

- 宿主操作系统：主机的宿主操作系统本身需要一定的内存来运行，需要预留足够的内存给宿主操作系统，以保证其正常运行。
- 虚拟机数量：每个虚拟机都会占用一定的内存，因此需要根据计划运行的虚拟机数量来估算总内存需求。
- 虚拟机类型：不同类型的虚拟机可能有不同的内存需求。例如，服务器虚拟机通常需要更多的内存，而轻量级的应用或开发测试虚拟机可能需要较少的内存。
- 工作负载：运行在虚拟机上的应用程序的内存需求会显著影响总体内存需求。例如，数据库服务器、应用服务器和高性能计算任务通常需要更多的内存。
- 内存过量分配：oVirt 支持内存过量分配技术，即分配给虚拟机的总内存可以超过物理内存总量。这虽然可以提高内存利用率，但需要谨慎使用，以避免过度分配导致性能问题。

2.1.3 存储容量要求

主机需要有一定的存储空间来存储配置文件、日志文件、内核转储文件、操作系统文件，以及交换虚拟内存。可以使用网络存储（如 SAN 设备）来保存操作系统。表 2-1 列出了主机对存储空间的最小需求。

表 2-1　主机对存储空间的最小需求

挂载点	最小容量	说　明
/	6GB	包含了系统所有文件和目录的起始点
/home	1GB	存储系统中所有用户的个人文件和配置文件
/tmp	1GB	用于存储临时文件
/boot	1GB	存储了系统启动所需的所有关键文件
/var	5GB	用于存储日志、缓存等动态数据和运行时文件
/var/crash	10GB	存储系统崩溃时的转储文件
/var/log	8GB	存储系统日志文件和各种应用程序的日志文件
/var/log/audit	2GB	存储由审计子系统生成的日志文件
/var/tmp	10GB	自托管引擎会将虚拟机解压到/var/tmp 目录下
swap	1GB	为系统提供虚拟内存

2.1.4　网络硬件要求

每个主机的网络接口数不能小于 1（最好具有两个网络接口），所需带宽最小为 1 Gbps。将管理流量和虚拟机流量分流到不同的网口，可以避免互相干扰，提升整体网络性能。管理流量通常包括主机与管器器引擎之间的通信流量、存储通信流量等，而虚拟机流量则是虚拟机与外网或其他虚拟机之间的通信流量。

2.1.5　网络配置要求

oVirt Node 主机在安装时不会创建 DNS 服务器或者 NTP 服务器，因此不需要在防火墙上开放 DNS 或 NTP 服务相关的端口，对于 DNS 服务器有以下几点需要注意。

（1）所有主机必须具有完全限定域名和完整、完全对齐的正向和反向名称解析。

（2）不要将 DNS 服务器配置在 oVirt 的虚拟化环境中，因为在 oVirt 启动过程中 DNS 服务器若没有启动成功通常会造成 DNS 服务器无法解析域名，从而导致虚拟化平台启动失败。

（3）建议通过 DNS 服务器的方式对域名进行解析，不建议使用/etc/hosts 文件进行域名解析。

（4）通过/etc/hosts 文件进行域名解析需要同时配置管理器引擎节点和所有主机，这点在安装部署 oVirt 时要特别注意。

2.2 准备共享存储

本章主要介绍了 iSCSI 和 NFS 共享存储的配置方式。在部署自托管引擎时需要使用存储管理器引擎节点的虚拟机镜像文件。

oVirt 支持 NFS、iSCSI、FCP、Gluster Storage 存储，本节重点对 NFS 存储及 iSCSI 存储的部署进行说明，如果后期需要添加 FCP 存储或者 Gluster Storage 存储，那么可自行查阅相关资料。

2.2.1 为 NFS、iSCSI 存储的服务器安装操作系统

在安装 Linux 操作系统的同时配置 NFS 和 iSCSI 服务，可以确保系统在安装完成后立即具备必要的文件共享功能，快速投入使用。假定存储服务器的 IP 地址为 192.168.150.10，并且主机名为 storage。下面介绍如何在 CentOS 8 上部署 NFS 和 iSCSI 服务。

（1）启动物理服务器，或者在其他虚拟化环境中创建虚拟机并启动。
（2）通过 CentOS 8 光盘引导系统进入"Install CentOS Linux 8"页面，如图 2-2 所示。

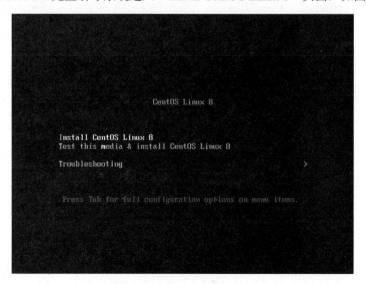

图 2-2　系统启动项选择界面

（3）在安装器语言配置界面，选择使用"English(United States)"，如图 2-3 所示，之后单击"Continue"按钮进入下一步。

图 2-3　安装器语言配置界面

（4）如图 2-4 所示，在"INSTALLATION SUMMARY"窗口中，选择"Software Selection"选项，打开"SOFTWARE SELECTION"窗口。

图 2-4　INSTALLATION SUMMARY 窗口

（5）在打开的"SOFTWARE SELECTTION"窗口中配置预安装软件。如图 2-5 所示，在左侧的"Base Environment"中选择"Server with GUI"，并在右侧的"Additional software for Selected Environment"窗口中选择"File and Storage Server"，这样在部署 CentOS 时会将与 NFS 和 iSCSI

相关的软件包一并部署到操作系统中。完成以上操作后，单击左上角的"Done"按钮返回"INSTALLATION SUMMARY"窗口。

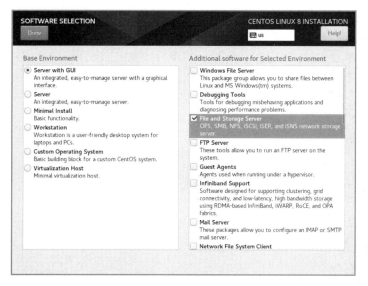

图 2-5　软件安装设置

（6）对"INSTALLATION SUMMARY"窗口中所有的项目完成配置后，如图 2-6 所示，单击窗口右下角的"Begin Installation"按钮，安装程序会自动部署操作系统。

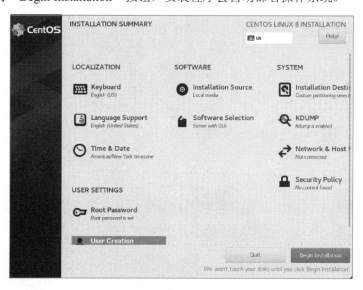

图 2-6　INSTALLATION SUMMARY 窗口

（7）系统安装成功后会在进度条上方显示"Complete!"，如图 2-7 所示，单击右下角的"Reboot System"按钮，重新启动并进入新安装的系统。

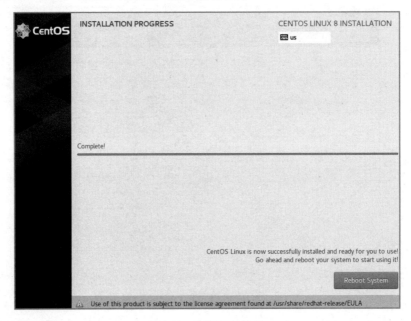

图 2-7　安装完成界面

2.2.2　配置 NFS 存储

NFS 是一种分布式文件系统，允许不同的计算机通过网络共享文件和目录。NFS 支持跨系统的文件共享和协作，使得用户可以像访问本地存储一样，透明地访问远程服务器上的文件和目录，下面将介绍如何在 CentOS 8 上部署 NFS 服务。

（1）如果在安装操作系统时未选择"File and Storage Server"选项，那么需要手动安装 nfs-utils 软件包：

```
[root@storage ~]#yum install nfs-utils -y
```

（2）配置共享目录，这里以共享服务器中的"/ovirt-engine"目录为例：

```
[root@storage ~]# mkdir /ovirt-engine
[root@storage ~]# vi /etc/exports
[root@storage ~]# cat /etc/exports
/ovirt-engine *(rw)
[root@storage ~]# chown 36:36 -R /ovirt-engine
```

(3)重启 nfs-server 服务,设置开机自启,并将服务添加到防火墙,开放相关端口:

```
[root@storage ~]# systemctl restart nfs-server
[root@storage ~]# systemctl restart rpcbind
[root@storage ~]# systemctl enable nfs-server
[root@storage ~]# systemctl enable rpcbind
[root@storage ~]# firewall-cmd --add-service=nfs
[root@storage ~]# firewall-cmd --add-service=nfs --permanent
```

2.2.3 准备 iSCSI 存储

iSCSI 是一种基于 IP 网络的存储协议,允许客户端(称为发起者)通过网络访问远程存储设备(称为目标)。iSCSI 利用标准的 TCP/IP 进行数据传输,使得存储设备能够通过现有的以太网基础设施实现远程连接和数据存储。iSCSI 存储常用于构建存储区域网络(SAN),使企业能够集中管理存储资源,并在多个服务器之间共享存储设备,下面将介绍如何在 CentOS 8 上配置 iSCSI 存储服务。

(1)如果在安装操作系统时未选择"File and Storage Server"选项,那么需要手动安装 targetcli 软件包:

```
[root@storage ~]# yum install targetcli -y
```

(2)启动服务并设置开机启动:

```
[root@storage ~]# systemctl start target
[root@storage ~]# systemctl enable target
```

(3)配置防火墙,开放 iscsi-target 服务相关端口:

```
[root@storage ~]# firewall-cmd --add-service=iscsi-target
[root@storage ~]# firewall-cmd --add-service=iscsi-target --permanent
```

(4)验证 targetcli 安装成功:

```
[root@storage ~]# targetcli ls
o- / ................................................................. [...]
  o- backstores ...................................................... [...]
  | o- block .......................................... [Storage Objects: 0]
  | o- fileio ......................................... [Storage Objects: 0]
  | o- pscsi .......................................... [Storage Objects: 0]
  | o- ramdisk ........................................ [Storage Objects: 0]
  o- iscsi .................................................... [Targets: 0]
  o- loopback ................................................. [Targets: 0]
```

（5）创建 iSCSI 目标（将服务器上的/dev/sdb1 设备配置为共享），并且设置服务的服务地址为 192.168.150.10，端口为 3260：

```
[root@storage ~]# targetcli /backstores/block create name=block0 dev=/dev/sdb1
[root@storage ~]# targetcli /iscsi create iqn.2024-05.com.ovirt:master
[root@storage ~]# targetcli /iscsi/iqn.2024-05.com.ovirt:master/tpg1/acls create iqn.2024-05.com.ovirt:node1
[root@storage ~]# targetcli /iscsi/iqn.2024-05.com.ovirt:master/tpg1/acls create iqn.2024-05.com.ovirt:node2
[root@storage ~]# targetcli /iscsi/iqn.2024-05.com.ovirt:master/tpg1/luns create /backstores/block/block0
[root@storage ~]# targetcli /iscsi/iqn.2024-05.com.ovirt:master/tpg1/portals delete 0.0.0.0 3260
[root@storage ~]# targetcli /iscsi/iqn.2024-05.com.ovirt:master/tpg1/portals create 192.168.150.10 3260
[root@storage ~]# targetcli saveconfig
```

注意：上面的示例添加了连接器名称为 iqn.2024-05.com.ovirt:node1 和 iqn.2024-05.com.ovirt:node2 的 ACL 访问权限，如果有其他客户端需要访问这个存储，那么还需要将其他连接器的名称添加到 acls 目录中。

（6）查看配置，确认配置无误：

```
[root@storage ~]#  targetcli ls
o- / ......................................................................... [...]
  o- backstores .............................................................. [...]
  | o- block .................................................. [Storage Objects: 1]
  | | o- block0 ................... [/dev/sdb1 (4.0TiB) write-thru activated]
  | |   o- alua ....................................................... [ALUA Groups: 1]
  | |     o- default_tg_pt_gp ............... [ALUA state: Active/optimized]
  | o- fileio ................................................. [Storage Objects: 0]
  | o- pscsi .................................................. [Storage Objects: 0]
  | o- ramdisk ................................................ [Storage Objects: 0]
  o- iscsi ..................................................... [Targets: 1]
  | o- iqn.2024-05.com.ovirt:master ............................ [TPGs: 1]
  |   o- tpg1 ................................ [no-gen-acls, no-auth]
  |     o- acls ............................................ [ACLs: 2]
  |     | o- iqn.2024-05.com.ovirt:node1 ................ [Mapped LUNs: 1]
  |     | | o- mapped_lun0 .............. [lun0 block/block0 (rw)]
  |     | o- iqn.2024-05.com.ovirt:node2 ................ [Mapped LUNs: 1]
  |     |   o- mapped_lun0 .............. [lun0 block/block0 (rw)]
  |     o- luns ............................................ [LUNs: 1]
  |     | o- lun0 ............. [block/block0 (/dev/sdb1) (default_tg_pt_gp)]
  |     o- portals ......................................... [Portals: 1]
  |       o- 192.168.150.10:3260 ................................... [OK]
  o- loopback .................................................. [Targets: 0]
```

（7）配置 LVM 过滤器：

操作系统在启动时，会优先运行 vgscan 命令扫描系统上的块设备并查找 LVM 过滤器，以确定哪些是物理卷，读取元数据并构建卷组列表。如果当前 iSCSI 共享的磁盘分区正好被客户端用作逻辑卷，那么这个磁盘分区会在服务器端操作系统启动时被 LVM 过滤器用于构建卷组，从而无法被 iscsi target 服务使用，而后客户端也就无法继续使用这个共享存储，因此必须将这个块设备添加到 LVM 过滤器中。

```
# 登录存储服务器
[root@client ~]# ssh root@192.168.150.10
# 修改 lvm.conf 配置文件
[root@storage ~]# vim /etc/lvm/lvm.conf
# 搜索 global_filter 关键字，此时光标应该定位于 devices 配置块，在这个位置添加过滤规则
devices {
...
filter = [ "r|/dev/sdb1|" ]
global_filter = [ "r|/dev/sdb1|" ]
...
}
```

注意：lvm.conf 文件的过滤器是由一系列简单的正则表达式组成的，这些表达式应用到"/dev"目录中的设备名称，以决定是否接受或拒绝找到的对应的块设备，为使读者便于理解，下面举几个例子。

```
# 默认情况下，过滤器会添加所有发现的设备，字符"a"开头表示接受设备，两个竖线"|"之间的内容为设备的正则表达式
filter = [ "a|.*|" ]
# 示例，以下过滤器删除了 cdrom 设备，拒绝设备使用字符"r"开头，表示不会使用匹配到的设备来构建卷组
filter = [ "r|/dev/cdrom|" ]
# 下面的过滤器添加了所有 loop，并删除了其他块设备
filter = [ "a|loop.*|", "r|.*|" ]
# 下面的过滤器添加了所有 loop 和 IDE，并删除了其他块设备
filter =[ "a|loop.*|", "a|/dev/hd.*|", "r|.*|" ]
# 下面的过滤器只添加第一个 IDE 驱动器中的分区 8，同时删除其他块设备
filter = [ "a|^/dev/hda8$|", "r|.*|" ]
```

2.3　准备安装介质

在安装 oVirt 4.4 时可以选择 CentOS 8 或者 CentOS 9 操作系统。经过长期对比和实践，这里推荐大家选择 CentOS 8 的系统镜像。因为 SPICE 协议在 CentOS 9 上已经被弃用，这会导致

oVirt 中一些高级的功能无法被使用，从而显著降低用户的使用体验。

oVirt Node 镜像提供了一个最小化的虚拟化环境，并且已经预先安装了 oVirt 产品所依赖的软件包，通过它可以方便地部署 oVirt 主机。而 oVirt Engine Appliance 仅用于自托管引擎架构，是一个预配置的虚拟机镜像，提供了一个开箱即用的管理器引擎操作系统环境，大大简化了安装和配置过程。用户只需下载 oVirt Node 系统并导入该虚拟机镜像，即可快速启动和运行管理器引擎。

打开 oVirt 官网，下载 oVirt Node 系统安装镜像 ovirt-node-ng-installer-4.4.10- 2022030308.el8.iso。注意，这里的 oVirt 版本号一定为 4.4.x，并且操作系统版本为 el8，不要下载 el9 版本。

同理，打开 oVirt 官网并下载 oVirt Engine Appliance 虚拟机镜像安装包 ovirt-engine-appliance-4.4-20220308105414.1.el8.x86_64.rpm，这里要求 oVirt 版本号为 4.4，操作系统版本为 el8，文件校验码可参考表 2-2，防止文件下载错误。

表 2-2 文件校验码

文件	md5 校验码
ovirt-node-ng-installer-4.4.10-2022030308.el8.iso	3602296718d2e48db6553cc760a3e429
ovirt-engine-appliance-4.4-20220308105414.1.el8.x86_64.rpm	06452621c3eaf4478050c72fc864c963

2.1 规划整体网络

表 2-3 列出了 oVirt 管理器引擎、主机、共享存储服务器的域名和网络地址规划，在配置服务器网络和域名解析文件时要严格按照规划的信息来配置，务必要保证所有主机上信息配置的一致性。

表 2-3 oVirt 网络规划

类型	IP地址	网关	域名
管理器引擎节点	192.168.150.100/24	192.168.150.1	master.ovirt.com
主机 1	192.168.150.101/24	192.168.150.1	node1.ovirt.com
主机 2	192.168.150.102/24	192.168.150.1	node2.ovirt.com
存储服务器	192.168.150.10/24	192.168.150.1	storage.ovirt.com

2.5　准备主机

主机是指运行 VDSM、Libvirt 等相关组件,为 oVirt 提供硬件资源并运行虚拟机的物理服务器。安装主机的过程本质上就是为物理服务器安装 oVirt Node 操作系统,并配置网络、更新源等系统设置的过程。

在安装主机之前,需要准备 oVirt Node 操作系统的安装镜像文件 "ovirt-node-ng-installer-4.4.10-2022030308.el8.iso",之后可以通过以下任意一种方法安装介质并启动操作系统安装程序。

(1) 将 ISO 文件写入 USB 闪存盘或刻录到 DVD,并从物理介质安装程序。

(2) 在网络中配置 PXE 服务器和 PXE 引导文件,并从网络启动安装程序。

(3) 使用虚拟光驱(iDRAC、iLO、IPMI 等远程管理工具)加载 ISO 镜像启动安装程序。

2.5.1　安装操作系统

安装 oVirt Node 操作系统的过程与安装 CentOS 操作系统的过程相似,整个安装过程都是图形化界面,操作起来比较直观,下面简要说明一下安装流程。

(1) 启动服务器电源,并选择从安装盘引导系统,在光盘的启动菜单中选择 "Install oVirt Node 4.4.10" 选项,如图 2-8 所示,按回车键继续下一步。

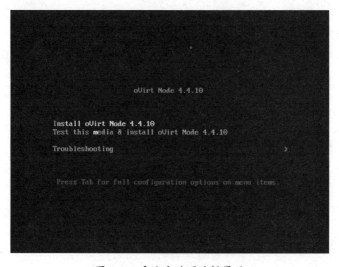

图 2-8　系统启动项选择界面

（2）选择安装器的语言，这里选择"Engligh"，如图 2-9 所示。

图 2-9　安装语言选择界面

（3）分别设置"Keyboard"（键盘布局）、"Installation Destination"（安装位置）、"Root Password"（Root 密码）等配置信息，如图 2-10 所示。

图 2-10　安装总览

（4）建议在系统安装界面完成"Network & Host Name"（网络和主机名）的配置工作，如图 2-11 所示。

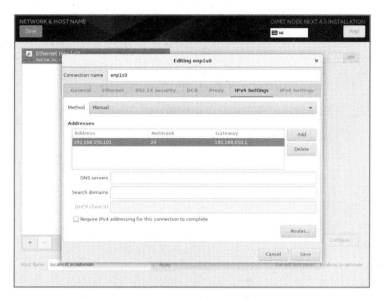

图 2-11　配置网络信息

（5）将"INSTALLATION SUMMY"窗口中所有配置项设置完成后，单击"Begin Installation"按钮开始安装操作系统，整个安装过程大约需要 20~30 分钟。

（6）当进度条完成并且显示"Complete!"时，表示操作系统安装成功。

2.5.2　安装后通过 nmtui 命令配置网络

在上一节进行安装系统操作时已经对网卡的 IP 地址进行了配置，但是在图形安装界面稍不注意便会错过网络的配置过程，在这里补充一下系统安装完后通过 nmtui 命令来配置网络连接信息（nmtui 是 NetworkManager 提供的一个基于文本用户界面的工具，用于在 Linux 系统中配置和管理网络连接）的步骤。

（1）通过连接显示器，或者通过 iDRAC、iLO、IPMI 等远程管理工具连接到服务器控制台。

（2）使用 root 用户登录系统，并且执行 nmtui 命令，代码如下。

```
Web console: https://localhost:9090/

Last login: Sun Jun 23 00:16:09 2024 from 192.168.150.1

 node status: OK
 See `nodectl check` for more information
```

```
Admin Console: https://192.168.150.101:9090/

[root@localhost ~]# nmtui
```

（3）通过方向键和回车键选择"Edit a connection"选项，如图 2-12 所示。

图 2-12　nmtui 配置主界面

（4）选中需要编辑的网络连接，确认编辑，如图 2-13 所示。

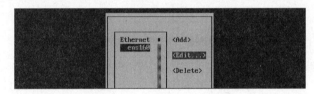

图 2-13　nmtui 网络连接列表

（5）通过方向键和 Tab 键设置正确的网络信息，并且通过回车键确认和保存设置，如图 2-14 所示。

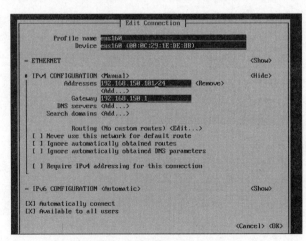

图 2-14　mtui 连接信息编辑配置页

（6）在 option 窗口中选择“Activate a connection”选项，如图 2-15 所示。

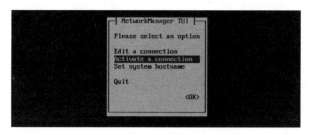

图 2-15　mtui 配置主界面

（7）选择“Deactivate”选项关闭当前的连接，之后选择“Activate”选项重新激活网络连接，如图 2-16 所示。

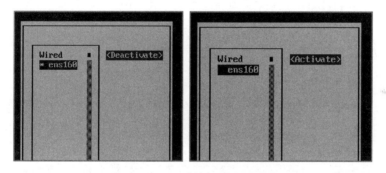

图 2-16　mtui（反）激活配置页

（8）此时主机的网络地址就配置完成了，可以通过“ip a”命令来验证“ens160”的网络地址是否成功配置，如图 2-17 所示。

```
[root@node1 ~]# ip a
1: lo: <LOOPBACK,UP,LOWER_UP> mtu 65536 qdisc noqueue state UNKNOWN group default
 qlen 1000
    link/loopback 00:00:00:00:00:00 brd 00:00:00:00:00:00
    inet 127.0.0.1/8 scope host lo
       valid_lft forever preferred_lft forever
    inet6 ::1/128 scope host
       valid_lft forever preferred_lft forever
2: ens160: <BROADCAST,MULTICAST,UP,LOWER_UP> mtu 1500 qdisc mq state UP group def
ault qlen 1000
    link/ether 56:6f:10:aa:01:af brd ff:ff:ff:ff:ff:ff
    inet 192.168.150.101/24 brd 192.168.150.255 scope global noprefixroute ens160
       valid_lft forever preferred_lft forever
    inet6 fe80::546f:10ff:feaa:1af/64 scope link noprefixroute
       valid_lft forever preferred_lft forever
3: virbr0: <NO-CARRIER,BROADCAST,MULTICAST,UP> mtu 1500 qdisc noqueue state DOWN
group default qlen 1000
    link/ether 52:54:00:0d:57:5c brd ff:ff:ff:ff:ff:ff
    inet 192.168.122.1/24 brd 192.168.122.255 scope global virbr0
       valid_lft forever preferred_lft forever
```

图 2-17　验证网络配置信息

（9）之后可以通过 SSH 命令登录到主机上进行后续的配置工作。

2.5.3 安装后通过 nmcli 命令配置网络

nmcli 是 NetworkManager 提供的一个命令行工具，用于管理网络连接和设备，它允许用户在不使用图形界面的情况下配置和控制网络。nmcli 非常适合服务器环境及需要脚本自动化网络配置的场景。

通过以下命令可以查看当前系统中已存在的网络连接：

```
[root@localhost ~]# nmcli con show
NAME    UUID                                  TYPE      DEVICE
en01s0  6464a595-a870-4c04-bccb-cc82095b755b  ethernet  en01s0
```

通过以下命令可以删除系统中不再用的网络连接：

```
[root@localhost ~]# nmcli con del en01s0
成功删除连接 "en01s0" (6464a595-a870-4c04-bccb-cc82095b755b)
```

通过以下命令可以查看系统中可用的物理网卡端口，以及当前的连接状态：

```
[root@localhost ~]# nmcli device
DEVICE      TYPE      STATE         CONNECTION
enp109s0f1  ethernet  connected     enp109s0f1
enp109s0f0  ethernet  connected     enp109s0f0
enp111s0f0  ethernet  disconnected  --
enp111s0f1  ethernet  disconnected  --
enp111s0f2  ethernet  disconnected  --
enp111s0f3  ethernet  disconnected  --
```

通过以下命令可以创建名称为"enp1s0"的以太网连接，其使用的物理端口为"enp1s0"：

```
# 在物理端口上配置"以太网连接"（建议这样做）
[root@localhost ~]# nmcli con add type ethernet con-name enp1s0 ifname enp1s0 ipv4.method manual ipv4.addresses 192.168.150.101/24 ipv4.gateway 192.168.150.1 ipv4.dns 192.168.150.1 autoconnect yes
[root@localhost ~]# nmcli con reload
[root@localhost ~]# nmcli con up enp1s0
```

2.5.4 设置主机名称

主机名可用于识别 Linux 主机，特别是有多台 Linux 服务器的时候，可以快速认出对应的机器。Linux 服务器在没有修改主机名之前，终端提示符都类似，一般包含用户名、主机名和当前工作目录的信息。如果多台服务器放在一起，就难以辨别各个主机，特别是在做集群配置时，往往会因混淆当前操作的主机而造成一些误操作。

为了更好地辨别当前操作的主机，有必要修改服务器的主机名。下面介绍如何使用 hostnamectl 命令将 IP 地址为 192.168.150.101 的服务器的主机名设置为 node1。

```
[root@client ~]# ssh root@192.168.150.101
root@192.168.150.101's password:
Web console: https://192.168.150.101:9090

Last login: Tue Dec 27 11:19:16 2022 from 192.168.150.1

 node status: OK
 See `nodectl check` for more information

Admin Console: https://192.168.150.101:9090/

[root@localhost ~]# hostnamectl set-hostname node1
# 退出登录，重新登录后才会显示新的主机名
[root@localhost ~]# exit
Logout
[root@client ~]# ssh root@192.168.150.101
# 再重新登录，显示新配置的主机名
[root@node1 ~]#
```

2.6 在主机上部署管理器引擎

要想在主机上部署管理器引擎，需要先安装 ovirt-engine-appliance 来获取必要的虚拟机 OVA 文件，再使用 engine-setup 命令进行安装和配置。

2.6.1 配置管理器引擎主机

在当前主机上部署管理器引擎，需要确认当前主机的 yum 源是否可用，如果可以连通互联网，那么在安装过程中安装脚本会自动从互联网检查更新，并下载安装最新的 oVirt 软件包，如果当前主机无法访问互联网，那么需要禁用当前主机上所有的 yum 更新源，以避免安装失败。

```
[root@node1 ~]# cd /etc/yum.repos.d/
[root@node1 yum.repos.d]# ls
CentOS-Ceph-Pacific.repo        CentOS-Stream-HighAvailability.repo
```

```
CentOS-Gluster-10.repo              CentOS-Stream-Media.repo
CentOS-NFV-OpenvSwitch.repo         CentOS-Stream-NFV.repo
CentOS-OpsTools.repo                CentOS-Stream-PowerTools.repo
CentOS-Storage-common.repo          CentOS-Stream-RealTime.repo
CentOS-Stream-AppStream.repo        CentOS-Stream-ResilientStorage.repo
CentOS-Stream-BaseOS.repo           CentOS-Stream-Sources.repo
CentOS-Stream-Debuginfo.repo        CentOS-oVirt-4.5.repo
CentOS-Stream-Extras-common.repo    node-optional.repo
CentOS-Stream-Extras.repo
# 将当前的 repo 配置文件备份到备份目录里
[root@node1 yum.repos.d]# mkdir backup
[root@node1 yum.repos.d]# mv *.repo backup
```

此外，还需要确认当前的域名解析是否可用，oVirt 管理器和所有主机必须具有完全限定的域名和完整、完全对齐的正向域名解析，本文不再额外配置 DNS 服务器，通过修改主机的 "/etc/hosts" 文件来完成域名解析。

```
# 通过 SSH 命令连接到 node1 主机
[root@client ~]# ssh root@192.168.150.101
root@192.168.150.101's password:
Web console: https://192.168.150.101:9090


Last login: Tue Dec 27 11:19:16 2022 from 192.168.150.1

 node status: OK
 See `nodectl check` for more information

Admin Console: https://192.168.150.101:9090/

# 通过 vi 命令修改 /etc/hosts 文件，设置主机名和域名的解析条目
[root@node1 ~]#  vi /etc/hosts
...
[root@node1 ~]#  cat /etc/hosts
127.0.0.1   localhost localhost.localdomain localhost4 localhost4.localdomain4
::1         localhost localhost.localdomain localhost6 localhost6.localdomain6
192.168.150.100 master master.ovirt.com
192.168.150.101 node1 node1.ovirt.com
192.168.150.102 node2 node2.ovirt.com
```

2.6.2 安装 ovirt-engine-appliance 软件包

将前面下载的 "ovirt-engine-appliance-4.5-20231201120252.1.el8.x86_64.rpm" 安装包文件

通过 U 盘或者网络复制到 192.168.150.101(node1)主机上，并通过 rpm 命令完成安装。

（1）这里通过 scp 命令将 rpm 安装包复制到待部署管理器引擎的 node1 主机上：

```
[root@client ~]# scp ovirt-engine-appliance-4.4-20220308105414.1.el8.x86_64.rpm root@192.168.150.101:/
root@192.168.150.101's password:
ovirt-engine-appliance-4.4-                        100% 1587MB 182.3MB/s   00:08
```

（2）通过 rpm 命令安装 ovirt-engine-applicance 软件包到当前主机：

```
[root@node1 /]# rpm -ivh ./ovirt-engine-appliance-4.4-20220308105414.1.el8.x86_64.rpm
warning: ./ovirt-engine-appliance-4.4-20220308105414.1.el8.x86_64.rpm: Header V4 RSA/SHA256
Signature, key ID fe590cb7: NOKEY
Verifying...                          ################################# [100%]
Preparing...                          ################################# [100%]
Updating / installing...
   1:ovirt-engine-appliance-4.4-202203################################# [100%]
```

2.6.3　通过命令部署管理器引擎

通过 hosted-engine 命令可以在本地主机中部署管理器引擎，整个部署的过程包括配置网络、配置数据中心和集群的名称、为管理器引擎虚拟机分配资源、配置引擎虚拟机用户及网络信息、为管理器引擎添加共享存储等。

（1）运行 hosted-engine 命令，这里使用了 he_pause_before_engine_setup 参数，表示启动引擎虚拟机后不会立即部署管理引擎，而是先暂停部署，使得安装人员可以登录系统进行一些额外的配置：

```
# 使用 tmux 管理会话，以避免在出现网络或终端中断时会话断开，导致安装失败
[root@node1 /]# tmux
[root@node1 /]# hosted-engine --deploy --4 --ansible-extra-vars=he_pause_before_engine_setup=true
[ INFO  ] Stage: Initializing
[ INFO  ] Stage: Environment setup
          During customization use CTRL-D to abort.
          Continuing will configure this host for serving as hypervisor and will create a local VM with a running engine.
          The locally running engine will be used to configure a new storage domain and create a VM there.
          At the end the disk of the local VM will be moved to the shared storage.
          Are you sure you want to continue? (Yes, No)[Yes]:
```

注意：当通过 SSH 命令连接到远程主机并直接执行 hosted-engine 安装命令时（不通过 tmux），系统会提示：It is highly recommended to abort the installation and run it inside a tmux session using command "tmux"。此时，需要输入"Yes"继续安装。

（2）配置当前主机的网关地址，如果显示的默认值正确，则可以直接按回车键继续：

```
--== HOST NETWORK CONFIGURATION ==--
Please indicate the gateway IP address [192.168.150.1]:
```

（3）脚本会检测可能的网卡接口作为网桥，用于 oVirt 主机间的管理通信。这里可以输入接口名称并按回车键，或者直接按回车键使用默认值继续安装：

```
Please indicate a nic to set ovirtmgmt bridge on (enp1s0) [enp1s0]:
```

（4）指定检查主机网络连通的判断方法，主要用于判断当前主机在网络中的连通情况，如果当前主机处于网络断开状态，那么高可用组件将会关闭当前主机上的管理器引擎虚拟机，以避免与其他主机上的引擎发生"脑裂"。其中 ping 表示尝试 ping 网关，dns 表示检查与 DNS 服务器的连接，tcp 表示创建到主机和端口组合的 TCP 连接，none 表示主机始终被视为连通状态：

```
Please indicate a nic to set ovirtmgmt bridge on (enp1s0) [enp1s0]:
Please specify which way the network connectivity should be checked (ping, dns, tcp, none) [dns]: ping
```

（5）输入数据中心的名称，默认名称为"Default"：

```
--== VM CONFIGURATION ==--

Please enter the name of the data center where you want to deploy this hosted-engine host.
Data center [Default]:
```

（6）输入集群的名称，默认名称为"Default"：

```
Please enter the name of the cluster where you want to deploy this hosted-engine host.
Cluster [Default]:
```

（7）在/usr/share/ovirt-engine-appliance/目录下找到 ovirt-engine-applicace-XXX.ova 文件（由 ovirt-engine-appliance 软件包提供），并输入 OVA 文件的绝对路径，按回车键继续安装：

```
If you want to deploy with a custom engine appliance image, please specify the path to the OVA archive you would like to use.
Entering no value will use the image from the ovirt-engine-appliance rpm, installing it if needed.
Appliance image path []: /usr/share/ovirt-engine-appliance/ovirt-engine-appliance-4.4-202203081054
14.1.el8.ova
```

（8）为管理器引擎虚拟机设置 CPU 数量和内存大小：

```
Please specify the number of virtual CPUs for the VM. The default is the appliance OVF value [4]:
Please specify the memory size of the VM in MB. The default is the appliance OVF value [16384]:
```

（9）为管理器引擎虚拟机指定域名，如 master.ovirt.com：

```
Please provide the FQDN you would like to use for the engine.
Note: This will be the FQDN of the engine VM you are now going to launch,
it should not point to the base host or to any other existing machine.
Engine VM FQDN []: master.ovirt.com
```

（10）指定管理器虚拟机所在的域。例如，如果域名是 master.ovirt.com，则输入 ovirt.com：

```
Please provide the domain name you would like to use for the engine appliance.
Engine VM domain [ovirt.com]:
```

（11）为管理器引擎主机创建 root 密码：

```
Enter root password that will be used for the engine appliance:
Confirm appliance root password:
```

（12）SSH 公钥可以在不输入密码的情况下以 root 用户身份登录管理器引擎节点（不输入任何内容表示不配置公钥），按回车键继续下一步：

```
You may provide an SSH public key, that will be added by the deployment script to the authorized_keys
file of the root user in the engine appliance.
This should allow you passwordless login to the engine machine after deployment.
If you provide no key, authorized_keys will not be touched.
SSH public key []:
```

（13）指定是否为 root 用户启用 SSH 访问，默认打开此选项：

```
Do you want to enable ssh access for the root user? (yes, no, without-password) [yes]:
```

（14）可选：是否启用 OpenSCAP 和 FIPS 相关功能，默认关闭此选项：

```
Do you want to apply a default OpenSCAP security profile? (Yes, No) [No]:
Do you want to enable FIPS? (Yes, No) [No]:
```

（15）设置管理器虚拟机网卡的物理地址和网络地址，这里推荐将 IP 地址设置为静态：

```
Please specify a unicast MAC address for the VM, or accept a randomly generated default
[00:16:3e:2f:ea:93]:
How should the engine VM network be configured? (DHCP, Static)[DHCP]: Static
Please enter the IP address to be used for the engine VM []: 192.168.150.100
```

（16）设置管理器虚拟机网络的 DNS 地址，之后按回车键继续下一步：

```
Engine VM DNS (leave it empty to skip) [192.168.150.1]:
```

（17）设置是否在管理器引擎虚拟机的/etc/hosts 文件中添加当前主机的域名解析条目（默认添加），完成配置后按回车键继续下一步：

```
Add lines for the appliance itself and for this host to /etc/hosts on the engine VM?
Note: ensuring that this host could resolve the engine VM hostname is still up to you.
Add lines to /etc/hosts? (Yes, No)[Yes]:
```

（18）配置与发送和接收通知相关的信息，包括 SMTP 服务器的 IP 地址、SMTP 服务器的 TCP 端口号、发送者的邮箱地址、接收者的邮箱地址：

```
--== HOSTED ENGINE CONFIGURATION ==--

Please provide the name of the SMTP server through which we will send notifications [localhost]:
Please provide the TCP port number of the SMTP server [25]:
Please provide the email address from which notifications will be sent [root@localhost]:
Please provide a comma-separated list of email addresses which will get notifications [root@localhost]:
```

（19）为 admin@ovirt 用户创建密码，用以访问管理门户：

```
Enter engine admin password:
Confirm engine admin password:
```

（20）指定当前主机的主机名称（这里建议使用完整的域名）：

```
Please provide the hostname of this host on the management network [node1.ovirt.com]:
```

（21）部署程序会解压 appliance 并且启动虚拟机镜像，因为在安装时设置了 "he_pause_before_engine_setup=true" 选项，因此虚拟机启动后不会立即部署管理器引擎服务，而是在主机的临时目录下生成锁文件并且暂停安装程序。此时，可以从部署主机登录管理器引擎节点，将所有 yum 源配置文件删除，以避免管理器引擎在安装时因为无法联网更新而导致安装失败。

```
[ INFO  ] TASK [ovirt.ovirt.hosted_engine_setup : Include before engine-setup custom tasks files for the engine VM]
[ INFO  ] You can now connect from this host to the bootstrap engine VM using ssh as root and the temporary IP address - 192.168.222.57
[ INFO  ] TASK [ovirt.ovirt.hosted_engine_setup : include_tasks]
[ INFO  ] ok: [localhost]
[ INFO  ] TASK [ovirt.ovirt.hosted_engine_setup : Create temporary lock file]
[ INFO  ] changed: [localhost -> localhost]
[ INFO  ] TASK [ovirt.ovirt.hosted_engine_setup : Pause execution until /tmp/ansible.ngi8_ttu_he_setup_lock is removed, delete it once ready to proceed]
```

打开一个新的 SSH 窗口并连接到当前的主机，在这台主机上再通过 SSH 命令连接到服务器 192.168.222.43（安装器会在终端打印这个 IP 地址）。之后删除/etc/yum.repos.d 目录下的所有 repo 文件，具体操作如下所示：

```
[root@node1 /]# ssh root@192.168.150.101
```

```
root@192.168.150.101's password:
Web console: https://node1:9090/ or https://192.168.150.101:9090/

Last login: Tue Aug 27 03:02:06 2024 from 192.168.150.101

 node status: OK
 See `nodectl check` for more information

Admin Console: https://192.168.150.101:9090/

[root@node1 ~]# ssh root@192.168.222.57
The authenticity of host '192.168.222.57 (192.168.222.57)' can't be established.
ECDSA key fingerprint is SHA256:9DOfxDDuN/IUfKRNS6da5y4c+A0PCZECg68qd2sIEuU.
Are you sure you want to continue connecting (yes/no/[fingerprint])? yes
Warning: Permanently added '192.168.222.57' (ECDSA) to the list of known hosts.
root@192.168.222.57's password:
Web console: https://master.ovirt.com:9090/ or https://192.168.222.57:9090/

Last login: Tue Aug 27 03:16:27 2024 from 192.168.222.1
[root@master ~]# rm -rf /etc/yum.repos.d/*
```

执行完所有自定义操作后，退出虚拟机的 SSH 连接会话，返回到主机的 SSH 控制台（192.168.150.101），按照安装提示删除临时目录下的锁文件/tmp/ansible.6gpcuegf_he_setup_lock，之后部署程序会继续运行。

```
[root@node1 ~]# rm /tmp/ansible.ngi8_ttu_he_setup_lock
rm: remove regular empty file '/tmp/ansible.ngi8_ttu_he_setup_lock'? y
```

（22）在这里选择配置 NFS 存储用作管理器引擎共享存储，之后还要完成 NFS 版本、挂载路径、挂载选项的设置：

```
Please specify the storage you would like to use (glusterfs, iscsi, fc, nfs)[nfs]: nfs
Please specify the nfs version you would like to use (auto, v3, v4, v4_0, v4_1, v4_2)[auto]:
Please specify the full shared storage connection path to use (example: host:/path): 192.168.150.10:/ovirt-engine
If needed, specify additional mount options for the connection to the hosted-engine storagedomain
(example: rsize=32768,wsize=32768) []:
```

（23）输入管理器引擎虚拟机的磁盘大小，可以手动输入或者直接使用默认值，之后安装器会把之前部署好的虚拟机磁盘镜像文件复制到共享存储：

```
Please specify the size of the VM disk in GiB: [51]:
```

（24）如果出现"Hosted Engine successfull deployed"，则表示管理器引擎已经部署成功：

```
[ INFO  ] Generating answer file
'/var/lib/ovirt-hosted-engine-setup/answers/answers-20240827033934.conf'
[ INFO  ] Generating answer file '/etc/ovirt-hosted-engine/answers.conf'
[ INFO  ] Stage: Pre-termination
[ INFO  ] Stage: Termination
[ INFO  ] Hosted Engine successfully deployed
```

2.7 连接到管理门户

打开 oVirt 门户网址（管理器引擎主机的域名是 master.ovirt.com），忽略安全提示后进入欢迎页面，此时可以在欢迎页面上下载并安装 CA 证书。

2.7.1 为网站添加 CA 证书

首次访问虚拟机门户时会提示该门户为不安全的网站，建议安装管理器引擎使用的证书来保证网络传输的安全性，下面分别介绍一下在火狐浏览器和 Google Chrome 浏览器中安装 CA 证书的步骤。

在火狐浏览器中安装 CA 证书的步骤如下。

（1）打开虚拟机门户网址，在欢迎页面中单击"引擎 CA 证书"链接。
（2）下载名为 pki-resource（没有文件扩展名）的证书文件。
（3）打开"选项/首选项"窗口。
（4）选择"隐私与安全"选项卡。
（5）单击"查看证书"按钮，打开证书管理器窗口。
（6）在证书管理器窗口中选择"颁发机构"选项卡。
（7）单击"导入"按钮。
（8）选择要导入的证书的文件（将窗口右下角的文件类型更改为"所有文件"以查看下载的文件）。
（9）选中窗口中所有的信任选项，并单击"确定"按钮。
（10）在证书管理器窗口中单击"确定"按钮，并关闭"首选项"窗口。
（11）关闭火狐浏览器，并确保火狐浏览器的所有进程都已停止。
（12）重新启动火狐浏览器，并重新访问虚拟机门户网址，此时地址栏中会显示绿色小锁图标，这表示已经成功安装了 CA 证书。

在 Google Chrome 浏览器中安装 CA 证书的步骤如下。
（1）打开虚拟机门户网址，在欢迎页面中单击"引擎 CA 证书"链接。
（2）下载名为 pki-resource（没有文件扩展名）的证书文件。
（3）进入"设置"→"隐私和安全"→"管理证书"→"受信任的根证书颁发机构"选项卡。
（4）单击"导入"按钮，并选择要导入的根证书文件（将文件类型更改为"所有文件"以查看下载的文件）。
（5）选中窗口中所有的信任选项，并单击"确定"按钮。
（6）关闭 Google Chrome 浏览器并确保所有 Chrome 进程都已停止。
（7）重启 Google Chrome 浏览器并重新访问虚拟机门户网址，此时地址栏中会显示绿色小锁图标，这表示已经成功安装了 CA 证书。

2.7.2 登录管理门户

打开 oVirt 首页欢迎页面，如图 2-18 所示，在最下方的下拉列表中选择网页显示的语言，之后单击"管理门户"链接，跳转到管理门户登录页面。

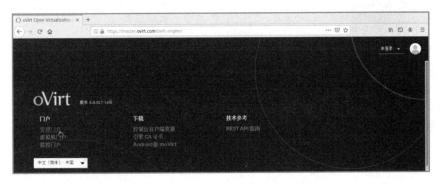

图 2-18 欢迎页面

在管理门户登录页面输入管理员的用户名及密码。注意，登录页面的用户名为 admin，密码为安装时设置的密码，如图 2-19 所示，之后单击"登录"按钮。

登录成功后会进入管理门户仪表盘页面，如图 2-20 所示，在这里可以观察到当前 oVirt 集群的状态信息，其中包含数据中心、集群、主机、数据存储域、虚拟机、事件相关的总览信息，还包含当前集群资源池 CPU、内存、存储使用情况。

图 2-19　管理门户登录页面

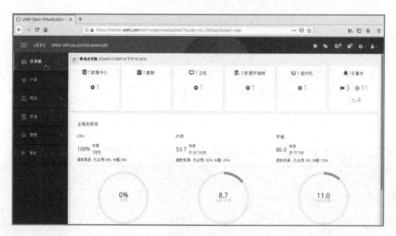

图 2-20　管理门户仪表盘

2.8　添加新的主机

前面已经在 node1 主机上部署运行了管理器引擎，管理器引擎在部署的过程中会自动将 node1 主机添加到 oVirt 集群环境中。为了提高整个集群的计算资源和存储资源，以支持更多的虚拟机和工作负载，可以为集群添加更多的主机。

将一台服务器作为新的主机添加到 oVirt 中，首先需要为服务器安装 oVirt Node 操作系统，然后需要将新主机的域名添加到管理器主机的本地域名解析文件中，最后通过浏览器在 oVirt 的管理门户中将其添加到集群中。

2.8.1 安装操作系统

这里准备的主机与前面安装管理器引擎时的主机环境一模一样，都需要在物理服务器上部署 oVirt Node 操作系统。在系统安装时或者系统部署结束后需要设置的主机 IP 地址和主机名分别为"192.168.150.102"和"node2"，下面简要说明一下安装步骤。

（1）通过 oVirt Node 操作系统安装镜像引导服务器启动。
（2）选择"Install oVirt Node 4.4.10"选项。
（3）安装语言选择"English/English"，单击"Continue"按钮。
（4）完成键盘布局、配置磁盘、配置用户 root 密码等设置，并且配置网络地址为"192.168.150.102"，配置主机名为"node2"。
（5）等待 20~30 分钟完成系统安装，单击"Reboot System"按钮重启系统。
（6）进入系统后首先检查 IP 地址是否正确，如果需要重新设置，可通过 nmtui 命令或者 nmcli 命令修改网络配置（见 2.5.3 节）。
（7）删除主机上的 yum 源配置文件，并将集群中所有的域名添加到本地域名解析文件中，具体代码如下：

```
[root@client ~]# ssh root@192.168.150.102
root@192.168.150.102's password:
Web console: https://localhost:9090/ or https://192.168.150.102:9090/

Last login: Fri May 10 15:31:12 2024 from 192.168.150.253

  node status: OK
  See `nodectl check` for more information

Admin Console: https://192.168.150.102:9090/

# 删除主机上的 yum 配置文件
[root@localhost ~]# mkdir /etc/yum.repos.d/backup
[root@localhost ~]# mv /etc/yum.repos.d/*.repo /etc/yum.repos.d/backup

# 配置本地域名解析
[root@node2 ~]# cat /etc/hosts
127.0.0.1    localhost localhost.localdomain localhost4 localhost4.localdomain4
::1          localhost localhost.localdomain localhost6 localhost6.localdomain6
192.168.150.100 master.ovirt.com
192.168.150.101 node1.ovirt.com
192.168.150.102 node2.ovirt.com
```

2.8.2 将主机域名同步添加至管理器节点

远程连接到管理引擎所在的主机，将 node2 的域名添加到"/etc/hosts"文件中。

```
[root@client ~]# ssh root@master.ovirt.com
root@master.ovirt.com's password:
Web console: https://master.ovirt.com:9090/ or https://192.168.150.100:9090/

Last login: Wed Jun 19 14:23:38 2024 from 192.168.150.253

# 修改管理器节点的本地域名解析文件，添加 node2 条目
[root@master ~]# cat /etc/hosts
127.0.0.1      localhost localhost.localdomain localhost4 localhost4.localdomain4
::1            localhost localhost.localdomain localhost6 localhost6.localdomain6
192.168.150.100 master master.ovirt.com
192.168.150.101 node1 node1.ovirt.com
192.168.150.102 node2 node2.ovirt.com
```

2.8.3 在门户界面添加主机

在 Web 浏览器的地址栏中输入"master.ovirt.com"进入管理门户并登录，选择左侧的"计算→主机"选项进入子菜单，如图 2-21 所示。

图 2-21 选择左侧的"计算→主机"选项

主机列表页包含当前集群所有已添加的主机,如图 2-22 所示,在主机列表上方的菜单栏中单击"新建"按钮,此时会弹出新的"新建主机"窗口。

图 2-22　主机列表页

在"新建主机"窗口的"常规"选项卡界面内完善"名称""主机名/IP""SSH 端口""密码"等选项。另外,建议取消勾选"安装后重启主机"复选项,以节约添加节点的时间,如图 2-23 所示。

图 2-23　新建主机时"常规"选项卡

在"承载的引擎"选项卡中设置"选择承载引擎部署操作",在其下拉列表中选择"部署"选项。这个步骤非常重要,决定了管理器引擎虚拟机能否在当前节点运行,如图 2-24 所示。

此时,再次检查所有选项卡里的设置,确认无误后单击"确定"按钮添加主机。之后主机列表中会出现名称为"node2.ovirt.com"的 node2 的主机,并且状态显示为 Instaling,如图 2-25 所示,整个安装过程大约需要 5~10 分钟。

图 2-24　新建主机时"承载的引擎"选项卡

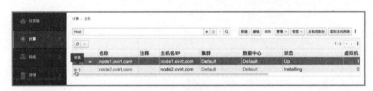

图 2-25　主机正在部署

如果在"常规"选项卡中勾选了"安装后重启主机"复选项，则软件部署完成后新添加的主机节点将会自动重启，状态如图 2-26 所示。

图 2-26　主机正在重启

注意，如果重启的时间过长，或者发现主机重启失败，则需要手动重启进入系统。

主机状态为"UP"时表示主机已经添加成功，在图 2-27 中还可以看到主机名称前面的一列有一个小皇冠的图标，这说明当前主机为自托管引擎主机，管理引擎虚拟机可以运行在此主机上。

第 2 章　部署自托管引擎架构的 oVirt 集群

图 2-27　主机状态正常

2.9　添加主机时常见的故障排除

在添加主机时，常常会因为检查升级、配置网络、存储配置报错而导致主机添加失败，下面对几种常见的错误进行说明。

2.9.1　yum 源无法使用

在网络受限的环境中添加节点往往会因为安装器无法使用 yum 源更新软件而导致节点添加失败。可在"管理门户"的"事件"详细页面中单击"报错事件"按钮打开"事件细节"对话框，查看报错详细原因，如图 2-28 所示。

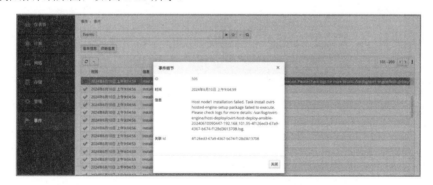

图 2-28　通过事件细节可查看到日志的路径

根据提示打开"/var/log/ovirt-engine/host-deploy/ovirt-host-deploy-ansible-xxx.log"日志，在最下方可以看到报错是因为软件包更新检查失败引起的。在这里可以删除节点上所有的 yum 源配置文件：

```
# ssh root@master.ovirt.com
# vi /var/log/ovirt-engine/host-deploy/ovirt-host-deploy-ansible-20240610090447-192.168.101.
```

```
95-4f126ed3-67a9-4367-b674-f128d3613708.log
2024-06-10 09:04:59 CST - fatal: [192.168.101.95]: FAILED! => {"changed": false, "msg": "Failed to download metadata for repo
'openEuler-EPOL-update': Cannot download repomd.xml: Cannot download repodata/repomd.xml: All mirrors were tried", "rc": 1, "r
esults": []}
2024-06-10 09:04:59 CST - {
    "status" : "OK",
    "msg" : "",
    "data" : {
      "uuid" : "c3f3b5e6-95d4-4138-8335-618548a881b0",
      "counter" : 60,
      "stdout" : "fatal: [192.168.101.95]: FAILED! => {\"changed\": false, \"msg\": \"Failed to download metadata for repo 'open
Euler-EPOL-update': Cannot download repomd.xml: Cannot download repodata/repomd.xml: All mirrors were tried\", \"rc\": 1, \"re
sults\": []}",
      "start_line" : 53,
      "end_line" : 54,
# ssh root@nodeX
# rm -rf /etc/yum.repos.d/*
```

在删除主机上的所有 yum 源配置文件之后，再次尝试新建主机。主机在安装时将会跳过所有软件包的更新，不会再报与更新相关的错误。

2.9.2 主机因网络原因处于不可用状态

oVirt 添加新主机时，安装程序会根据主机的网络接口和配置要求自动创建一个名为"ovirtmgmt"的网桥。这个网桥会绑定到主机的物理网络接口。如果在创建网桥时无法自动找到正确的物理网络接口，那么管理引擎会将主机设置为"不可用"状态，并且等待用户手动配置网络。

（1）添加后的主机状态显示为"无法工作"，如图 2-29 所示。

图 2-29　主机处于无法工作状态

（2）查看日志，发现主机不可用的原因是 management 网络配置失败，如图 2-30 所示。

（3）进入 node2.ovirt.com 主机的详情页，单击"网络接口"选项卡下的"设置主机网络"按钮，如图 2-31 所示。

（4）打开"设置主机 node2.ovirt.com 的网络"窗口，将"未分配的逻辑网络"下的 ovirtmgmt 选项拖到活动的网卡中，如图 2-32 所示。

第 2 章 部署自托管引擎架构的 oVirt 集群

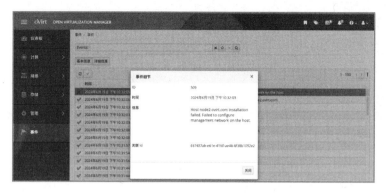

图 2-30 management 网络配置失败

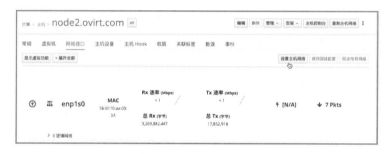

图 2-31 设置主机网络

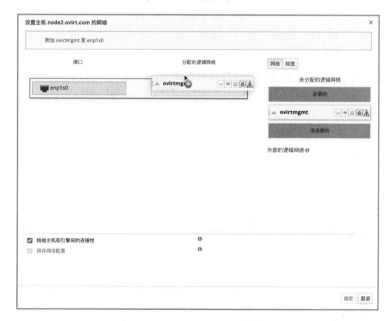

图 2-32 设置主机网络窗口

（5）设置完成后，单击"确定"按钮，保存并应用配置。

（6）返回到主机列表，选中无法工作的主机，在"管理"菜单下选择"激活"选项即可，如图2-33所示。

图2-33　激活主机

（7）稍后，主机就会恢复到正常状态，如图2-34所示。

图2-34　确认主机状态正常

2.9.3　iSCSI连接器名称有误导致主机不可用

在使用iSCSI存储时，需要正确配置服务器与连接器之间的认证信息，如果Host主机无法正确通过iSCSI的认证，那么oVirt会将这个主机置为不可用状态，如图2-35所示。

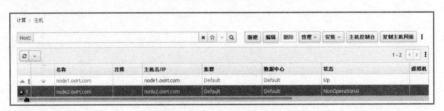

图2-35　主机处于不可用状态

可在"管理门户"的"事件"详细页面中单击报错事件打开"事件细节"对话框，查看报错的详细原因。如图2-36所示，报错信息为"Failed to login to iSCSI node due to authorization failure"，因此可以判定主机添加失败是因为 iSCSI 客户端没有通过认证。

图 2-36　在事件中查看报错细节

登录添加失败的节点，设置正确的 iSCSI 客户端连接器名称，并重启 iscsid 服务：

```
# ssh root@node2.ovirt.com
# 配置正确的 IQN 名称
[root@node2 ~]# vi /etc/iscsi/initiatorname.iscsi
# 确认 IQN 已经是正确的内容
[root@node2 ~]# cat /etc/iscsi/initiatorname.iscsi
InitiatorName=<IQN>
[root@node2 ~]# systemctl restart iscsid
```

返回到主机列表，选中无法工作的主机，在"管理"菜单下选择"激活"选项，如图 2-37 所示，稍候主机就会恢复正常。

图 2-37　重新激活主机

第 3 章
快速使用指南

本章旨在帮助用户快速入门并设置 oVirt 虚拟化平台，涵盖了配置存储、创建虚拟机、管理虚拟机、管理模板等核心步骤。通过本章，用户将了解如何操作 oVirt，从而快速上手使用 oVirt 虚拟化平台，满足业务的虚拟化需求。

3.1 oVirt 配置存储

oVirt 使用存储域来保存虚拟磁盘镜像、模板、快照、ISO 文件及存储域自身的元数据。存储域根据功能的不同主要分为数据域、ISO 域、导出域，这三种域类型的作用已经在第 1 章的表 1-4 中进行了说明，这里不再介绍。

在 oVirt 中可以创建多个存储域，这些存储域可以创建在共享文件系统之上，如 NFS、POSIX 兼容的文件系统、GlusterFS，也可以创建在远程共享块设备之上，如 iSCSI 或者 FCP。域功能支持的存储类型如表 3-1 所示。

表 3-1　域功能支持的存储类型

域 功 能	支持的存储类型	支持的清单
数据域	共享文件系统	NFS、POSIX 兼容的文件系统、GlusterFS
	远程共享块设备	iSCSI、Fibre Channel
ISO 域	共享文件系统	NFS、POSIX 兼容的文件系统、GlusterFS
导出域	共享文件系统	NFS、POSIX 兼容的文件系统、GlusterFS

要想添加存储域，必须能够成功访问管理门户，并且至少有一个主机处于 UP 状态。存储域可以由共享文件系统或远程共享块设备提供。在共享文件系统中（如 NFS），所有虚拟磁盘、ISO 镜像、模板和快照都是文件。在远程共享块设备中，如 iSCSI 上，所有虚拟磁盘、ISO 镜像、模板和快照都是逻辑卷。

接下来，我们将根据 oVirt 域的功能和支持的存储类型，讲述如何在 oVirt 中添加数据域、ISO 域和导出域。

3.1.1　准备 NFS 存储

oVirt 支持将共享文件系统用于"数据域"、"ISO 域"和"导出域"，包括 NFS、POSIX 兼容文件系统和 GlusterFS。这些文件系统在 oVirt 中的添加和使用方式基本一致，因此下面将通过 NFS 介绍共享文件系统在 oVirt 中的应用。

在添加和使用 NFS 存储之前，要在网络内的存储服务器上配置 NFS 服务并准备好存储目录。表 3-2 展示了与 NFS 存储相关的配置信息。

表 3-2　NFS 存储配置信息

配 置 项	值	备 注
NFS 服务 IP 地址	192.168.150.10	无
共享目录路径	/ovirt-data	添加到数据域
	/ovirt-iso	添加到 ISO 域
	/ovirt-export	添加到导出域
NFS 服务器的防火墙状态	打开	添加 nfs-server 服务

准备 NFS 存储的具体步骤如下。

（1）安装 NFS utils 软件包：

```
[root@storage ~]# dnf install nfs-utils -y
```

（2）设置服务开机自启：

```
[root@storage ~]# systemctl enable nfs-server
[root@storage ~]# systemctl enable rpcbind
```

（3）配置防火墙：

```
[root@storage ~]# firewall-cmd --add-service=nfs
[root@storage ~]# firewall-cmd --add-service=nfs --permanent
```

（4）创建 kvm 组：

```
[root@storage ~]# groupadd kvm -g 36
```

（5）在组 kvm 中创建用户 vdsm：

```
[root@storage ~]# useradd vdsm -u 36 -g kvm
```

（6）创建 ovirt-data 目录、ovirt-iso 目录、ovirt-export 目录，并修改访问权限：

```
[root@storage ~]# mkdir /ovirt-data
[root@storage ~]# mkdir /ovirt-iso
[root@storage ~]# mkdir /ovirt-export
[root@storage ~]# chmod 0755 /ovirt-data
[root@storage ~]# chown 36:36 /ovirt-data
[root@storage ~]# chmod 0755 /ovirt-iso
[root@storage ~]# chown 36:36 /ovirt-iso
[root@storage ~]# chmod 0755 /ovirt-export
[root@storage ~]# chown 36:36 /ovirt-export
```

（7）将/ovirt-data 目录、/ovirt-iso 目录和/ovirt-export 目录添加到/etc/exports 配置文件中：

```
# 将/ovirt-data 目录、/ovirt/iso 目录、/ovirt-export 目录添加到/etc/exports 配置文件中
[root@storage ~]# vi /etc/exports
[root@storage ~]# cat /etc/exports
/ovirt-engine *(rw,sync)
/ovirt-data *(rw,sync)
/ovirt-iso *(rw,sync)
/ovirt-export *(rw,sync)
```

（8）重启 NFS 服务：

```
[root@storage ~]# systemctl restart rpcbind
[root@storage ~]# systemctl restart nfs-server
```

（9）查看导出的目录的 IP 地址范围：

```
[root@storage ~]# exportfs
 /ovirt-engine   <world>
```

```
/ovirt-data        <world>
/ovirt-iso         <world>
/ovirt-export      <world>
```

注意：启动 nfs-server 服务后，如果在/etc/exports 配置文件中进行了配置项的更改，那么可以使用 exportfs -ra 命令重新应用配置文件。

3.1.2 准备 iSCSI 存储

oVirt 支持使用 iSCSI 和 Fibre Channel Protocol 类型的 SAN 存储作为"数据域"。在 SAN 存储中，共享的块设备首先被创建为物理卷（Physical Volume），然后聚合到卷组（Volume Group）中。用户可以通过逻辑卷管理器（Logical Volume Manager, LVM）从卷组中按需划分出逻辑卷（Logical Volume），用于存储虚拟磁盘、模板或快照。iSCSI 和 Fibre Channel 在 oVirt 中的添加和使用方式基本一致，因此下面将通过 iSCSI 介绍共享块设备在 oVirt 中的应用。

oVirt 在添加和使用 iSCSI 存储之前，需要在网络上的存储服务器上配置 iSCSI 服务。iSCSI 存储配置信息如表 3-3 所示。

表 3-3 iSCSI 存储配置信息

配 置 项	值	备 注
iSCSI 服务 IP 地址	192.168.150.10	无
iSCSI 共享的块设备	/dev/sdb1	选择尚未被使用的分区
iSCSI 服务的防火墙状态	打开	服务名称：iscsi-target
访问权限控制	iqn.2024-05.com.ovirt:node1	主机 1 连接器名称
	iqn.2024-05.com.ovirt:node2	主机 2 连接器名称

在服务端准备 iSCSI 存储时，需要安装 targetcli 工具，以便添加、删除和查看 iSCSI 服务的配置。该工具可以方便地将文件、卷、本地 SCSI 设备或磁盘等本地存储资源导出到远程系统中。服务端配置 iSCSI 服务的具体步骤如下。

（1）安装 targetcli 工具：

```
[root@storage ~]# yum install targetcli
```

（2）启动服务并将其设置为开机启动：

```
[root@storage ~]# systemctl start target
[root@storage ~]# systemctl enable target
```

（3）配置防火墙以允许客户端访问 iscsi-target 服务：

```
[root@storage ~]# firewall-cmd --add-service=iscsi-target
[root@storage ~]# firewall-cmd --add-service=iscsi-target --permanent
```

（4）验证 targetcli 安装成功：

```
[root@storage ~]# targetcli ls
o- / ...................................................................... [...]
  o- backstores ........................................................... [...]
  | o- block ............................................. [Storage Objects: 0]
  | o- fileio ............................................ [Storage Objects: 0]
  | o- pscsi ............................................. [Storage Objects: 0]
  | o- ramdisk ........................................... [Storage Objects: 0]
  o- iscsi ..................................................... [Targets: 0]
  o- loopback .................................................. [Targets: 0]
```

（5）创建 iSCSI 目标：

```
[root@storage ~]# targetcli /backstores/block create name=block0 dev=/dev/sdb1
[root@storage ~]# targetcli /iscsi create iqn.2024-05.com.ovirt:master
[root@storage ~]# targetcli /iscsi/iqn.2024-05.com.ovirt:master/tpg1/acls create
iqn.2024-05.com.ovirt:node1
[root@storage ~]# targetcli /iscsi/iqn.2024-05.com.ovirt:master/tpg1/acls create
iqn.2024-05.com.ovirt:node2
[root@storage ~]# targetcli /iscsi/iqn.2024-05.com.ovirt:master/tpg1/luns create
/backstores/block/block0
[root@storage ~]# targetcli /iscsi/iqn.2024-05.com.ovirt:master/tpg1/portals delete 0.0.0.0 3260
[root@storage ~]# targetcli /iscsi/iqn.2024-05.com.ovirt:master/tpg1/portals create 192.168.150.10
3260
[root@storage ~]# targetcli saveconfig
```

注意：这里的示例仅仅添加了 node1、node2 的 ACL 访问权限，如果有多个节点，那么需要将其他连接器的名称添加到 iSCSI 目标中，以确保所有连接器都可以访问该存储资源。

```
[root@storage ~]# targetcli /iscsi/iqn.2024-05.com.ovirt:master/tpg1/acls create
iqn.2024-05.com.ovirt:nodeN
[root@storage ~]# targetcli saveconfig
```

（6）查看配置：

```
[root@storage ~]# targetcli ls
o- / ...................................................................... [...]
  o- backstores ........................................................... [...]
  | o- block ............................................. [Storage Objects: 1]
  | | o- block0 .................... [/dev/sdb1 (4.0TiB) write-thru activated]
```

```
| |    o- alua ........................................... [ALUA Groups: 1]
| |      o- default_tg_pt_gp ............. [ALUA state: Active/optimized]
| o- fileio ............................................ [Storage Objects: 0]
| o- pscsi ............................................. [Storage Objects: 0]
| o- ramdisk ......................................... [Storage Objects: 0]
o- iscsi .................................................... [Targets: 1]
| o- iqn.2024-05.com.ovirt:master ........................... [TPGs: 1]
|   o- tpg1 ................................... [no-gen-acls, no-auth]
|     o- acls ................................................ [ACLs: 2]
|     | o- iqn.2024-05.com.ovirt:node1 ............. [Mapped LUNs: 1]
|     | | o- mapped_lun0 ................. [lun0 block/block0 (rw)]
|     | o- iqn.2024-05.com.ovirt:node2 ............. [Mapped LUNs: 1]
|     |   o- mapped_lun0 ................. [lun0 block/block0 (rw)]
|     o- luns ................................................ [LUNs: 1]
|     | o- lun0 ............. [block/block0 (/dev/sdb1) (default_tg_pt_gp)]
|     o- portals ........................................... [Portals: 1]
|       o- 192.168.150.10:3260 ................................. [OK]
o- loopback ................................................ [Targets: 0]
```

（7）配置 LVM 过滤器。操作系统在启动时会运行 vgscan 命令扫描系统上的块设备查找 LVM 标签，以确定哪些是物理卷，读取元数据并构建卷组列表。如果当前用于 iSCSI 共享的磁盘分区正好被使用者用作逻辑卷，那么服务器在重启后会因为被 LVM 占用而无法被 iscsi target 使用，因此必须将这个分区添加到 LVM 的过滤器中，具体代码如下。

```
# 登录存储服务器
ssh root@192.168.150.10
# 修改 lvm.conf 配置文件
vim /etc/lvm/lvm.conf
# 搜索 global_filter 关键字，此时光标应该定位于 devices 配置块，在这个位置添加过滤规则
devices {
...
filter = [ "r|/dev/sdb1|" ]
global_filter = [ "r|/dev/sdb1|" ]
...
}
```

注意：lvm.conf 文件的过滤器是由一系列简单的正则表达式组成的，这些表达式应用在 /dev 目录中的设备名称上，用以决定是否接受或拒绝找到的对应的块设备，为使读者便于理解，下面举几个例子。

```
# 在默认情况下，过滤器会添加所有发现的设备，以字符 "a" 开头表示接受设备，两个竖线 "|" 之间的内容为设备的正则表达式
filter = [ "a|.*|" ]
# 示例，以下过滤器删除了 cdrom 设备，拒绝设备使用 "r" 开头，表示不会使用匹配到的设备来构建卷组
```

```
filter = [ "r|/dev/cdrom|" ]
# 下面的过滤器添加了所有 loop 设备，并删除了所有其他块设备
filter = [ "a|loop.*|", "r|.*|" ]
# 下面的过滤器添加了所有 loop 设备和 IDE 设备，并删除了所有其他块设备
filter =[ "a|loop.*|", "a|/dev/hd.*|", "r|.*|" ]
# 下面的过滤器只添加第一个 IDE 驱动器中的分区 8，同时删除其他块设备
filter = [ "a|^/dev/hda8$|", "r|.*|" ]
```

3.1.3　添加数据域

数据域主要用于存放虚拟机的磁盘镜像、模板、ISO 文件和快照等数据。oVirt 的数据域支持使用 NFS 或远程共享块设备。

1. 将 NFS 添加到数据域

下面讲解如何将 NFS 作为数据域添加到 oVirt 中。表 3-4 列出了待添加存储的具体规划。

表 3-4　待添加存储的具体规划

配 置 项	值
存储域名称	data_nfs
域功能	数据
存储类型	NFS
导出路径	192.168.150.10:/ovirt-data

准备好 NFS 存储（见 3.1.1 节）之后，通过管理门户将其添加到 oVirt 的存储域中，具体步骤如下。

（1）登录 oVirt 管理门户。
（2）在左侧导航栏中选择"存储"→"域"。
（3）在存储域菜单栏中单击"新建域"按钮，如图 3-1 所示。

图 3-1　存储域窗口

（4）此时会弹出"新建域"窗口，如图 3-2 所示。

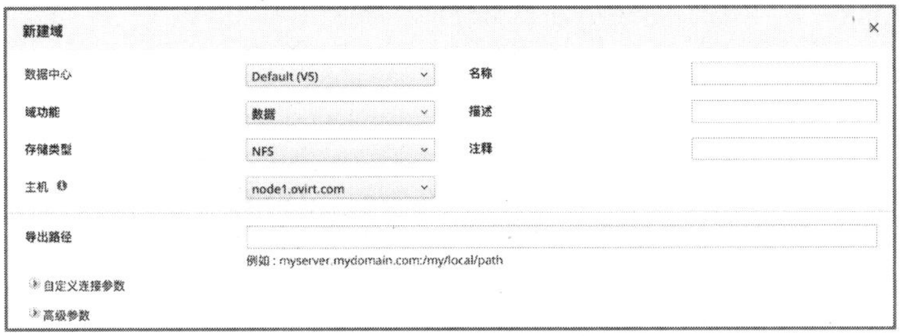

图 3-2　新建域

（5）在"名称"输入框中为当前的存储域设置名称标识，例如"data_nfs"。
（6）在"域功能"选项中使用"数据"。
（7）在"数据中心"和"主机"选项中使用默认值。
（8）在"存储类型"中选择 NFS。
（9）输入导出路径：192.168.150.10:/ovirt-data。
（10）根据需要配置"自定义连接参数"和"高级参数"选项。
（11）如图 3-3 所示，检查存储设置，在确认设置无误后，单击"确定"按钮，完成参数配置。

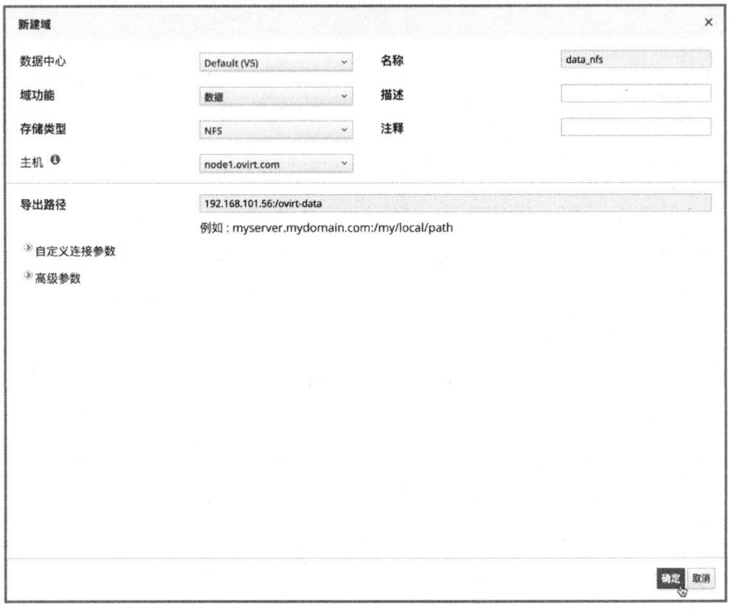

图 3-3　检查存储设置

之后"新建域"窗口会自动关闭。等待一段时间，当"data_nfs"存储域的状态显示为"活跃的"时表示添加成功，如图3-4所示。

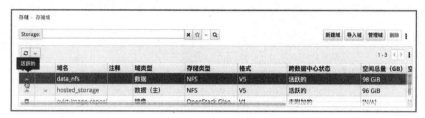

图 3-4　查看存储域列表

2. 将 iSCSI 添加到数据域

下面将介绍如何将 iSCSI 类型的共享块设备作为"数据域"添加到 oVirt 中。表 3-5 列出了待添加存储的具体规划。

表 3-5　待添加存储的具体规划

配 置 项		值
名称		data_iscsi
域功能		数据
存储类型		iSCSI
发现目标	地址	192.168.150.10
	端口	3260
用户验证	CHAP 用户名	无
	CHAP 密码	无

oVirt 中所有的主机都是 iSCSI 的客户端，因此在添加 iSCSI 存储之前需要在所有主机上配置客户端 iSCSI 连接器名称，具体做法如下。

（1）配置 node1 客户端的连接器名称：

```
[root@node1 ~]# cat /etc/iscsi/initiatorname.iscsi
InitiatorName=iqn.2024-05.com.ovirt:node1
[root@node1 ~]# systemctl restart iscsid
```

（2）配置 node2 客户端的连接器名称：

```
[root@node2 ~]# cat /etc/iscsi/initiatorname.iscsi
InitiatorName=iqn.2024-05.com.ovirt:node2
```

```
[root@node2 ~]# systemctl restart iscsid
```

（3）配置其他客户端的连接器名称：

```
[root@nodeN ~]# cat /etc/iscsi/initiatorname.iscsi
InitiatorName=iqn.2024-05.com.ovirt:nodeN
[root@nodeN ~]# systemctl restart iscsid
```

完成主机配置之后，登录 oVirt 的管理门户将共享块设备添加到 oVirt 的存储域中，具体添加步骤如下。

（1）登录 oVirt 管理门户。
（2）在左侧导航栏中选择"存储"→"域"选项。
（3）在存储域菜单栏中单击"新建域"按钮，如图 3-5 所示。

图 3-5 "存储域"窗口

（4）此时会弹出"新建域"窗口，如图 3-6 所示。

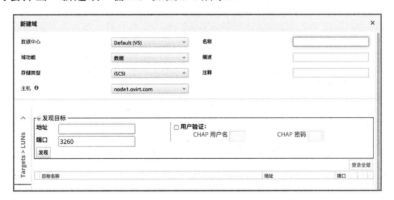

图 3-6 新建存储域

（5）在"名称"输入框中为当前的存储域设置名称标识，例如"data_iscsi"。
（6）在"域功能"选项中选择"数据"。
（7）在"数据中心"和"主机"选项中使用默认值。
（8）在"存储类型"中选择 iSCSI。
（9）在"地址"字段中输入 iSCSI 主机的域名或者 IP 地址，如 192.168.150.10。

（10）在"端口"字段中输入连接到的主机端口，如 3260。

（11）如果使用 CHAP 保护存储，就要选中"用户验证"并输入"CHAP 用户名"和"CHAP 密码"验证信息。

（12）单击"发现"按钮，并且在发现的目标中单击"→"按钮登录，如图 3-7 所示。

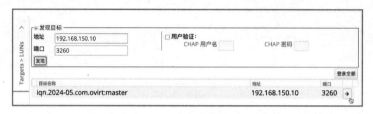

图 3-7　发现并登录目标

（13）选中需要使用的 LUN，单击"添加"按钮，如图 3-8 所示。

图 3-8　添加 LUN

（14）单击"确定"按钮执行添加，如图 3-9 所示。

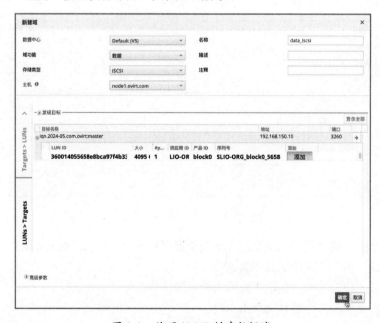

图 3-9　使用 iSCSi 创建数据域

（15）oVirt 对新建的数据域进行初始化和添加操作，添加成功后状态将会显示为"活跃的"，如图 3-10 所示。

图 3-10　确认数据域是否添加成功

3. 在"数据域"中上传 ISO 文件

在 oVirt 中，数据域是存储虚拟磁盘映像、模板、快照和其他文件的关键组件之一。除了这些用途，数据域还支持上传并存储 ISO 文件，这些 ISO 文件通常用于在创建虚拟机时为虚拟机提供操作系统的安装镜像。在数据域中上传 ISO 文件的具体步骤如下。

（1）准备操作系统安装镜像，例如 CentOS 7.9。
（2）登录 oVirt 管理门户。
（3）在左侧导航栏中选择"存储"→"域"选项，进入"存储域"页面。
（4）选择目标存储域，如图 3-11 所示，单击存储域的名称，进入域管理界面。

图 3-11　单击存储域名称

（5）选择"磁盘"选项卡，如图 3-12 所示，在右上角单击"上传"按钮，在打开的下拉列表中选择"开始"选项。

图 3-12　上传 ISO 磁盘镜像

（6）单击"选择文件"按钮，从文件浏览器窗口选择需要上传的 ISO 文件，并单击"确定"按钮开始上传，如图 3-13 所示。

图 3-13　上传 ISO 文件

（7）此时，在磁盘列表中会展示文件上传的进度，如图 3-14 所示。

图 3-14　查看文件上传的进度

（8）当镜像的状态为"OK"时，代表 ISO 文件上传成功，如图 3-15 所示。

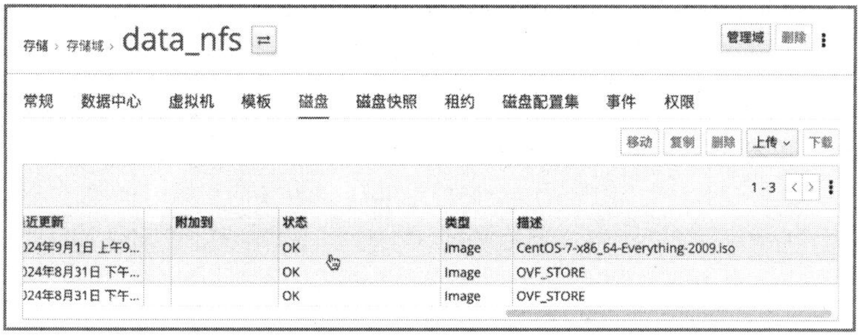

图 3-15　确认 ISO 镜像文件上传成功

3.1.4　添加 ISO 域

ISO 域主要用于存放和管理 ISO 文件，以便在虚拟机上安装操作系统或软件包，oVirt 的 ISO 域仅支持使用 NFS。下面讲解如何在 oVirt 中添加 ISO 存储域，并在 ISO 存储域中添加 ISO 文件。

1．将 NFS 添加到 ISO 域

下面介绍如何将 NFS 添加到 oVirt 并作为"ISO 域"使用。表 3-6 列出了待添加存储的具体规划。

表 3-6　待添加存储的具体规划

配　置　项	值
存储域名称	iso_nfs
域功能	ISO
存储类型	NFS
导出路径	192.168.150.10:/ovirt-iso

准备好 NFS 存储（见 3.1.1 节）之后，通过管理门户将其添加到 oVirt 的 ISO 域中，具体添加步骤如下。

（1）登录 oVirt 管理门户。

（2）在左侧导航栏中选择"存储"→"域"选项。

（3）在存储域菜单栏中单击"新建域"按钮，如图3-16所示。

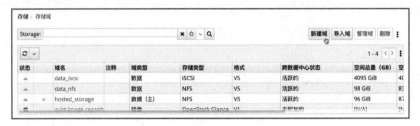

图3-16 存储域列表

（4）此时会弹出"新建域"窗口，如图3-17所示。

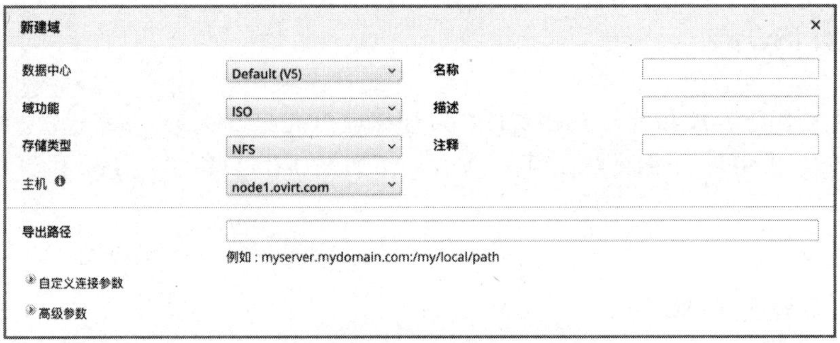

图3-17 "新建域"窗口

（5）在"名称"输入框中为当前的存储域设置名称标识，例如"iso_nfs"。

（6）在"域功能"下拉列表中选择"ISO"。

（7）在"数据中心"和"主机"下拉列表中选择默认值。

（8）在"存储类型"下拉列表中选择"NFS"。

（9）输入用于ISO域的导出路径：192.168.150.10:/ovirt-iso。

（10）根据需要配置"自定义连接参数"和"高级参数"选项。

（11）如图3-18所示，在检查存储信息设置无误后单击"确定"按钮，完成参数配置。

（12）如图3-19所示，在弹出的窗口中单击"确定"按钮，忽略提示，继续添加ISO域。

（13）此时"新建域"窗口会自动关闭。等待一段时间，当"iso_nfs"存储域的状态显示为"活跃的"时，表示添加成功，如图3-20所示。

图 3-18 检查存储信息设置

图 3-19 继续添加 ISO 域

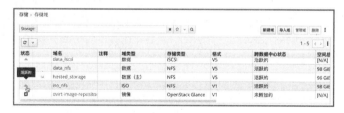

图 3-20 确认 ISO 域添加成功

2. 在 ISO 域中添加 ISO 文件

通过上面的步骤,成功添加了名称为"iso_nfs"的 ISO 域,这个域主要用于保存操作系统的安装介质。下面介绍如何添加 ISO 镜像文件,具体步骤如下。

(1)准备操作系统安装镜像,例如 CentOS 7.9。

(2)登录 oVirt 管理门户。

(3)在左侧导航栏中选择"存储"→"域"选项。

（4）选择目标存储域，单击域的名称，如图 3-21 所示，进入域管理界面。

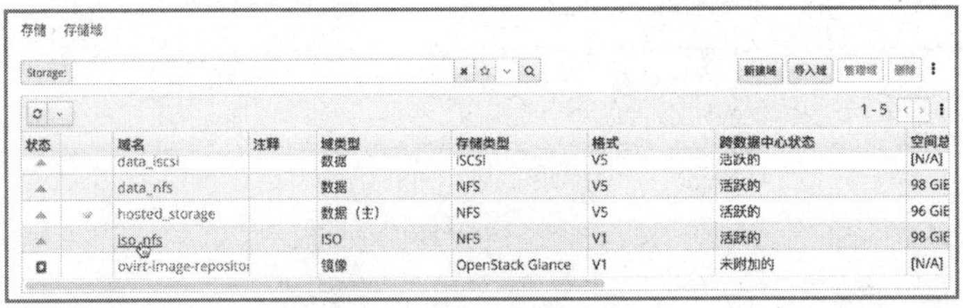

图 3-21　单击 ISO 域名称

（5）在存储域详情页面中选择"镜像"选项卡，可以看到当前域中不存在任何 ISO 镜像文件，并且 ISO 域与数据域不同，它不具备文件上传功能，故不能通过网页上传，如图 3-22 所示。

图 3-22　查看"镜像"选项卡

（6）正确的做法是，将 ISO 文件复制到"iso_nfs"域对应服务端的共享目录下，例如"/ovirt-iso/xxx/images/11111111-1111-1111-1111-111111111111"。

```
[root@client ~]# scp ./CentOS-7-x86_64-Everything-2009.iso
root@192.168.150.10:/ovirt-iso/d031eaed-a7c4-418e-9979-0a1de6fa9c7d/images/11111111-1111-1111-111
1-111111111111/
root@192.168.150.10's password:
CentOS-7-x86_64-Everything-2009.iso              100% 9728MB 186.9MB/s   00:52
```

（7）进入服务端的 NFS 目录，为新添加的 ISO 文件赋读权限：

```
[root@client ~]# ssh root@192.168.150.10
root@192.168.150.10's password:
Last login: Mon Sep  2 09:22:02 2024 from 192.168.150.254
[root@nfs-server ~]# cd
/ovirt-iso/d031eaed-a7c4-418e-9979-0a1de6fa9c7d/images/11111111-1111-1111-1111-111111111111/
[root@nfs-server 11111111-1111-1111-1111-111111111111]# chmod +r CentOS-7-x86_64-Everything-2009.iso
```

（8）刷新"iso_nfs"存储域详细页面，在镜像列表中可以看到新添加的镜像文件，如图 3-23 所示。

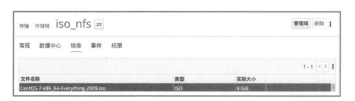

图 3-23　查看新添加的镜像文件

3.1.5　添加导出域

oVirt 的导出域主要用于虚拟机的导入和导出操作，以方便在不同 oVirt 之间传输虚拟机或备份虚拟机。本节说明如何将 NFS 添加到 oVirt 并作为"导出域"使用。表 3-7 对待添加的存储进行了规划。

表 3-7　待添加存储的具体规划

配置项	值
存储域名称	export_nfs
域功能	导出
存储类型	NFS
导出路径	192.168.150.10:/ovirt-export

准备好 NFS 存储之后，通过管理门户将当前的 NFS 添加到 oVirt 的导出域中，具体添加步骤如下。

（1）登录 oVirt 管理门户。

（2）在左侧导航栏中选择"存储"→"域"选项。

（3）在存储域菜单栏中单击"新建域"按钮，如图 3-24 所示。

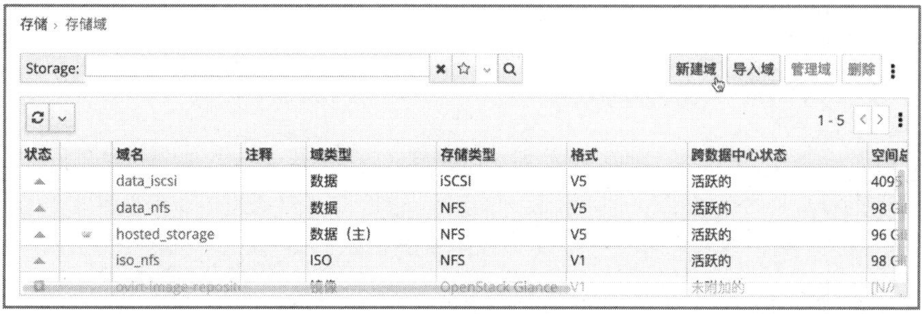

图 3-24　存储域列表

（4）此时会弹出"新建域"窗口，如图 3-25 所示。

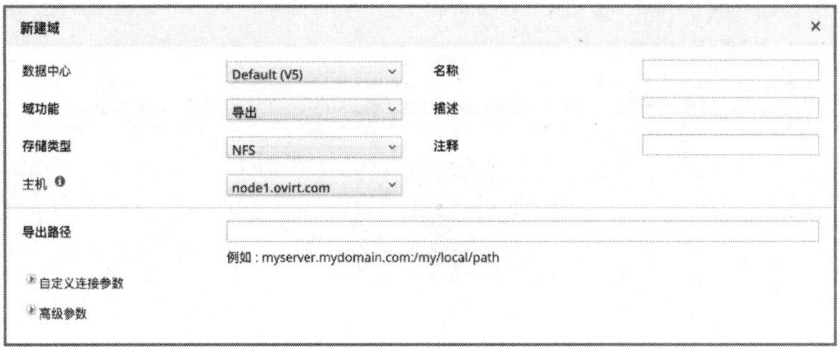

图 3-25 "新建域"窗口

（5）在"名称"输入框中为当前的存储域设置名称标识，例如"export_nfs"。
（6）在"域功能"下拉列表中选择"导出"。
（7）在"数据中心"和"主机"选项中使用默认值即可。
（8）在"存储类型"下拉列表中选择"NFS"。
（9）输入用于导出域的导出路径：192.168.150.10:/ovirt-export。
（10）根据需要可以配置"自定义连接参数"和"高级参数"选项。
（11）如图 3-26 所示，检查存储信息设置无误后单击"确定"按钮完成参数配置。

图 3-26 完成参数配置

（12）此时"新建域"窗口会自动关闭。等待一段时间，当"export_nfs"存储域的状态显示为"活跃的"时，表示添加成功，如图 3-27 所示。

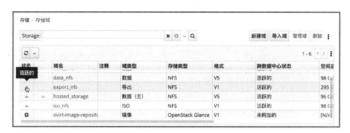

图 3-27　确认导出域添加成功

3.2　创建虚拟机

创建虚拟机是 oVirt 平台的核心功能之一。创建虚拟机的操作可以在管理门户中或者虚拟机门户中进行创建。本节将介绍如何在管理门户中创建虚拟机并为虚拟机安装和配置操作系统。

3.2.1　安装 virt-viewer 客户端控制台

oVirt 为用户提供了用于连接虚拟机的图形控制台，允许用户通过 SPICE 或 VNC 协议连接到虚拟机的控制台，从而远程查看和控制虚拟机的图形界面。这对于管理虚拟机的操作系统、安装软件，以及进行日常管理操作非常有用。

安装 virt-viewer 远程查看器软件后，当打开虚拟机的 SPICE 会话时，该软件会自动调用远程查看器。Windows 下的 virt-viewer 客户端可以从 virt-viewer 官网获取，Linux 平台可以通过包管理命令安装：

```
# yum install virt-viewer
```

3.2.2　创建 Linux 虚拟机

我们在 3.1.3 节和 3.1.4 节中已经完成了 CentOS 7.9 操作系统镜像的准备工作，下面参考表 3-8 的配置，创建一个空白虚拟机，并为虚拟机安装 CentOS 7.9 操作系统。

表 3-8 虚拟机配置项清单

项 目	配 置	说 明
所属集群	Default	使用默认值
模板	Blank	使用空模板
操作系统	Red Hat Enterprise Linux 7.x x64	设置操作系统类型
虚拟机名称	CentOS 7.9	虚拟机的名称标识
虚拟硬盘大小	100 GB	无
虚拟硬盘名称	CentOS 7.9_Disk1	根据虚拟机名称生成的默认值
虚拟硬盘接口类型	建议 VirtIO-SCSI 备选 SATA	高版本的 Linux 默认已经安装了 VirtIO 驱动，因此这里优先使用 VirtIO-SCSI 类型
虚拟硬盘存储域	data_iscsi	用于存放虚拟硬盘
虚拟网络接口	nic1:ovirtmgmt/ovirtmgmt	物理网卡网桥
虚拟机内存大小	8192 MB	虚拟机分配的内存大小
虚拟 CPU 总数	8	插槽 1、内核 4、线程 2

在 oVirt 中创建一个空白的虚拟机是非常基础且常见的操作。这个过程中需要定义虚拟机的基本配置，如 CPU、内存、存储等，在虚拟机创建完成后安装操作系统或进行其他配置。配置空白虚拟机的步骤如下。

（1）登录 oVirt 管理门户。
（2）在左侧导航栏中选择"计算"→"虚拟机"选项。
（3）在虚拟机列表页中单击菜单栏的"新建"按钮，如图 3-28 所示。

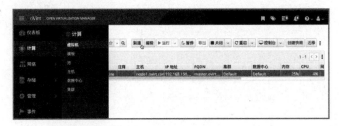

图 3-28 在虚拟机列表页中新建虚拟机

（4）在弹出"新建虚拟机"窗口中选择"普通"选项卡。
（5）在集群下拉列表中选择集群名，例如"Default"。
（6）在模板下拉列表中选择"Blank"。
（7）在操作系统下拉列表中选择"Red Hat Enterprise Linux 7.x x64"。

（8）优化目标选择"服务器"。

（9）输入虚拟机的名称，例如"CentOS7.9"。

（10）单击"实例镜像"下面的"创建"按钮，如图 3-29 所示。

图 3-29　配置虚拟机基本信息

（11）此时会弹出"新建虚拟磁盘"窗口，在窗口内设置新建磁盘的大小、别名及存储域，勾选"可引导的"复选框，单击"确定"按钮，如图 3-30 所示。

图 3-30　为虚拟机新建磁盘

（12）返回到"新建虚拟机"窗口。

（13）设置虚拟网络接口，在 nic1 中选择"ovirtmgmt/ovirtmgmt"，如果虚拟机需要多个网络适配器接口，则可以单击"+"按钮，添加新的网络适配器接口，如图 3-31 所示。

图 3-31　为虚拟机添加网络接口

（14）选择"系统"选项卡，设置虚拟机的内存及 CPU 配置，如图 3-32 所示。

（15）在"高级参数"的折叠菜单中设置"虚拟插槽"参数为 1，"每个虚拟插槽的内核数"参数为 4。

（16）如图 3-33 所示，选择"控制台"选项卡，设置视频类型为"QXL"，设置图形界面协议为"SPICE+VNC"。单击"确定"按钮，完成虚拟机的创建。

图 3-32　设置虚拟机的内存及 CPU 配置

图 3-33　配置控制台选项

上面的步骤已经创建了名称为"CentOS 7.9"的空白虚拟机。下面将通过附加 CD 的方式为空白虚拟机安装操作系统，具体步骤如下。

（1）在虚拟机列表中选择"CentOS 7.9"选项，在"运行"按钮旁的下拉列表中选择"只运行一次"，如图 3-34 所示。

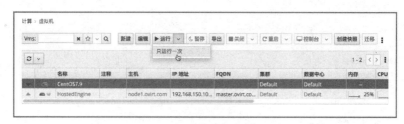

图 3-34　通过"只运行一次"配置虚拟机

（2）在打开的"运行虚拟机"窗口中，单击"引导选项"菜单。

（3）选中"附加 CD"复选框，并在右侧下拉列表中选择正确的操作系统安装镜像。

（4）虚拟机默认从硬盘启动，但是此时磁盘上还没有安装操作系统，所以在首次启动时需要从 CD-ROM 安装盘加载操作系统。如图 3-35 所示，在"引导序列"中选中"CD-ROM"并单击右侧的"上移"按钮将其移动到首选项。

图 3-35　设置虚拟机从 CD-ROM 启动

（5）单击"确定"按钮，启动虚拟机。

（6）单击"控制台"按钮，如图 3-36 所示，浏览器会自动下载 console.vv 文件。

（7）从下载的目录中找到并双击打开"console.vv"文件，此时"Remote Viewer"软件会自动运行并显示虚拟机图形化控制台，如图 3-37 所示。

图 3-36 下载控制台文件

图 3-37 通过控制台为虚拟机安装操作系统

（8）在图形化窗口中完成操作系统的安装和配置。
（9）关闭虚拟机，再次重新启动后，虚拟机将会自动从硬盘加载操作系统。

3.2.3 为 Linux 安装客户机代理和驱动程序

操作系统安装完成后，还需要安装 oVirt 客户端代理工具和驱动程序。这不仅可以提升 Linux 虚拟机的兼容性，还能在虚拟机门户和管理门户中提供以下虚拟机运行时的状态信息。

（1）CPU、内存、网络资源利用率。
（2）当前网络适配器分配的 IPv4/IPv6 地址。
（3）当前虚拟机已经安装的软件。

当前几乎所有 Linux 发行版本都提供了 oVirt 客户机代理驱动程序安装包，如果在虚拟机安装的 Linux 操作系统内没有看到"ovirt-guest-agent-common"或"qemu-guest-agent"软件包，那么可以通过下列命令安装：

```
# yum install ovirt-guest-agent-common （CentOS 8 之后的版本无须安装）
# yum install qemu-guest-agent
```

表 3-9 列出了 oVirt 客户端半虚拟化驱动程序清单及说明。

表 3-9　oVirt 客户端半虚拟化驱动程序清单及说明

驱动	描述	作用目标
virtio-net	半虚拟化网络驱动程序。与 rtl 等仿真设备相比，半虚拟化网络驱动程序能提供更强的性能	桌面/服务器
virtio-block	半虚拟化 HDD 驱动程序。该驱动程序通过优化虚拟机和管理程序之间的协调与通信，能够提供高于 IDE 等模拟设备的 I/O 性能	桌面/服务器
virtio-scsi	半虚拟化 iSCSI HDD 驱动程序。该驱动程序能提供与 virtio-block 设备类似的功能，并具有一些额外的增强功能。特别地，此驱动程序支持添加数百台设备，并使用标准 SCSI 设备命名方案命名设备	桌面/服务器
virtio-serial	该驱动程序提供对多个串行端口的支持，用于虚拟机与主机之间快速通信。客户机代理及虚拟机与主机、日志记录之间的剪贴板复制等功能都需要使用这种快速通道	桌面/服务器
virtio-balloon	气球驱动程序。该驱动程序允许虚拟机将其所需内存大小的值发送给虚拟机监视器（Hypervisor）。通过使用这个驱动程序，主机可以有效地为虚拟机分配内存，并可以把虚拟机上空闲的内存分配给其他虚拟机和进程	桌面/服务器
qxl	半虚拟化的显示驱动程序。该驱动程序利用硬件加速的特性，将图形渲染任务交给主机 GPU 设备以提高性能，从而降低主机上的 CPU 使用量。该驱动程序还可以通过压缩和优化视频数据流来减轻主机和客户机之间视频传输带宽的负载	桌面/服务器

oVirt 代理工具清单如表 3-10 所示。

表 3-10　oVirt 代理工具清单

客户机代理/工具	描述	作用目标
ovirt-guest-agent-common	使 oVirt 能够接收虚拟机内部的事件和信息，如 IP 地址和已安装的应用程序。此外，它还允许管理器在虚拟机上执行特定命令，如关机或重启。在 CentOS 6 或 CentOS 7 的虚拟机上，ovirt-guest-agent-common 支持使用 "virtual-guest 配置集" 优化系统	桌面/服务器
qemu-guest-agent	对虚拟机性能进行优化	桌面/服务器
spice-agent	SPICE 代理由 vdservice 和 vdagent 组成，可以实现剪贴板共享、自动调整分辨率、文件传输和多显示器支持等高级功能。SPICE 代理还可以通过降低显示质量（包括减少颜色深度、禁用桌面壁纸、启用字体平滑和动画效果）来降低网络的带宽使用率	桌面/服务器
rhev-sso	一种单点登录的代理，使用户能够根据 oVirt 认证信息自动登录到虚拟机上	桌面

3.2.4　创建 Windows 虚拟机

在安装 Windows 操作系统之前，除了要准备 Windows 操作系统安装镜像文件，还要提前获取 virtio-win.iso 镜像文件并上传到 ISO 域。

注意：virtio-win 为 Windows 系统提供了客户端的半虚拟化驱动程序和虚拟化工具，安装 virtio-win 驱动程序可大大提升 Windows 虚拟机的性能和可用性。我们可以从 virtio-win 官方网站下载 virtio-win.iso 文件并上传到存储域中，上传的过程可以参考 3.1.3 节和 3.1.4 节的相关内容。

Windows 10 系统镜像文件和 virtio-win 镜像文件已上传至存储域，如图 3-38 所示。

图 3-38　确认 virtio-win 安装成功

Windows 虚拟机的配置项清单如表 3-11 所示。

表 3-11　Windows 虚拟机的配置项清单

项　目	配　置	说　明
所属集群	Default	使用默认值
模板	Blank	使用默认值
操作系统	Windows 10 x64	设置操作系统类型
虚拟机名称	Windows 10	虚拟机的名称标识
虚拟硬盘大小	100 GB	无
虚拟硬盘名称	Windows10_Disk1	根据虚拟机名称生成的默认值
虚拟硬盘接口类型	建议 VirtIO-SCSI 备选 SATA	如果没有 virtio-win 镜像，则只能选择 SATA
虚拟硬盘存储域	data_iscsi	用于存放虚拟磁盘
虚拟网络接口	nic1:ovirtmgmt/ovirtmgmt	物理网卡网桥
虚拟机内存大小	8192 MB	配置虚拟机的内存
虚拟机 CPU 总数	8	插槽 1、内核 4、线程 2

创建 Windows 虚拟机的具体步骤如下。

（1）登录 oVirt 管理门户。
（2）在左侧导航栏中选择"计算"→"虚拟机"选项。
（3）在虚拟机列表页中，单击菜单栏的"新建"按钮，如图 3-39 所示。

图 3-39　在虚拟机列表页中新建虚拟机

（4）在弹出的"新建虚拟机"窗口中选择"普通"选项卡。
（5）选择集群，例如"Default"。
（6）选择模板"Blank"。
（7）单击操作系统下拉列表，设置操作系统类型为"Windows 10 x64"。
（8）优化目标选择"桌面"。
（9）输入虚拟机的名称，例如"Windows10"。
（10）单击实例镜像下面的"创建"按钮，如图 3-40 所示。

图 3-40　配置 Windows 虚拟机基本信息

（11）在弹出的"新建虚拟磁盘"窗口中设置新建磁盘的大小、别名及存储域，勾选"可引导的"复选框，单击"确定"按钮，如图 3-41 所示。
（12）返回到"新建虚拟机"窗口。

图 3-41 新建虚拟磁盘

（13）设置虚拟机网络接口，在 nic1 中选择 ovirtmgmt/ovirtmgmt，如果虚拟机需要多个网络适配器接口，则可以单击"+"按钮，添加新的网络适配器接口，如图 3-42 所示。

图 3-42 设置虚拟机网络接口

（14）选择"系统"选项卡，设置虚拟机的内存及 CPU 配置。

（15）如图 3-43 所示，单击"高级参数"左侧按钮，打开折叠菜单，设置"虚拟插槽"参数为 1，"每个虚拟插槽的内核数"参数为 4。

图 3-43 设置高级参数

（16）如图 3-44 所示，选择"控制台"选项卡，设置"视频类型"为"QXL"，设置"图形界面协议"为"SPICE+VNC"，单击"确定"按钮，完成虚拟机的创建。

图 3-44 配置控制台选项

上面的步骤已经创建了名称为"Windows10"的空白虚拟机。下面将通过附加 CD 的方式为空白虚拟机安装 Windows 操作系统，具体步骤如下。

（1）在虚拟机列表中选择"Windows10"，在"运行"按钮旁的下拉列表中选择"只运行一次",如图 3-45 所示。

图 3-45　通过"只运行一次"配置虚拟机

（2）在打开的"运行虚拟机"窗口中,选择"引导选项"菜单。
（3）选中"附加 CD"复选框,并在右边下拉列表中选择 Windows10 系统安装镜像文件,如图 3-46 所示。

图 3-46　配置运行虚拟机选项

（4）勾选"附加 Windows 客户端工具"复选框。
（5）设置引导序列,通过单击"引导序列"窗口右侧的"上移"和"下移"按钮将"CD-ROM"启动选项调整到最前面。
（6）单击"确定"按钮,启动虚拟机。
（7）如图 3-47 所示,单击"控制台"按钮,浏览器会自动下载 console.vv 文件。
（8）双击打开"console.vv"文件,此时"Remote Viewer"软件会自动运行并显示虚拟机图形化控制台,如图 3-48 所示。

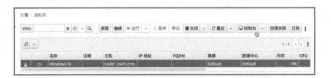

图 3-47　打开控制台文件

图 3-48　进入 Windows 安装界面

（9）选择想要安装的 Windows 版本，如图 3-49 所示，单击"下一页"按钮。

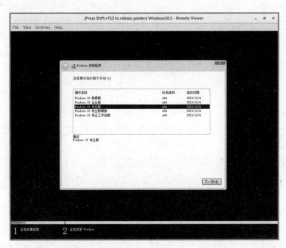

图 3-49　选择 Windows 版本

(10) 如图 3-50 所示,勾选"我接受许可条款",单击"下一页"按钮,继续安装。

图 3-50　接受许可条款

(11) 安装类型选择"自定义:仅安装 Windows(高级)(C)",按回车键继续安装,如图 3-51 所示。

图 3-51　选择安装类型

(12) 此时需要从 ovirt-win 中搜索硬盘驱动器程序,选择"加载驱动程序",如图 3-52 所示。

(13) 如图 3-53 所示,在弹出的"加载驱动程序"对话框中单击"确定"按钮自动搜索光驱中的驱动程序,或者单击"浏览"按钮手动查找驱动程序。

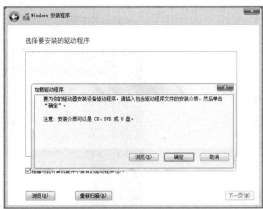

图 3-52　进入驱动器选择页面　　　　　　图 3-53　加载驱动程序

（14）因为在启动时已经附加了"Windows 客户端工具"，所以单击"确定"按钮后会自动列出所有符合要求的硬盘驱动器程序，在下面的驱动程序列表中选择与操作系统兼容的 vioscsi.inf 驱动程序，如图 3-54 所示，单击"下一页"按钮开始加载驱动程序。

（15）驱动程序安装成功后，将会识别到虚拟机中的硬盘驱动器，单击"下一页"按钮继续安装，如图 3-55 所示。

图 3-54　选择兼容的 vioscsi.inf 驱动程序　　　　图 3-55　选择驱动器

（16）开始安装 Windows 操作系统，如图 3-56 所示。
（17）系统安装完毕，虚拟机关机并再次启动后，将自动从硬盘加载 Windows 操作系统。

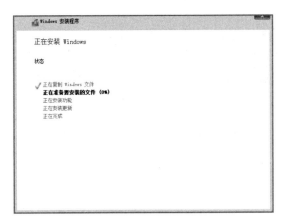

图 3-56　开始安装 Windows 操作系统

3.2.5　为 Windows 安装客户机代理和驱动程序

ovirtio-win 为虚拟机提供了半虚拟化的驱动程序，对磁盘 I/O、网络传输、内存管理和随机数生成进行了额外支持，显著提升了虚拟机的整体性能，增强了兼容性和安全性。

下面介绍如何在 Windows 上安装驱动程序及客户端代理工具，具体步骤如下。

（1）在虚拟机列表中，单击菜单栏中的"运行"按钮，启动"Windows10"虚拟机，如图 3-57 所示。

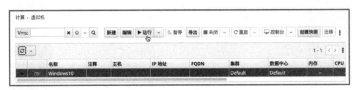

图 3-57　启动虚拟机

（2）系统启动后，通过"更换 CD"功能将 ovirt-win-0.1.262.iso 文件加载到虚拟机光驱，如图 3-58、3-59 所示。

图 3-58　为虚拟机添加 CD

图 3-59　选择 wirtio-win-0.1.262.iso 镜像文件

（3）单击"控制台"按钮，并进入虚拟机控制台，如图 3-60 所示。

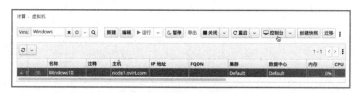

图 3-60　进入虚拟机控制台

（4）登录 Windows 操作系统，在"此电脑"中打开光驱所在的目录，如图 3-61 所示，双击"virtio-win-gt-x64.exe"安装程序图标，打开安装程序。

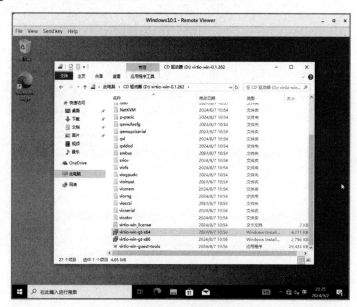

图 3-61　打开光驱目录

（5）在打开的新窗口中安装所有的 VirtIO 驱动程序，如图 3-62 所示。

（6）双击 virtio-win-guest-tools.exe 安装程序图标，安装 oVirt 客户端代理工具，如图 3-63 所示。

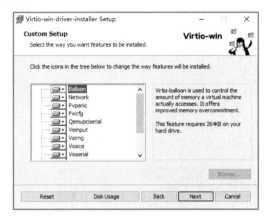

图 3-62　安装 VirtIO 驱动程序

图 3-63　安装 oVirt 客户端代理工具

（7）安装完成后重启 Windows 操作系统。

（8）查看"设备管理器"→"显示适配器"，如果显示适配器的驱动程序还没有更新，则需要打开"计算机管理"窗口选择"设备管理器"，右键单击"Microsoft 基本显示适配器"，并选择"更新驱动程序"，如图 3-64 所示。

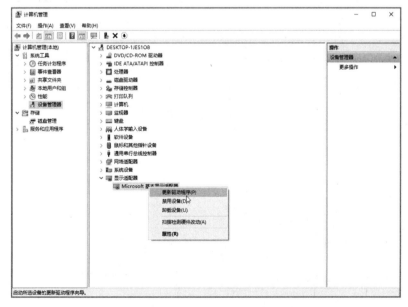

图 3-64　更新显示适配器驱动程序

（9）选择"浏览我的电脑以查找驱动程序"选项，如图3-65所示。

（10）单击"浏览"按钮，选择virtio-win所在的磁盘驱动器，勾选"包括子文件夹"复选框，单击"下一步"按钮，如图3-66所示。

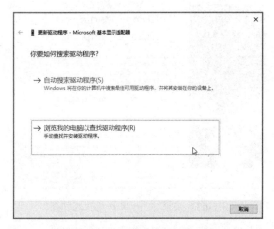

图3-65 通过路径安装驱动程序

图3-66 从子文件夹搜索驱动程序

（11）在弹出的"Windows安全中心"提示窗口中单击"安装"按钮，如图3-67所示。

（12）安装成功后，显示适配器能够成功识别为"Red Hat QXL controller"，如图3-68所示。显示器的分辨率和流畅度也获得了很大的提升。至此，我们完成了Windows系统的全部安装工作。

图3-67 信任驱动程序软件

图3-68 确认驱动程序安装成功

3.3 管理虚拟机

oVirt 通过提供全面、灵活的虚拟机管理功能，帮助用户高效地管理虚拟化环境。oVirt 凭借其强大的资源分配与优化能力、高可用性及故障恢复机制、集中化的存储与网络管理功能，以及完善的安全与访问控制体系，为不同规模的企业和组织提供了一套可靠的虚拟化管理解决方案。

3.3.1 启动虚拟机

启动虚拟机功能是虚拟化管理的基本操作，这一过程涉及从指定的引导设备加载操作系统并开始执行，具体执行步骤如下。

（1）登录 oVirt 管理门户。

（2）在左侧导航栏中选择"计算"→"虚拟机"。

（3）确保待操作的虚拟机处于关闭状态。

（4）选中虚拟机并单击右键，在弹出的菜单中选择"运行"以启动虚拟机，如图 3-69 所示。

图 3-69 启动虚拟机

3.3.2 关闭虚拟机

可以使用关闭或断电两种方式关闭虚拟机。关闭会通知虚拟机内部的操作系统并由操作系统安全地关闭虚拟机，断电则是通过虚拟机管理器实现硬关闭。通常情况下，首选使用关闭功能。如果虚拟机被正常关闭，那么虚拟机状态将变为 Down，如果虚拟机未被正常关闭，则执行断电操作。关闭虚拟机的步骤如下。

（1）登录 oVirt 管理门户。

（2）在左侧导航栏中选择"计算"→"虚拟机"，确保待操作的虚拟机处于运行或者暂停状态。

（3）选中虚拟机并单击右键，在弹出的菜单中选择"关闭"或"断电"，对虚拟机执行关闭操作，如图 3-70 所示。

图 3-70　通过右键关闭虚拟机

（4）也可以在菜单栏中选择"关闭"或"断电"，如图 3-71 所示。

图 3-71　通过菜单栏选项将虚拟机断电

3.3.3　暂停/恢复虚拟机

暂停虚拟机在 oVirt 中等同于挂起该虚拟机，这意味着管理器会将虚拟机的当前状态保存并暂停虚拟机的执行，虚拟机的内存和设备状态都被保存在磁盘文件中，并且虚拟机不再消耗计算资源。挂起是一种持久化操作，即使关闭虚拟机管理程序或重新启动宿主机，挂起的状态仍然会得以保留。如果需要暂停虚拟机的工作而不关闭它，或者想要在一段时间后继续之前的工作，那么挂起是一个很好的选择。挂起后的虚拟机不占用任何 CPU 或内存资源，但会占用与内存大小相当的磁盘空间，因为挂起后内存中的数据全部存放在对应的休眠文件中，虚拟机在需要时可以迅速恢复执行。暂停或恢复虚拟机的步骤如下。

（1）登录 oVirt 管理门户。

（2）在左侧导航栏中选择"计算"→"虚拟机"，确保待操作的虚拟机处于运行状态。

（3）选中虚拟机并单击右键，在弹出的菜单中选择"暂停"，对虚拟机执行暂停操作，如图 3-72 所示。

图 3-72　暂停虚拟机

下面是执行恢复虚拟机的操作步骤。

（1）登录 oVirt 管理门户。

（2）在左侧导航栏中选择"计算"→"虚拟机"，确保待操作的虚拟机处于暂停状态。

（3）选中"虚拟机"并单击右键，在弹出的菜单中选择"运行"，对虚拟机执行恢复操作，如图 3-73 所示。

图 3-73　恢复虚拟机运行

3.3.4　重启或重置虚拟机

重启或重置用于操作虚拟机重启，在虚拟机的一些配置项修改后（比如内存或 CPU 配置发生了变化）需要重启虚拟机才会生效。如果虚拟机操作系统重启失败，或者没有响应，那么可以通过重置操作对虚拟机进行重置。在重启客户机操作系统时，虚拟机控制台将始终保持打开状态。重启或重置虚拟机的步骤如下。

（1）登录 oVirt 管理门户。

（2）在左侧导航栏中选择"计算"→"虚拟机"，确保待操作的虚拟机处于运行或者暂停状态。

（3）选中"虚拟机"并单击右键，在弹出的菜单中选择"重启"或"重置"，重启或重置虚拟机，如图 3-74 所示。

图 3-74　重启或重置虚拟机方法一

（4）也可以在菜单栏中选择"重启"或"重置"，如图 3-75 所示。

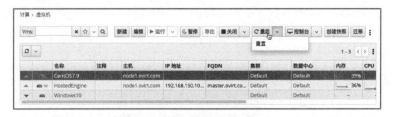

图 3-75　重启或重置虚拟机方法二

3.3.5　删除虚拟机

虚拟机处于运行状态时"删除"按钮是禁用的，必须在确认虚拟机处于关闭状态之后，才可以进行删除操作。删除虚拟机的操作步骤如下。

（1）登录 oVirt 管理门户。

（2）在左侧导航栏中选择"计算"→"虚拟机"，确保待操作的虚拟机处于关闭状态。

（3）选中需要删除的虚拟机，单击"⋮"图标，在下拉列表中选择"删除"，如图 3-76 所示。

图 3-76　删除虚拟机

（4）在弹出的"删除虚拟机"窗口中单击"确定"按钮，完成虚拟机的删除操作，如图 3-77 所示。

图 3-77　确认删除虚拟机

注意：在弹出的"删除虚拟机"窗口中选中"删除磁盘"复选框，可以删除当前附加到此虚拟机上的相关虚拟磁盘；如果取消勾选"删除磁盘"复选框，则会将此虚拟磁盘保留在环境中作为浮动磁盘，可用于附加到其他虚拟机中使用。

3.3.6　克隆虚拟机

克隆虚拟机是指从现有虚拟机创建一个新的虚拟机，该新虚拟机是现有虚拟机的完整复制版。克隆的虚拟机与原始虚拟机（通常称为源虚拟机）在配置、操作系统、安装的软件及数据等方面都完全相同，具体步骤如下。

（1）登录 oVirt 管理门户。
（2）在左侧导航栏中选择"计算"→"虚拟机"。
（3）在打开的列表中选择需要克隆的虚拟机（源虚拟机必须处于关闭状态）。
（4）单击"⁝"图标，在下拉列表中选择"克隆 VM"，如图 3-78 所示。

图 3-78　克隆虚拟机

（5）在弹出的"克隆虚拟机"窗口中为新虚拟机输入名称，并单击"确定"按钮，如图 3-79 所示。

图 3-79　克隆虚拟机窗口

3.3.7　更换虚拟机的 CD

在 oVirt 中，修改虚拟机的 CD/DVD 驱动器以更换 ISO 文件或弹出已挂载的介质是一个常见的操作，具体步骤如下。

（1）登录 oVirt 管理门户。

（2）在左侧导航栏中选择"计算"→"虚拟机"，选中需要操作的虚拟机（虚拟机须处于开机状态）。

（3）单击"⋮"图标，在下拉列表中选择"更换 CD"，如图 3-80 所示。

图 3-80　更换 CD

（4）在新弹出的"更换 CD"窗口的下拉列表中选择需要挂载的 CD，并单击"确定"按钮，完成 CD 的添加，如图 3-81 所示。

同样，在取消 CD 的时候，只需要在选择 ISO 文件列表中选择"弹出"即可，如图 3-82 所示。

图 3-81　添加 CD

图 3-82　弹出 CD

3.3.8　添加网络接口

在 oVirt 中添加网络接口（NIC）是为了确保虚拟机能够通过正确的网络接口进行通信，oVirt 支持在虚拟机运行时添加网络接口，具体步骤如下。

（1）登录 oVirt 管理门户。

（2）在左侧导航栏中选择"计算"→"虚拟机"。

（3）在虚拟机列表中找到需要操作的虚拟机，单击该虚拟机名称进入虚拟机的详细信息页面，如图 3-83 所示。

图 3-83　找到单击虚拟机名称

（4）选择"网络接口"选项卡，在菜单栏中单击"新建"按钮，如图 3-84 所示。

图 3-84　新建网络接口

（5）如图 3-85 所示，在新弹出的"新建网络接口"窗口中设置网络接口的各个属性。
- 名称：为网络接口命名。
- 配置集：从下拉列表中选择要连接的虚拟网络。
- 类型：选择网络接口类型，例如 VirtIO、rtl8139、e1000/e、PCI 透传。
- 自定义的 MAC 地址：可以手动设置 MAC 地址或使用系统自动生成的地址。

图 3-85　配置新建的网络接口属性

（6）设置网卡的连接状态，连接状态决定了网络接口是否连接到了逻辑网络上，类似于物理网络接口的"连接"或"断开"，等价于网线的"插入"和"拔出"。
- Up：当选中此选项时，网络接口将显示为已连接，表示物理网卡已插入网络电缆，虚拟机可以通过此接口进行网络通信。
- Down：当选中此选项时，网络接口将显示为断开，表示物理网卡未插入网络电缆，虚拟机无法通过此接口进行网络通信。

（7）设置网卡的状态表示是否在虚拟机上定义网络接口，就像物理网卡插入或拔出主板插槽一样（可在虚拟机启动后修改）。
- 已插入：当选中此选项时，网络接口将连接到虚拟机，相当于插入了一块物理网卡。
- 已拔出：当选中此选项时，网络接口将从虚拟机中拔出，相当于拔出了一块物理网卡。

（8）单击"确定"按钮完成网卡的添加。

3.3.9　修改网络接口

在 oVirt 中，为虚拟机正确配置网络接口可以确保虚拟机的网络连接顺畅，或者能够满足特定的网络需求。修改网络接口配置的具体步骤如下：

（1）登录 oVirt 管理门户。
（2）在左侧导航栏中选择"计算"→"虚拟机"。
（3）在虚拟机列表中找到并单击需要配置网络接口的虚拟机，进入虚拟机的详细信息页面。
（4）单击"网络接口"选项卡，选择需要修改的网络接口，单击"编辑"按钮，如图 3-86 所示。

图 3-86　编辑网络接口

（5）如图 3-87 所示，在弹出的"编辑网络接口"窗口中设置网络接口的名称、配置集、类型等参数。

图 3-87　设置网络接口参数

（6）设置网卡的连接状态。
（7）设置网卡的状态。
（8）修改成功后，单击"确定"按钮，保存配置。

3.3.10　删除网络接口

在 oVirt 中，删除网络接口是一个管理虚拟机网络配置的常见操作。当某个网络接口不再需要或需要重新配置时可以将其删除。

（1）登录 oVirt 管理门户。

（2）在左侧导航栏中选择"计算"→"虚拟机"。

（3）在虚拟机列表中找到待配置的虚拟机，将虚拟机关闭（无法在虚拟机运行状态下删除网卡）。

（4）单击虚拟机名称，进入虚拟机的详细信息页面，如图 3-88 所示。

图 3-88　单击虚拟机名称

（5）单击"网络接口"选项卡，选择需要修改的网络接口，单击"删除"按钮，如图 3-89 所示。

（6）在新弹出的"删除网络接口"窗口中单击"确定"按钮，完成删除操作，如图 3-90 所示。

图 3-89　删除网络接口

图 3-90　确认删除网络接口

3.3.11　添加虚拟磁盘

随着应用程序和数据量的增长，虚拟机的磁盘空间可能不足。添加新的磁盘可以满足这些增长的存储需求。通过添加磁盘也可以将数据分布到多个磁盘上，分散 I/O 负载，从而提高系统性能。oVirt 可以向虚拟机添加多个虚拟磁盘，具体步骤如下。

（1）登录 oVirt 管理门户。

（2）在左侧导航栏中选择"计算"→"虚拟机"。

（3）在虚拟机列表中找到待操作的虚拟机，单击虚拟机名称，进入虚拟机的详细信息页面。

（4）选择"磁盘"选项卡，如图 3-91 所示。

第 3 章　快速使用指南

图 3-91　选择"磁盘"选项卡

（5）单击"新建"按钮，弹出"新建虚拟磁盘"窗口，如图 3-92 所示，选择"镜像"选项卡，配置"镜像"作为虚拟机的磁盘。之后设置磁盘的大小、接口、存储域、分配策略等信息，单击"确定"按钮完成添加。

图 3-92　设置镜像磁盘属性

（6）也可以选择"直接 LUN"选项卡，如图 3-93 所示，使用 LUN 作为虚拟磁盘。之后设置别名、接口、主机、存储类型等信息，单击"确定"按钮，完成添加。

图 3-93　使用 LUN 作为虚拟磁盘

• 107 •

3.3.12　修改虚拟磁盘

在 oVirt 上通过修改磁盘配置可以扩展磁盘容量，修改磁盘别名和接口，设置磁盘属性。下面是修改磁盘配置的步骤。

（1）登录 oVirt 管理门户。
（2）在左侧导航栏中选择"计算"→"虚拟机"。
（3）在虚拟机列表中找到并单击需要修改磁盘的虚拟机名称，进入虚拟机的详细信息页面。
（4）在"磁盘"选项卡中选择需要编辑的虚拟磁盘，单击右键并选择"编辑"。
（5）在弹出的"编辑虚拟磁盘"窗口中，按照提示修改磁盘别名或者扩展大小，如图 3-94 所示。

图 3-94　编辑虚拟磁盘

（6）单击"确定"按钮保存修改。

3.3.13　删除虚拟磁盘

删除虚拟磁盘通常用于释放存储空间或删除不再需要的虚拟磁盘，在删除虚拟磁盘之前，请确保已经备份了重要数据，因为删除虚拟磁盘会导致数据永久丢失。虽然 oVirt 支持虚拟机在运行时删除虚拟磁盘，但是最好在删除虚拟磁盘之前关闭虚拟机，以确保数据的完整性。删除虚拟磁盘的具体步骤如下。

(1)登录 oVirt 管理门户。
(2)在左侧导航栏中选择"计算"→"虚拟机"。
(3)在虚拟机列表中,找到并单击需要修改磁盘的虚拟机名称,进入虚拟机的详细信息页面。
(4)单击"磁盘"选项卡,选择需要删除的磁盘(如果虚拟机处于运行状态,则要先将磁盘取消激活),单击"删除"按钮,如图 3-95 所示。

图 3-95 删除磁盘

(5)如图 3-96 所示,勾选"永久删除"复选框,单击"确定"按钮,完成删除工作。

图 3-96 永久删除磁盘

3.3.14 虚拟机快照

虚拟机快照允许在虚拟机运行期间记录虚拟机的状态并保存为一个快照。在测试新的配置或应用程序时,用户可以随时将虚拟机恢复到创建快照时的状态,方便地进行问题的排查。

虚拟机快照的用途主要有以下几个。

- 数据备份和恢复:快照允许用户保存虚拟机的当前状态,包括其配置、存储、内存等。这在系统发生故障或需要还原到之前的状态时非常有用,可以快速恢复到拍摄快照的时间点。

- 测试和开发：开发人员和测试人员可以使用快照功能进行软件测试或开发。可以在对系统进行重大更改或安装新软件之前创建快照。当出现问题时，可以轻松地回滚到之前的状态，无须重新配置虚拟机。
- 系统升级和补丁管理：在对虚拟机进行系统升级或安装补丁之前，可以创建快照。在升级或补丁安装过程中出现问题时，可以快速恢复到升级前的状态，从而确保系统的稳定性和连续性。
- 故障排除：管理员可以创建快照以便在故障排除时使用。可以在尝试解决问题之前创建快照，如果解决过程导致更多问题出现，则可以随时恢复到拍摄时的状态。
- 培训和演示：在进行培训或演示时，可以创建一个快照，以便在每次演示或培训后恢复到初始状态。这样可以确保每次演示或培训都是在同样的环境下进行的，避免环境变化导致的不一致性。

虚拟机快照主要保存了虚拟磁盘状态、虚拟机内存状态、虚拟机配置状态和虚拟机电源状态等信息。

- 虚拟磁盘状态：快照会保存虚拟机的所有虚拟磁盘在快照创建时的状态，这包括虚拟机的操作系统、应用程序、配置文件，以及存储在磁盘上的所有数据。
- 虚拟机内存状态：快照还会保存虚拟机内存中的数据，这意味着当你恢复快照时，虚拟机可以从创建快照时的内存状态继续运行，就像没有中断过一样。
- 虚拟机配置状态：快照会记录虚拟机的硬件配置，比如 CPU、内存大小、网络适配器配置等。如果你在创建快照之后改变了这些配置，那么恢复快照时这些配置也会恢复到创建快照时的状态。
- 虚拟机电源状态：快照会记录虚拟机在创建快照时的电源状态（开机或关机）。当恢复快照时，虚拟机会回到拍摄时的电源状态。

通过保存这些内容，快照可以在需要时将虚拟机恢复到创建快照时的状态，从而提供一种方便的机制来进行数据保护、系统恢复和环境管理。接下来我们将对快照的使用进行说明。

3.3.14.1　在管理门户中创建虚拟机快照

在管理门户中创建虚拟机快照的步骤如下。

（1）登录 oVirt 管理门户。
（2）在左侧导航栏中选择"计算"→"虚拟机"。
（3）单击虚拟机名称进入详情视图。
（4）选择"快照"选项卡，单击"创建"按钮。
（5）在弹出的"创建快照"窗口中输入快照的描述。
（6）使用复选框选择快照需要包含的磁盘，如图 3-97 所示。如果没有选择磁盘，则会创建虚拟机的配置快照，而不会包含磁盘数据。

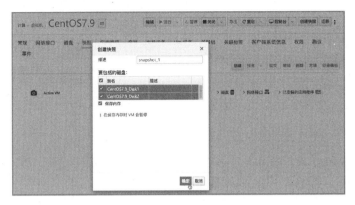

图 3-97 "创建快照"窗口

（7）如果虚拟机处于开机状态，则可以选择保存内存，从而将正在运行的虚拟机内存包含在快照中。

3.3.14.2 在虚拟机管理门户中恢复快照

在虚拟机管理门户中恢复快照的步骤如下。

（1）登录 oVirt 管理门户。
（2）在左侧导航栏中选择"计算"→"虚拟机"。
（3）单击虚拟机名称进入详情视图。在执行快照恢复操作之前，要先关闭虚拟机。
（4）在快照选项卡中单击某个快照并查看其详细信息。
（5）在"预览"下拉列表中选择"自定义"，如图 3-98 所示。

图 3-98 自定义恢复快照

（6）使用复选框在多个快照中选择要恢复的虚拟机配置、内存或者磁盘，之后单击"确定"按钮，就可以从自定义快照中恢复虚拟机了，如图 3-99 所示。
（7）快照的状态会自动更改为"预览"。

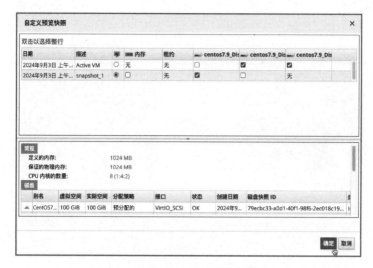

图 3-99　从自定义快照中恢复虚拟机

（8）启动虚拟机，这时虚拟机以预览的形式运行。

（9）如图 3-100 所示，单击"提交"按钮，提交当前虚拟机恢复快照的变更，也可以单击"撤消"按钮，不使用刚才恢复的快照。

图 3-100　提交或撤销快照

3.3.14.3　从快照中创建虚拟机

在 oVirt 中可以新建和克隆虚拟机，也可以通过虚拟机的快照来创建虚拟机。这种方式允许客户基于已有虚拟机的某个快照快速生成一个新的虚拟机，此过程会复制快照中的所有数据，包括磁盘和虚拟机配置，从而生成一个与原虚拟机在创建快照时的状态完全相同的新虚拟机。根据快照创建虚拟机的具体步骤如下。

（1）登录 oVirt 管理门户。

（2）在左侧导航栏中选择"计算"→"虚拟机"。

(3)单击虚拟机的名称,如图 3-101 所示,进入虚拟机的详情页。

图 3-101　单击虚拟机名称

(4)在虚拟机详情页中选择"快照"选项卡,显示当前虚拟机所有可使用的快照。

(5)在显示的列表中选择快照并单击"克隆"按钮,如图 3-102 所示。

图 3-102　克隆虚拟机

(6)在弹出的"从快照克隆虚拟机"窗口中输入虚拟机的名称、描述、注释等信息,如图 3-103 所示。

图 3-103　设置虚拟机属性

(7)单击"确定"按钮完成虚拟机的创建。

3.3.15 配置虚拟机使用主机设备

主机设备透传（Host Device Passthrough）功能是指在虚拟化环境中，虚拟机能够直接访问宿主机的物理设备（简称主机设备）。这些设备可以是网络接口卡（NICs）、图形处理单元（GPU）、存储控制器等硬件设备。虚拟机通过主机设备透传功能直接访问这些硬件设备，具有以下几个优势。

（1）性能优化：对于需要高性能计算的应用，如机器学习、图形处理等，直接访问 GPU 等设备可以显著提高计算性能。

（2）特定硬件需求：一些应用可能需要特定的硬件功能（如专用的网络接口或存储控制器），通过设备直通可以满足这些需求。

（3）减少虚拟化开销：设备直通可以减少虚拟化层的开销，从而提高虚拟机的整体性能。

在 oVirt 中使用主机设备透传功能，首先要配置主机以允许虚拟机使用其物理设备，然后在虚拟机中进行设置，将主机上的设备独占性地分配给相应的虚拟机。

3.3.15.1 设置主机允许虚拟机使用主机设备

在 oVrit 的虚拟机中使用主机设备功能，实际上是将当前物理机的某个硬件直接分配给这台虚拟机独占使用。因此在使用"主机设备"功能之前，首先需要对物理主机进行配置，在土机的内核选项中打开"Hostdev 透传和 SR-IOV"功能，并且重启主机使该功能生效，具体配置步骤如下。

（1）登录 oVirt 管理门户。

（2）在左侧导航栏中选择"计算"→"主机"。

（3）在主机列表中选择需要配置设备直通的主机，在菜单栏中单击"编辑"按钮，如图 3-104 所示。

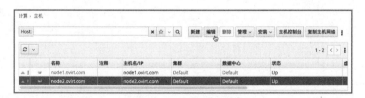

图 3-104　编辑主机

（4）在"编辑主机"窗口中的"内核"选项卡中，勾选"Hostdev 透传和 SR-IOV"选项，如图 3-105 所示。

第 3 章 快速使用指南

图 3-105 开启主机"Hostdev 透传和 SR-IOV"功能

（5）单击"确定"按钮保存配置，之后重启主机。

（6）在重启主机前要在"管理"菜单中将主机设置为"维护"模式，如图 3-106 所示。

图 3-106 将主机设置为"维护"模式

（7）在"管理"下拉列表中选择"重启"，如图 3-107 所示。

图 3-107 重启主机

（8）等待主机重启完成，再将其激活即可，如图 3-108 所示。

图 3-108　激活主机

3.3.15.2　虚拟机添加主机设备

要将主机设备添加到虚拟机，需要用到虚拟机详细页的"主机设备"属性。首先选择集群下的主机，并将虚拟机固定到这台主机下，然后选择设备类型和具体的设备。在启动虚拟机时，虚拟机将自动运行在所选的主机上，并附加相应的主机设备，具体步骤如下。

（1）登录 oVirt 管理门户。
（2）在左侧导航栏中选择"计算"→"虚拟机"。
（3）单击虚拟机的名称，转至详情视图，如图 3-109 所示。

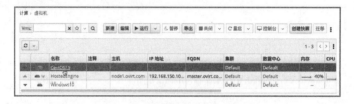

图 3-109　单击虚拟机名称

（4）单击"主机设备"选项卡。
（5）单击菜单栏中"添加设备"按钮，如图 3-110 所示。

图 3-110　为虚拟机添加主机设备

（6）在"固定到主机"右侧下拉列表中选择运行虚拟机的主机，例如"node2.ovirt.com"。
（7）在"功能"下拉列表中选择设备类型（pci、scsi、usb_device 或 nvdimm），并且在"有效的主机设备"下拉列表中选择需要附加的主机设备，如图 3-111 所示。

(8)单击"向下"箭头 ，将设备移到"附加的主机设备"列表中,如图 3-112 所示。
(9)单击"确定"按钮,完成设备的添加。
(10)运行虚拟机,并验证设备已被正确添加。

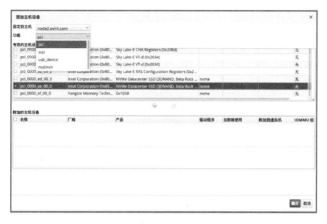

图 3-111　选择需要附加的主机设备

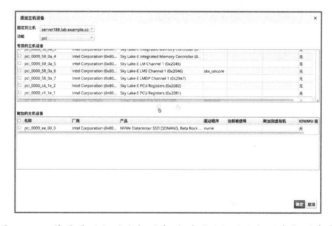

图 3-112　将需要附加的主机设备移到"附加的主机设备"列表中

3.3.16　将虚拟机固定在特定主机上

在 oVirt 中,将虚拟机固定到特定主机上可以确保它始终在指定的物理主机上运行并且在运行期间也不会发生迁移,这在需要特定硬件资源或保障虚拟机稳定运行时非常有用。

此外,虚拟机还可以固定到多个主机上。多主机固定允许虚拟机在集群内的特定主机子集上运行,而非集群中的一个特定主机或所有主机。如果所有指定的主机都不可用,那么虚拟机将无法在其他主机上运行。多主机固定适用于限制虚拟机到具有相同物理硬件配置的主机上运行，如果主机出现故障，则高可用性虚拟机将会在其他已固定的主机上自动重启。固定配置高可用虚拟机的具体步骤如下。

（1）登录 oVirt 管理门户。

（2）在左侧导航栏中选择"计算"→"虚拟机"。

（3）从虚拟机列表中找到并选择要固定到特定主机的虚拟机，如图 3-113 所示。

图 3-113　选择要固定到特定主机的虚拟机

（4）单击页面顶部的"编辑"按钮，打开虚拟机的编辑窗口。

（5）选择"主机"选项卡，在"开始运行在"选项中选择"特定主机"，并在其后面的下拉列表中选择一个或者多个主机，如图 3-114 所示。

图 3-114　为虚拟机设置特定的主机

（6）如果虚拟机固定在多个主机上，则可以在"高可用性"选项卡中设置"运行/迁移队列的优先级"。如图 3-115 所示，可以从"优先级"下拉列表中选择"低""中"或"高"。触发迁移时，优先迁移高优先级的虚拟机。如果集群的空闲资源优先级较低，则仅迁移高优先级的虚拟机。

图 3-115　设置虚拟机迁移优先级

3.4　管理模板

模板是虚拟机的副本，可以用来简化虚拟机的重复创建。模板包含虚拟机的操作系统、应用程序、配置设置等信息，能够显著简化和加速虚拟机的部署过程。

用于创建模板的虚拟机称为"源虚拟机"。基于虚拟机创建模板时，将创建虚拟机的磁盘只读副本，此只读磁盘将成为新模板的基础磁盘映像。因此，当环境中存在基于模板创建的虚拟机时，无法删除该模板。基于模板创建的虚拟机使用与原始虚拟机相同的 NIC 类型，但分配不同的 MAC 地址。

本章将介绍如何创建、管理和使用虚拟机模板。

3.4.1　封装 Linux 或 Windows 虚拟机

封装就是在基于特定虚拟机创建模板前，把只对特定虚拟机有效的信息删除的过程。这可以防止在通过同一个模板创建多个虚拟机时，相同的信息出现在不同的虚拟机上。同时，封装也可以保证相关功能的确定性，例如保证虚拟网卡的顺序是可以预测的。

封装不仅简化了虚拟机的创建过程，还为后续的扩展和管理提供了便捷的方式。因此，在创建模板之前对虚拟机进行封装是非常有必要的。

封装 Linux 的过程比较简单，只需要在创建模板时选择"封装 Linux"复选框即可。封装 Windows 的过程比较复杂，具体步骤如下。

（1）启用 Windows 操作系统的源虚拟机。

（2）从"C:\Windows\System32\Sysprep\sysprep.exe"路径中启动 sysprep 程序。

（3）在 sysprep 中设置以下信息。

- 在"系统清理操作"选项中选择"进入系统全新体验（OOBE）"。
- 如果需要更改计算机的系统标识号（SID），则选择"通用"复选框。
- 在"关机选项"的下拉列表中选择"关机"，如图 3-116 所示。

图 3-116 关机

（4）单击"确定"按钮，开始封装，虚拟机将在完成后自动关闭。

3.4.2 创建模板

用户通过模板不仅可以快速部署虚拟机，还可以确保标准化配置，避免产生手动配置错误，提高管理的便捷性和可维护性，模板创建的具体步骤如下。

（1）登录 oVirt 管理门户。

（2）在左侧导航栏中选择"计算"→"虚拟机"，确保虚拟机处于关机状态。

（3）如图 3-117 所示，单击" ⋮ "图标，选择"创建模板"，打开"创建模板"窗口。

图 3-117 根据特定虚拟机创建模板

（4）如图 3-118 所示，在"新建模板"窗口中输入模板的名称、描述和注释。

图 3-118　设置模板属性

（5）从"集群"下拉列表中选择要将模板进行关联的集群，默认与源虚拟机保持一致。
（6）可选"创建为模板子版本"复选框，以创建新模板作为现有模板的子模板。
（7）在磁盘分配区域，在"别名"字段中输入磁盘的别名。在"格式"下拉列表中选择磁盘格式。

- QCOW2 格式的磁盘会被配置为"精简"。
- Raw 格式在文件存储中会被配置为"精简"，在块存储中会被配置为"预分配"。

（8）选择"允许所有用户访问这个模板"，即可将当前的模板权限设置为"公共"。
（9）在 Linux 系统选项中，建议勾选"封装模板"复选框。
（10）单击"确定"按钮，完成模板的创建。

创建模板时，需要复制源虚拟机的磁盘用作模板的磁盘镜像，此时虚拟机处于镜像锁定状态。创建模板的过程可能耗时较长，具体时间取决于虚拟磁盘的大小和存储的性能。

3.4.3　编辑、删除模板

创建模板后可以编辑其属性或将其删除，具体步骤如下。
（1）登录 oVirt 管理门户。
（2）在左侧导航栏中选择"计算"→"模板"，如图 3-119 所示。
（3）单击"编辑"按钮对选中的模板进行修改，如图 3-120 所示。

图 3-119　从模板列表中选择操作对象

图 3-120　修改模板

（4）根据需要单击"删除"按钮删除模板，如图 3-121 所示。

图 3-121　删除模板

3.4.4　导出模板

在 oVirt 虚拟化平台中，导出模板功能允许用户将预配置的虚拟机模板导出为文件，以便在其他虚拟化环境中导入和使用。这对于跨平台迁移、备份和共享模板非常有用，具体步骤如下。

（1）登录 oVirt 管理门户。

（2）在左侧导航栏中选择"计算"→"模板"。

（3）选择需要导出的模板，在"导出"下拉列表中选择"作为 OVA 导出"，如图 3-122 所示。

图 3-122　将模板以 OVA 格式导出

（4）在打开的"导出模板作为 Virtual Appliance"窗口中完善导出信息，如图 3-123 所示。

- 主机：选择需要将 OVA 文件导出的目标主机。
- 目录：文件在目标主机中存储的绝对路径（VDSM 用户需要具备读写权限）。
- 名称：OVA 文件的文件名。

（5）单击"确定"按钮，等待导出完成。
（6）通过 SSH 命令连接到主机，确认文件已经导出成功。

图 3-123　完善导出信息

```
[root@client ~]# ssh root@192.168.150.101
root@192.168.150.101's password:
Web console: https://node1:9090/ or https://192.168.150.101:9090/

Last login: Wed Sep  4 00:24:11 2024 from 192.168.150.2

 node status: OK
 See `nodectl check` for more information


cAdmin Console: https://192.168.150.101:9090/

[root@node1 ~]# cd /tmp/
[root@node1 tmp]# ll -h *.ova
-rw-rw-r--. 1 root root 4.5G Sep  4 00:23 templete-centos7.9.ova
```

3.4.5　导入模板

在 oVirt 中，导入模板功能使用户能够将外部创建的虚拟机模板导入 oVirt 中。这样可以实现从其他虚拟化平台迁移到 oVirt，或在不同 oVirt 实例之间共享模板。导入模板的具体步骤如下。

（1）登录 oVirt 管理门户。
（2）在左侧导航栏中选择"计算"→"模板"。
（3）单击"导入"按钮，在弹出的"导入模板"窗口中完善相关信息。

- 数据中心：选择要导入的目标数据中心。
- 源：在下拉列表中选择模板来源，例如"Virtual Appliance (OVA)"。
- 主机：选择 OVA 文件所在的服务器主机。
- 文件路径：选择 OVA 文件所在的目录。

- 单击"加载"按钮。
- 在"源中的虚拟机"列表中选择需要导入的模板,如图 3-124 所示。

图 3-124　选择需要导入的模板

(4)单击"向右"箭头 ，将"源中的虚拟机"下的模板移动到"导入的虚拟机"列表中。

(5)单击"下一步"按钮,确认模板信息无误后,单击"确定"按钮开始导入,如图 3-125 所示。

图 3-125　确认导入模板的信息

3.4.6　通过模板创建虚拟机

在 oVirt 中,基于模板创建虚拟机可以大大简化和加速虚拟机的部署过程。模板包含了虚拟机的操作系统、应用程序、配置设置等信息,使用模板可以快速创建多个具有相同配置的虚拟机,确保环境的一致性。基于模板创建虚拟机有以下优点。

- 快速部署：利用模板可以快速创建新的虚拟机，而无须每次从头配置。
- 一致性：所有基于同一模板创建的虚拟机配置一致，减少了配置错误的可能性。
- 简化管理：通过模板管理虚拟机的标准配置，简化了大规模虚拟机管理的复杂性。
- 节省时间和资源：减少了手动配置虚拟机所需的时间和人力资源投入。

要想通过模板创建虚拟机，可以在模板列表中选中模板并由此创建虚拟机，还可以在虚拟机列表中通过"新建"功能选择对应的模板来创建虚拟机。

3.4.6.1 在模板列表中创建虚拟机

在模板列表中创建虚拟机的步骤如下。
（1）登录 oVirt 管理门户。
（2）在左侧导航栏中选择"计算"→"模板"。
（3）从模板列表中选择使用的虚拟机模板，单击"新建虚拟机"按钮，如图 3-126 所示。

图 3-126 选择模板并新建虚拟机

（4）在"新建虚拟机"窗口中完善虚拟机相关信息，单击"确定"按钮，如图 3-127 所示。

图 3-127 完善虚拟机相关信息

3.4.6.2 在虚拟机列表中通过模板创建虚拟机

在虚拟机列表中通过模板创建虚拟机的步骤如下。
（1）登录 oVirt 管理门户。
（2）在左侧导航栏中选择"计算"→"虚拟机"，单击"新建"按钮，如图 3-128 所示。

图 3-128　新建虚拟机

（3）在弹出的"新建虚拟机"窗口中选择模板（例如"templete-CentOS7.9"），如图 3-129 所示。完善其他信息后，单击"确定"按钮，完成虚拟机的创建。

图 3-129　选择创建虚拟机的模板

3.5 导入或导出虚拟机

oVirt 的导入导出功能允许用户在不同的数据中心和 oVirt 之间传输虚拟机。用户可以通过导出域、数据域或 oVirt 的主机来导入和导出虚拟机。在此过程中，虚拟机的基本属性、资源分配策略、高可用性设置，以及权限和用户角色都会被保留。

3.5.1 将虚拟机导出到主机上

OVA 文件是一种标准化的虚拟机封装格式，包含虚拟机的所有数据和配置，包括虚拟磁盘、网络设置、存储信息等，用于在不同虚拟化平台之间进行迁移、备份和恢复。通过将虚拟机导出为 OVA 文件，可以轻松地实现虚拟机的跨平台部署，并简化虚拟机的备份与恢复过程。

oVirt 可以将虚拟机作为"开放虚拟化格式归档文件（OVA）"导出到 oVirt 主机中的指定路径下，具体步骤如下。

（1）登录 oVirt 管理门户。
（2）在左侧导航栏中选择"计算"→"虚拟机"。
（3）在"：" 下拉列表中选择"作为 OVA 导出"，如图 3-130 所示。

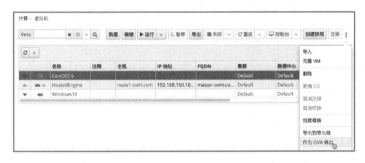

图 3-130　通过 OVA 导出虚拟机

（4）在弹出的"导出虚拟机作为 Virtual Appliance"窗口中完善 OVA 文件导出的主机和文件路径信息，如图 3-131 所示。

注意：需要确保 vdsm 用户（UID 36）和 kvm 组（GID 36）对目录具有读/写访问权限。
（5）单击"确定"按钮，oVirt 开始执行虚拟机文件的导出工作。
（6）通过 SSH 命令连接到 node1，并且在"/local_export"目录下确认虚拟机是否导出成功。

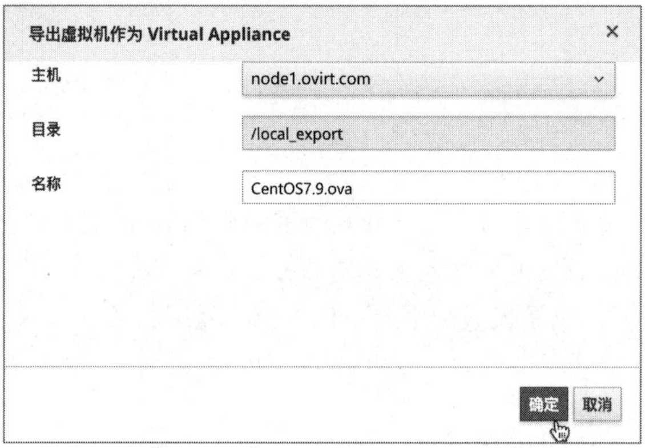

图 3-131 设置主机目录路径

```
[root@client ~]# ssh root@192.168.150.101
root@192.168.150.101's password:
Web console: https://node1:9090/ or https://192.168.150.101:9090/

Last login: Wed Jul 10 20:26:22 2024 from 192.168.150.2
cd /loca
 node status: OK
 See `nodectl check` for more information

lAdmin Console: https://192.168.150.101:9090/ or https://fd26:a163:2751:0:20c:29ff:fe68:e219:9090/
or https://fd26:a163:2751::f59:9090/


[root@node1 ~]# cd /local_export/
[root@node1 local_export]# ll -h
total 9.9G
-rw-------. 1 root root 11G Jul 10 20:27 centos7.9.ova
```

3.5.2　从主机中导入虚拟机

目前常见的虚拟化软件和云平台如 oVirt、VMware、VirtualBox、华为云、阿里云等，都支持将管理平台下的虚拟机以"开放虚拟化格式归档文件（OVA）"格式导出到文件。

将获取的 OVA 文件导入 oVirt 虚拟化管理环境中的步骤如下。

（1）将 OVA 文件复制到集群的某个主机中，例如，将其放置在主机 node1.ovirt.com 的 /tmp 路径下。

（2）确保 vdsm 用户（UID 36）和 kvm 组（GID 36）对 OVA 文件具有读/写访问权限。

```
# chown 36:36 path_to_OVA_file/file.ova
```

（3）登录 oVirt 管理门户。

（4）在左侧导航栏中选择"计算"→"虚拟机"。

（5）单击" : "图标并选择"导入"，此时，将打开新的"导入虚拟机"窗口，如图 3-132 所示。

图 3-132 "导入虚拟机"窗口

（6）在"数据中心"设置虚拟机的导入目标。

（7）在"源"的下拉列表中选择"Virtual Appliance(OVA)"。

（8）在"主机"的下拉列表中选择目标主机。

（9）在"文件路径"中输入包含 OVA 文件的目录的路径。

（10）单击"加载"按钮。

（11）从"源中的虚拟机"列表中选择一个或多个虚拟机，并使用"向右"箭头 将它们移动到"导入的虚拟机"列表中。

（12）单击"下一步"按钮，在弹出的"导入虚拟机"窗口中确认虚拟机的名称及配置，如图 3-133 所示。

（13）单击"确定"按钮，开始导入虚拟机。

图 3-133　设置并确认导入虚拟机的属性

3.5.3　将虚拟机导出到导出域

将虚拟机导出到导出域的步骤如下。

（1）登录 oVirt 管理门户。

（2）在左侧导航栏中选择"计算"→"虚拟机"。

（3）在"："下拉列表中选择"导出到导出域"选项，如图 3-134 所示。

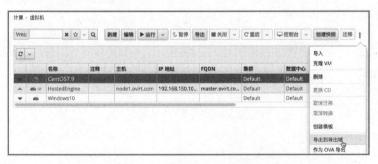

图 3-134　通过导出域导出虚拟机

（4）在打开的"导出虚拟机"窗口中，可以勾选"强制覆盖"和"Collapse 快照"复选框，如图 3-135 所示。

- 强制覆盖：导出的虚拟机或模板将替换目标导出域中已有的同名对象。
- Collapse 快照：将虚拟机的快照合并到其基础磁盘中，从而移除快照并将所有快照中的更改应用到原始虚拟磁盘。这一过程有时也被称为"快照合并"或"快照压缩"。

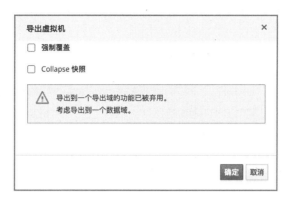

图 3-135 导出选项

（5）单击"确定"按钮，开始执行虚拟机的导出任务。在导出时，虚拟机的状态将切换为"镜像锁定"。创建模板的过程可能耗时较长，具体时间取决于虚拟磁盘的大小和存储性能。单击"事件"选项卡可以查看导出进度。

（6）此时，虚拟机将会导出到"导出域"，如图 3-136 所示，通过"存储"→"域"打开导出域详细信息视图。

图 3-136 打开导出域详细信息视图

（7）在导出域详细信息视图的"虚拟机导入"选项卡中，可以确认虚拟机已经被成功导出，如图 3-137 所示。

图 3-137 确认虚拟机是否被成功导出

3.5.4 从导出域导入虚拟机

oVirt 可以通过导出域将已备份或迁移的虚拟机重新加载到数据中心。在虚拟机导入新数据中心之前，必须将导出域附加到目标数据中心。从导出域导入虚拟机的具体步骤如下。

（1）登录 oVirt 管理门户。

（2）在左侧导航栏中选择"存储"→"域"。

（3）单击导出域的名称，转至详细信息视图。

（4）在"虚拟机导入"或"模板导入"选项卡中，选择要导入的一个或多个虚拟机，单击"导入"按钮，如图 3-138 所示。

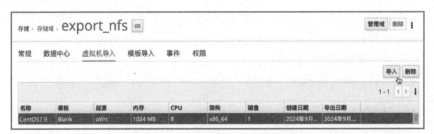

图 3-138　从导入域导入虚拟机

（5）在弹出的"导入虚拟机"窗口中的"目标集群"中选择需要导入的集群，如图 3-139 所示。

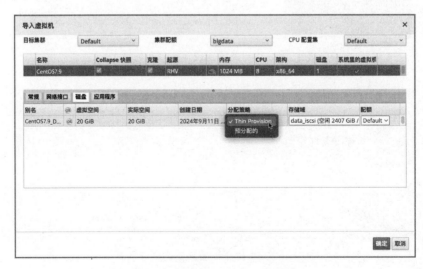

图 3-139　选择需要导入的集群

（6）选择"Collapse 快照"复选框来删除快照恢复点。

（7）选择要导入的虚拟机，并选择"磁盘"选项卡。在"分配策略"和"存储域"的下拉列表中选择虚拟机磁盘的存储属性。

（8）单击"确定"按钮，导入虚拟机。

3.5.5　将虚拟机导出到数据域

我们可以通过将虚拟机导出到数据域来存储虚拟机的克隆。如果虚拟机是基于模板创建的，并且存储类型为 Thin（精简），那么目标存储域还应该包含该模板。执行虚拟机导出之前需要将数据域附加到数据中心，并且将需要导出的虚拟机关机，具体步骤如下。

（1）登录 oVirt 管理门户。

（2）在左侧导航栏中选择"计算"→"虚拟机"。

（3）在列表中选择需要导出的虚拟机，单击菜单栏上的"导出"按钮，如图 3-140 所示。

图 3-140　在列表中选择虚拟机并导出

（4）在打开的"导出虚拟机"窗口中的存储域下拉列表中选择目标"存储域"。

（5）如果想要将所有快照合并到虚拟磁盘，那么可以勾选"Collapse 快照"复选框，如图 3-141 所示。

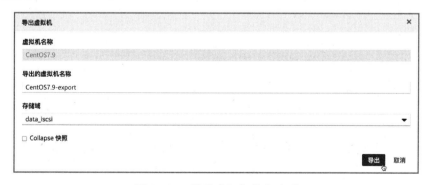

图 3-141　设置虚拟机导出选项

（6）单击"导出"按钮开始导出。

（7）虚拟机在导出时会处于"镜像锁定"状态，在这个过程中管理员无法操作或编辑虚拟机，整个导出过程可能耗时较长，具体时间取决于虚拟磁盘的大小和存储性能。导出成功后，新的虚拟机会显示在"计算"→"虚拟机"中的虚拟机列表中，如图3-142所示。

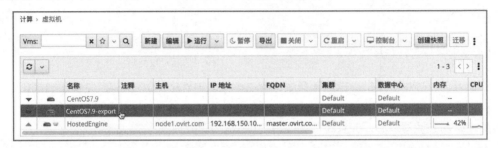

图3-142　在虚拟机列表中确认虚拟机已被导出

（8）将当前的数据域从旧的oVirt集群中移除，以便将其附加到其他oVirt集群中。

3.5.6　从数据域导入虚拟机

将虚拟机导入新数据中心之前，必须将数据域附加到目标数据中心并激活，具体步骤如下。

（1）登录oVirt管理门户。

（2）在左侧导航栏中选择"存储"→"域"。

（3）在存储域列表上方的菜单栏中单击"导入域"按钮，如图3-143所示。

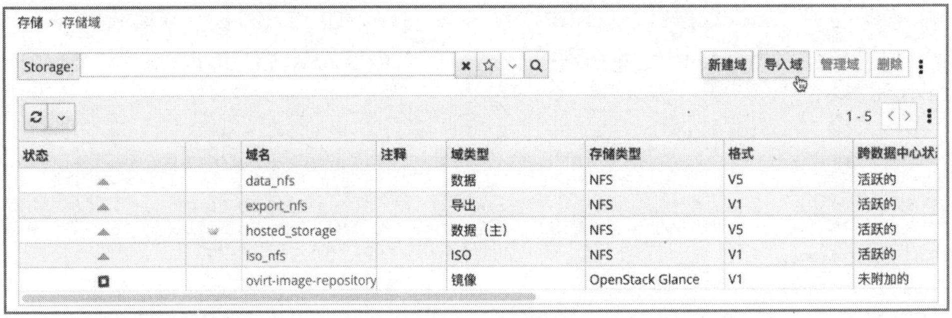

图3-143　导入数据域

（4）在打开的"导入预配置的域"窗口中填写要导入的数据域的配置信息，如图3-144所示。

第 3 章　快速使用指南

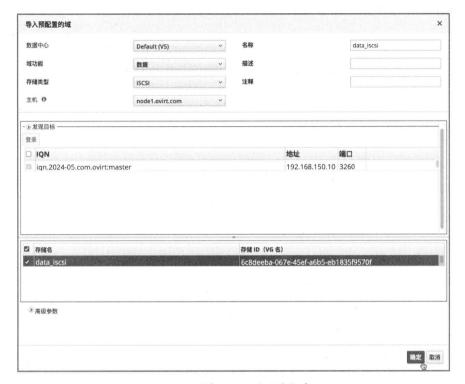

图 3-144　"导入预配置的域"窗口

（5）单击导入的存储域名称，在详细信息视图中选择"虚拟机导入"选项卡。选择要导入的一个或多个虚拟机，单击"导入"按钮，如图 3-145 所示。

图 3-145　从数据域中导入虚拟机

（6）在弹出的"导入虚拟机"窗口中为虚拟机分配新的 MAC 地址，并设置导入的目标集群，如图 3-146 所示。

• 135 •

图 3-146 "导入虚拟机"窗口

（7）单击"确定"按钮开始导入，导入成功的虚拟机将会从"导入虚拟机"列表中清除，并显示在"虚拟机"列表中。

3.5.7 从 VMware 中导入虚拟机

oVirt 使用 virt-v2v 工具在导入虚拟机前将 VMware 虚拟机转换为正确的格式。在主机被添加到 oVirt 的过程中，virt-v2v 会作为 VDSM 依赖项被自动安装到主机操作系统中，因此 virt-v2v 在主机上默认可以直接使用。

在迁移时至少要将一个数据域和一个 ISO 存储域连接到数据中心，其中 Windows 虚拟机的 virtio-win.iso 镜像文件需要上传到 ISO 存储域，此镜像文件包含迁移 Windows 虚拟机所需要的客户机工具。在执行导入操作之前还需要在 VMware 中关闭虚拟机，否则可能会导致数据出错，从 VMware 导入虚拟机的具体步骤如下。

（1）登录 oVirt 管理门户。

（2）在左侧导航栏中选择"计算"→"虚拟机"。

（3）单击" ⋮ "图标，选择"导入"，如图 3-147 所示。

第 3 章 快速使用指南

图 3-147 打开"导入虚拟机"窗口

（4）在"导入虚拟机"窗口的"源"中选择"VMware"，如图 3-148 所示。

图 3-148 设置 VMware 为导入源

（5）可以将 VMware 的配置信息在"管理"→"供应商"中进行保存，以方便用户再次从这个 VMware 中导入虚拟机，如果没有在"外部供应商"中添加 VMware 的连接信息，则可以选择"自定义"。

- 在"vCenter"字段中输入 VMware vCenter 实例的 IP 地址或者域名。
- 在"ESXi"字段中输入导入虚拟机的主机 IP 地址或者域名。
- 在"数据中心"字段中输入数据中心的名称，并且指定 ESXi 主机所在的"集群"。
- 如果已经在 ESXi 主机和管理器之间配置了 SSL 证书，则需要勾选"验证服务器的 SSL 证书"选项，否则需要清除此选项。
- 在"用户名"和"密码"文本框中输入"VMware vCenter"用户认证信息。

• 137 •

- 在"代理主机"下拉列表中选择一个主机，该主机在虚拟机导入操作期间充当代理。

（6）单击"加载"按钮，从 VMware 上加载虚拟机列表。

（7）从"源中的虚拟机"列表中选择一个或多个虚拟机，并使用"向右"箭头 将它们移动到"导入的虚拟机"列表中。

（8）单击"下一步"按钮。

（9）在打开的"导入虚拟机"窗口中选择目标集群，并为虚拟机选择一个"CPU 配置集"，如图 3-149 所示。

（10）配置虚拟机的常规、网络接口、磁盘等信息。

图 3-149　设置导入虚拟机信息

（11）单击"确定"按钮，开始导入虚拟机。

3.5.8　从 KVM 导入虚拟机

要将虚拟机从 KVM 导入 oVirt 中，需要配置 KVM 主机与目标数据中心的某个主机（下面我们称之为"代理主机"）之间的 SSH 公钥身份验证，具体步骤如下。

（1）启用代理主机和 KVM 主机之间的公钥身份验证。

① 登录代理主机，并为 VDSM 用户生成 SSH 密钥：

```
[root@client ~]# ssh root@node1.ovirt.com
[root@client ~]# sudo -u vdsm ssh-keygen
```

② 将 VDSM 用户的公钥复制到 KVM 主机：

```
[root@node1 ~]# sudo -u vdsm ssh-copy-id root@kvmhost.example.com
```

③ 登录 KVM 主机，进行 SSH 公钥身份验证，如果 SSH 公钥身份验证配置成功，则通过 SSH 命令登录主机 kvmhost.example.com 时无须输入密码：

```
[root@node1 ~]# sudo -u vdsm ssh root@kvmhost.example.com
```

（2）登录 oVirt 管理门户。
（3）在左侧导航栏中选择"计算"→"虚拟机"。
（4）单击"："图标，选择"导入"，如图 3-150 所示。

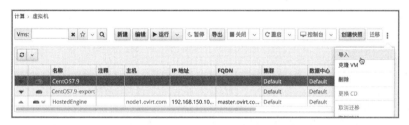

图 3-150　打开"导入虚拟机"窗口

（5）在"导入虚拟机"窗口的"源"中选择"KVM（通过 Libvirt）"，如图 3-151 所示。

图 3-151　设置 KVM 作为导入源

（6）在"数据中心"下拉列表中选择包含代理主机的数据中心。

（7）可以将 KVM 的配置信息在"管理"→"供应商"中进行保存，以方便往后虚拟机的导入。如果没有在"外部供应商"中添加过 KVM 的连接信息，则可以选择"自定义"。

（8）单击"加载"按钮，从 KVM 中加载虚拟机列表。

（9）从"源中的虚拟机"列表中选择一个或多个虚拟机，并使用"向右"箭头将它们移动到"导入的虚拟机"列表中。

（10）使用以下格式输入 KVM 主机的 URL：

qemu+ssh://root@kvmhost.example.com/system

（11）勾选"需要验证"复选框。

（12）在"用户名"输入框中输入"root"，并且在"密码"输入框中输入 KVM 主机的 root 用户密码。

（13）在"代理主机"的下拉列表中选择主机。

（14）单击"加载"按钮。

（15）从"源中的虚拟机"列表中选择一个或多个虚拟机，并使用"向右"箭头将它们移动到"导入的虚拟机"列表中。

（16）单击"下一步"按钮。

（17）在弹出的"导入虚拟机"窗口中配置虚拟机的常规、网络接口、磁盘等信息，如图 3-152 所示。

图 3-152　设置导入虚拟机的属性

（18）单击"确定"按钮，开始导入虚拟机。

第 4 章
设置虚拟机详细指南

在 oVirt 中新建虚拟机或者编辑虚拟机时可以设置虚拟机的高级选项,这些选项分布于多个设置选项卡中,主要包含"普通""系统""初始运行""控制台""主机""高可用性""资源分配""引导选项""随机数生成器""自定义属性""图标""Foreman/Stellite"。

其中"普通"选项卡用于配置基本信息,如名称、描述、集群、模板和操作系统;"系统"选项卡用于设置系统级参数,如 CPU 和内存;"初始运行"选项卡用于指定首次运行时的初始化设置;"控制台"选项卡用于配置控制台访问方式,如视频类型、图形界面协议、监控器数量、USB、智能卡相关的配置;"主机"选项卡用于指定虚拟机运行的主机、迁移选项及 NUMA 配置;"高可用性"选项卡用于设置高可用性参数;"资源分配"选项卡用于配置 CPU 分配策略、内存 Balloon、I/O 线程等相关操作;"引导选项"选项卡用于设置引导顺序和设备;"随机数生成器"选项卡用于设置随机数生成器设备;"自定义属性"选项卡用于为虚拟机添加自定义属性;"图标"选项卡用于选择虚拟机图标或者上传自定义操作系统图片;"Foreman/Satellite"选项卡用于集成系统管理和自动化配置。通过这些选项卡,用户可以全面、灵活地配置虚拟机,以满足特定的业务需求和性能要求。

本章将对虚拟机高级选项中的配置项一一进行说明。

4.1 虚拟机"普通"选项卡设置说明

在 oVirt 中新建虚拟机时,"普通"选项卡提供了虚拟机的基本配置项,包括虚拟机名称、描述及注释信息。此外,还可以选择虚拟机所属的集群和模板,定义实例类型和操作系统,并指定虚拟机的优化目标(如桌面、服务器或高性能),支持在虚拟机上添加一个或多个虚拟磁盘和网络接口,设置虚拟机基本配置的步骤如下。

(1)打开"新建虚拟机"窗口时默认会打开"普通"选项卡,如图 4-1 所示。

图 4-1 虚拟机"普通"选项卡

(2)在"模板"下拉列表中选择"Blank"或者系统中已保存的虚拟机模板。
(3)在"优化目标"下拉列表中选择桌面、服务器或高性能。
(4)在"名称"文本框中输入虚拟机的名称。
(5)在"实例镜像"下可选择"附加"或者"创建"虚拟磁盘。
- 单击"创建"按钮,为虚拟机创建磁盘,并为其指定大小、别名、存储域。
- 单击"附加"按钮,可以选择数据域中未使用的磁盘作为虚拟机磁盘。

(6)在"nic1"下拉列表中选择一个 vNIC 配置集,为虚拟机添加网络接口。
(7)单击"确定"按钮,创建或编辑虚拟机。

表 4-1 详细介绍了"新建虚拟机"或"编辑虚拟机"窗口中"普通"选项卡中可用的选项。

表 4-1 虚拟机"普通"选项卡配置项

字段名称	描 述	重启生效
集群	虚拟机附加到的主机集群的名称。根据策略规则,虚拟机会运行在该集群中的物理计算机上	是
模板	虚拟机所基于的模板。默认情况下,此字段设置为空白,允许创建尚未安装操作系统的虚拟机。模板显示为"Name|Sub-version name(Sub-version number)"。 每个新版本都显示为以括号括起的数字,该数字指示版本的相对顺序,数字越大,表示版本号越大,如果版本名称是模板版本链的根模板,则它会显示为"base version(1)"。 当虚拟机无状态时(每次启动,它都会从预先定义的模板或快照恢复初始状态),可以选择"最新版本"模板,这样系统在重启时会根据最新的模板自动重新创建虚拟机	不适用
操作系统	操作系统类型	是
实例类型	实例类型是一种预定义的虚拟机配置模板,用于简化虚拟机的创建和管理过程。实例类型定义了一组虚拟机的硬件规格和配置参数,如 CPU 数量、内存大小、存储配置、网络设置等	是
优化目标	虚拟机系统类型。系统类型有三个选项:桌面、服务器和高性能。 桌面:优化为桌面机器。虚拟机启用了声卡,使用精简配置的映像。 服务器:优化为服务器。虚拟机不启用声卡、USB 和智能卡,但支持透传主机 CPU、I/O 直通,可以直接使用 CPU 的三级缓存。 高性能:默认禁用了 USB、智能卡等外设,并且开启了透传主机 CPU、I/O 直通等功能	是
配额	选择当前虚拟机的配额策略(集群启用配额功能后,将会出现此选项)	否
名称	虚拟机的名称。名称必须是数据中心内的唯一名称,不得包含任何空格,且必须至少包含 A~Z 或 0~9 中的一个字符,最大长度为 255 个字符,名称不可以在同一个数据中心重复使用	是
描述	虚拟机的描述信息	否
注释	用于添加有关虚拟机的纯文本注释	否
VM Id	虚拟机的创建者可以为该虚拟机设置自定义 ID。自定义 ID 仅支持使用数字,并且需要遵循以下格式: 00000000-0000-0000-0000-00000000 如果创建过程中没有指定 ID,则系统将自动分配 UUID,创建虚拟机后无法再次修改虚拟机的 ID	是
无状态	选中此复选框,可在无状态模式下运行虚拟机。此模式主要用于桌面虚拟机。运行无状态桌面或无状态服务器会在虚拟机硬盘镜像上创建新的 COW 层,其中存储了新的和更改的数据。关闭无状态虚拟机会删除新的 COW 层,其中包含所有数据和配置更改,并将虚拟机返回到原始状态。在创建需要短期使用的计算机时,无状态虚拟机非常有用	不适用
以暂停模式启动	虚拟机在启动过程中会直接进入暂停模式	不适用
删除保护	防止虚拟机被误删除	否

续表

字段名称	描 述	重启生效
封装	选中此复选框以封装创建的虚拟机。此选项确保新创建的虚拟机实例不会保留原始虚拟机中的特定信息，如网络设置、主机名和其他个性化设置	否
实例镜像	单击"附加"按钮，将存储域中未使用的（浮动）磁盘附加到虚拟机，或者单击"创建"按钮，添加新虚拟磁盘。使用"+"或"-"来添加或删除多个虚拟磁盘。 单击"编辑"按钮，更改已附加或创建的虚拟磁盘的配置	否
选择一个 vNIC 配置集来实例化 VM 网络接口	从"nic1"下拉列表中选择一个虚拟网络接口配置集，将网络接口添加到虚拟机。使用"+"或"-"来添加或删除多个网络接口	否

4.1.1 磁盘设置项说明

在 oVirt 中，磁盘配置项设置窗口提供了多种选项，允许用户配置虚拟磁盘的详细属性。基本设置包括磁盘的名称、类型、存储域和大小。

高级设置允许选择磁盘接口类型（如 VirtIO、IDE、SATA 或 SCSI）、磁盘格式（如 QCOW2 或 RAW），并启用或禁用精简配置。

用户还可以设置引导选项、共享、只读、允许快照创建，以及设置磁盘存储配额。这些配置选项使用户能够根据实际需求灵活设置和优化虚拟机的磁盘，从而提高性能和管理效率。

新建或编辑"镜像"类型的磁盘配置项如图 4-2 所示。

图 4-2 新建或编辑"镜像"类型的磁盘配置项

新建或编辑"镜像"类型的磁盘配置项说明，如表 4-2 所示。

表 4-2　新建或编辑"镜像"类型的磁盘配置项说明

字段名称	描　　述
大小（GB）	以 GB 为单位设置虚拟磁盘大小
别名	虚拟磁盘的名称，限制为 40 个字符
描述	虚拟磁盘的描述。建议使用此字段，但不强制设置
接口	磁盘向虚拟机呈现的虚拟接口。 VirtIO 速度更快，但需要驱动程序支持，Red Hat Enterprise Linux 5 及更高版本的操作系统已经默认包括这些驱动程序。Windows 默认不包含 VirtIO 驱动，但可以从 virtio-win ISO 镜像安装它们，而 IDE 和 SATA 设备不需要特殊驱动程序。在停止磁盘所附加的所有虚拟机后，可以更新接口类型
存储域	存储虚拟磁盘的存储域。下拉列表显示给定数据中心中所有可用的存储域，同时还展示存储域中的总空间和当前可用空间
分配策略	新创建虚拟磁盘的调配策略。 预分配的：创建虚拟磁盘时，在存储域中预分配整个磁盘的大小。虚拟磁盘的大小和已分配磁盘的实际大小相同。与精简调配的虚拟磁盘相比，预分配的虚拟磁盘需要更长的时间，但读取和写入性能更佳，建议为服务器和其他 I/O 密集型虚拟机预分配虚拟磁盘。如果虚拟机每 4 秒写入超过 1 GB 尽可能使用预分配的磁盘。 精简置备：会在创建虚拟磁盘时分配 1 GB 空间，并为磁盘设置最大容量限制。磁盘的实际大小是到目前为止已分配的空间，如果空间不足则会自动扩展其大小，但不能超过磁盘的虚拟大小。精简置备的磁盘比预分配的磁盘创建更快，并允许存储过量使用。建议桌面使用精简配置虚拟磁盘
磁盘配置集	分配给虚拟磁盘的磁盘配置文件
配额	为当前磁盘设置默认的配额配置管理策略。只有在集群中启用了配额功能才会出现此选项
删除后清理	允许启用增强的安全性，从而在删除虚拟磁盘时删除敏感资料
可引导的	在虚拟磁盘中启用可引导标记
可共享的	允许将虚拟磁盘一次附加到多个虚拟机
只读	允许将磁盘设置为只读。同一磁盘可以以只读方式附加到一个虚拟机，并且可同时以写入的方式附加到另一台虚拟机。创建浮动磁盘时无法使用此选项
启用丢弃	允许在虚拟机启动时缩小精简置备的磁盘。对于块存储，底层存储设备必须支持丢弃调用，选项不能用于"删除后清理"，除非底层存储支持 discard_zeroes_data 属性。对于文件存储，底层文件系统和块设备必须支持丢弃。如果满足所有要求，QEMU 将客虚拟机发出的 SCSI UNMAP 命令传递给底层存储，以释放未使用的空间
启用增量备份	启动磁盘数据增量备份功能

新建或编辑直接 LUN 的配置窗口如图 4-3 所示。
新建或编辑直接 LUN 类型的磁盘配置项如表 4-3 所示。

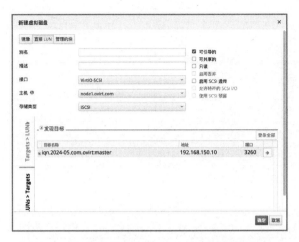

图 4-3 新建或编辑直接 LUN 类型的虚拟磁盘

表 4-3 新建或编辑直接 LUN 类型的虚拟磁盘配置项

字段名称	描述
别名	虚拟磁盘的名称,限制为 40 个字符
描述	虚拟磁盘的描述。建议使用此字段,但不强制设置。默认情况下,LUN ID 的最后 4 个字符被插入字段中
接口	磁盘向虚拟机呈现的虚拟接口。 VirtIO 速度更快,但需要驱动程序支持,Red Hat Enterprise Linux 5 及更高版本的操作系统已经默认包括这些驱动程序。Windows 默认不包含 VirtIO 驱动,但可以从 virtio-win ISO 镜像安装它们。IDE 和 SATA 设备不需要特殊驱动程序。在停止磁盘所附加的所有虚拟机后,可以更新接口类型
主机	挂载 LUN 的主机。可在数据中心中选择任何主机
存储类型	要添加的外部 LUN 的类型。可以从 iSCSI 或光纤通道中选择
发现目标	使用 iSCSI 外部 LUN 时,可以展开此部分。 地址:目标服务器的主机名或 IP 地址。 端口:用于尝试连接到目标服务器的端口。默认端口为 3260。 用户验证:iSCSI 服务器需要用户身份验证。使用 iSCSI 外部 LUN 时,可以看到 User Authentication 字段。 CHAP 用户名:有权登录到 LUN 的用户的用户名。在选择"用户验证"复选框后,可以访问此字段。 CHAP 密码:有权登录到 LUN 的用户密码。在选择"用户验证"复选框后,可以访问此字段
可引导的	在虚拟磁盘中启用可引导标记
可共享的	允许将虚拟磁盘附加到多个虚拟机
只读	允许将磁盘设置为只读。同一磁盘可以以只读方式附加到一个虚拟机,同时可以以写入的方式附加到另一台虚拟机。创建浮动磁盘时无法使用此选项

续表

字段名称	描述
启用丢弃	允许用户在虚拟机启动时缩小精简置备的磁盘。启用此选项后，QEMU 将客户机虚拟机的 SCSI UNMAP 命令传递到底层存储，以释放未使用的空间
启用 SCSI 透传	当接口设置为 VirtIO-SCSI 时可用。选择此复选框可启用物理 SCSI 设备的透传功能。 启用 SCSI 透传的 VirtIO-SCSI 接口自动包含 SCSI 丢弃功能，此外当选择此复选框时，"只读"选项将被禁用。 如果没有选择此复选框，则虚拟磁盘将使用仿真 SCSI 设备
允许特殊的 SCSI I/O	选择此复选框可启用未过滤的 SCSI Generic I/O（SG_IO）访问，从而允许磁盘上运行 SG_IO 特权命令
使用 SCSI 预留	当选择了"启用 SCSI 透传"和"允许特殊的 SCSI I/O"复选框时可用。 选择此复选框后将会禁止使用此磁盘的任何虚拟机的迁移，以防止使用 SCSI 预留的虚拟机丢失对磁盘的访问

注意：使用直接 LUN 类型的虚拟机硬盘映像，可删除虚拟机及其数据之间的抽象层，但同时在使用上也存在一些限制：直接 LUN 类型的硬盘不支持实时迁移功能，不支持虚拟机导出功能，不支持虚拟机快照功能。

4.1.2 网络设置项说明

在 oVirt 中，添加/编辑网络接口窗口允许用户为虚拟机配置网络连接。用户可以选择逻辑网络、设备类型，并设置网络接口的名称、MAC 地址、连接状态、卡状态等信息。通过这些设置，用户可以灵活管理虚拟机的网络连接，确保其在多个逻辑网络中的连接需求。

新建或编辑网络接口的配置窗口如图 4-4 所示。

图 4-4　新建或编辑网络接口的配置窗口

新建或编辑网络接口的具体配置项如表 4-4 所示。

表 4-4 新建或编辑网络接口的具体配置项

字段名称	描述	重启生效
名称	网络接口的名称。此文本字段限制为 21 个字符，且必须是唯一的名称，包含大写字母和小写字母、数字、连字符和下画线的任意组合	否
配置集	vNIC 配置文件和网络接口所在的逻辑网络。默认情况下，所有网络接口都放置在 ovirtmgmt 管理网络上	否
类型	网络接口提供给虚拟机的虚拟接口如下。 rtl8139、e1000：此驱动程序包含在大多数操作系统中。 VirtIO：速度更快，但需要 VirtIO 驱动程序。 PCI 透传：支持 vNIC 直接连接到支持 SR-IOV 的 NIC，vNIC 将绕过软件网络虚拟化进行设备直通	是
自定义的 MAC 地址	选择此选项以设置自定义的 MAC 地址，在同一网络中同时在线的两个设备如果有相同的 MAC 地址，就会导致网络冲突	是
连接状态	网络接口是否连接到逻辑网络。 ● Up：网络接口位于其插槽上。 当"卡的状态"为"已插入"时，表示网络接口已连接到网络电缆，并且处于活动状态。 当"卡的状态"为"已拔出"时，网络接口将自动连接到网络，并在插入后变为活动状态。 ● Down：网络接口位于其插槽上，但没有连接到任何网络	否
卡的状态	是否在虚拟机上定义网络接口。 ● 已插入：网络接口已在虚拟机上定义。 当"连接状态"为 Up 时，表示网络接口已连接到网络电缆并处于活动状态。 当"连接状态"为 Down 时，表示网络接口不会连接到网络电缆。 ● 已拔出：网络接口仅在管理器上定义，但不与虚拟机关联。 如果"连接状态"为 Up，则当网络接口插入后，自动连接到网络并变为活动状态。 如果"连接状态"为 Down，则网络接口在虚拟机上定义之前不会连接到任何网络	无

4.2 虚拟机"系统"设置说明

在 oVirt 中新建虚拟机时，"系统"选项卡提供了详细的系统级参数配置，如图 4-5 所示。

用户可以在内存和 CPU 的相关配置项中设置虚拟机的内存大小、最大内存容量，保证的物理内存、虚拟 CPU 的总数、虚拟插槽数量、每个虚拟插槽的内核数、每个内核的线程数等。

图 4-5　虚拟机"系统"配置页

此外，固件设置可以选择"芯片集/固件类型"，以确保虚拟机的兼容性和性能。而"硬件时钟时间偏移"选项允许用户设置操作系统与硬件之间的时钟偏移值。"序列号策略"选项则允许用户选择自动生成序列号或使用指定的序列号，便于软件许可证的跟踪和管理。

配置 CPU 时的注意事项如下。

（1）对于非 CPU 密集型工作负载，可以将 CPU 进行超额分配，即所有虚拟机处理器核心数总和大于所有主机处理器核心数总和（单个虚拟机分配的处理器核心数不得超过单个主机的核心数），CPU 超额分配有以下两个优势。

- 可以使更多虚拟机同时运行，从而降低硬件需求，提升系统的总体承载能力。
- 可以显著提升主机的利用率，而不会对性能造成明显影响。

（2）当主机启用了超线程功能时，QEMU 会将超线程视为独立的内核，因此虚拟机无法感知自己运行在单个核心的多个线程上。虚拟机将超线程当作独立核心，这可能会导致性能下降，因为同一主机核心的两个超线程共享一个 CPU 缓存，而虚拟机误认为每个线程都有独立的缓存。为了获得最佳性能，尤其对于 CPU 密集型工作负载，建议虚拟机使用与主机相同的拓扑结构，这样主机和虚拟机 CPU 的物理缓存可实现一一对应，从而避免资源竞争，减少性能损失。

表 4-5 详细介绍了"新建虚拟机"或"编辑虚拟机"窗口中"系统"选项卡中可用的选项。

表 4-5 虚拟机"系统"配置项

字段名称	描 述	重启生效
内存大小	分配给虚拟机的内存总量	是
最大内存	可分配给虚拟机的最大内存总量。 最大客户机内存也受到所选客户机架构和集群兼容性水平的限制	是
保证的物理内存	为虚拟机分配的最小内存	是
虚拟 CPU 的总数	分配给虚拟机的核心数 为获得高性能,分配的核心数量不要超过主机实际的核心数量	是
虚拟插槽	虚拟机的 CPU 插槽数。不要为虚拟机分配比物理主机上存在的插槽数更多的插槽	是
每个虚拟插槽的内核数	分配给每个虚拟插槽的内核数	是
每个内核的线程数	分配给每个内核的线程数,增加该值可同时启用多线程(SMT)	是
芯片集/固件类型	指定芯片组和固件类型	是
自定义仿真机	这个选项允许指定机器类型。 如果更改,则虚拟机将仅在支持此机器类型的主机上运行	是
自定义 CPU	这个选项允许指定 CPU 类型。 如果更改,则虚拟机将仅在支持此 CPU 类型的主机上运行	是
硬件时钟时间偏移	设置客户端硬件时钟的时区偏移。 对于 Windows 操作系统,它是客户端上所设置的时区(在安装时或安装后设置) 对于多数 Linux 操作系统,它的硬件时钟时间偏移是 GMT+00:00	是
自定义兼容版本	兼容性版本决定了集群支持哪些功能,以及一些属性的值和模拟的机器类型。默认情况下,虚拟机被配置为以与集群相同的兼容性模式运行,默认从集群中继承。在某些情况下,需要更改默认的兼容模式。例如,集群已更新至新的兼容性版本,但虚拟机尚未重启。这些虚拟机可以设置为使用比集群旧的自定义兼容模式	是
序列号策略	可以通过多种方式为虚拟机分配序列号。 集群默认:使用集群默认的分配方式; 主机 ID:使用主机的 UUID 作为虚拟机的序列号; 虚拟机 ID:使用虚拟机的 UUID 作为虚拟机的序列号; 自定义序列号:用户可以手动输入特定的值	是
自定义序列号	序列号策略为"自定义序列号"时,指定要应用到此虚拟机的自定义序列号值	是

4.3 虚拟机"初始运行"设置说明

如图 4-6（a）、图 4-6（b）所示，在 oVirt 中新建虚拟机时，"初始运行"选项卡提供了用于首次启动虚拟机的配置选项，包括 Cloud-Init（用于 Linux 虚拟机）或 Sysprep（用于 Windows 虚拟机）自动化初始化设置、主机名、root 密码或管理员密码、SSH 授权密钥、网络配置和时区。这些设置确保虚拟机在初次运行时能够自动初始化一系列配置，从而提高虚拟机部署的效率。

（a）Cloud-Init

（b）Sysprep

图 4-6　Cloud-Init 和 Sysprep 相关选项

在"初始运行"选项卡中，只有勾选"Cloud-Init"或"Sysprep"复选框时，才会看到相关的配置选项。表 4-6 详细介绍了"新建虚拟机"或"编辑虚拟机"窗口中"初始运行"选项卡中可用的配置项。

表 4-6　虚拟机"初始运行"配置项

字段名称	操作系统	描述
Cloud-Init/Sysprep	Linux、Windows	此复选框将使用 Cloud-Init 或 Sysprep 初始化虚拟机
虚拟机主机名	Linux、Windows	配置虚拟机的主机名
域	Windows	配置虚拟机所属的 Active Directory 域
机构名称	Windows	虚拟机所属组织的名称，用于设置第一次运行 Windows 的计算机时显示的组织名称
Active Directory OU	Windows	虚拟机所属的 Active Directory 域中的组织单元
配置时区	Linux、Windows	虚拟机的时区，选择此复选框，之后从 Time Zone 列表中选择一个时区

续表

字段名称	操作系统	描述
Admin 密码	Windows	Windows 管理员密码需要单击箭头图标来显示选项设置。 使用已配置的密码：指定初始管理用户密码后，系统会自动选择此复选框。 Admin 密码：虚拟机的管理员用户密码。 验证 Admin 密码：重复输入管理员用户密码
验证	Linux	Linux 系统 root 密码，需要单击箭头图标来显示选项设置。 使用已配置的密码：指定初始 root 密码后，系统会自动选择此复选框。 密码：root 用户密码。 验证密码：重复输入 root 用户密码。 SSH 授权密钥：需要添加到授权密钥文件中的 SSH 密钥，可通过换行来指定多个授权密钥。 重新生成 SSH 密钥：为 Linux 生成新的 SSH 密钥
自定义语言环境	Windows	虚拟机的自定义区域选项，需要单击箭头图标来显示选项设置。 输入区域：用户输入的区域设置。 UI 语言：用于用户界面元素的语言，如按钮和菜单。 系统区域：整个系统的区域设置。 用户区域：用户的区域设置
网络	Linux	虚拟机的网络相关设置，需要单击箭头图标来显示选项设置。 DNS 服务器：虚拟机使用的 DNS 服务器。 DNS 搜索域：供虚拟机使用的 DNS 搜索域。 In-guest 网络接口：选中此复选框并单击"+"或"-"图标以向虚拟机中添加或删除网络接口。单击"｜"图标时，会看到一组字段，可以指定是否使用 DHCP，并配置 IP 地址、子网掩码和网关，指定网络接口是否在引导时启动
自定义脚本	Linux	自定义脚本，这些脚本将在虚拟机启动时在虚拟机上运行。 可执行用户自定义任务，如创建用户和文件，配置 yum 存储库和其他命令
Sysprep	Windows	自定义 Sysprep 脚本。定义的格式必须是完整的无人值守安装应答文件。可以从管理器引擎节点的机器上的/usr/share/ovirt-engine/conf/sysprep/目录中复制应答文件模板的内容，并根据需要更改后粘贴到 Sysprep 配置项对应的文本框内
Ignition 脚本	Linux CoreOS	当将操作系统类型选择为"Linux CoreOS"时，可通过 Ignition 初始化虚拟机

4.4 虚拟机"控制台"设置说明

在 oVirt 中创建或者编辑虚拟机时，"控制台"（Console）选项卡提供了多种配置选项，如图 4-7 所示，包括视频类型（如 QXL 或 VGA）、图形界面协议（SPICE+VNC）、控制台断开操作、监控器（数量设置）、USB、启用智能卡、单点登录方法、启用声卡、启用 SPICE 文件传输功能、启用 SPICE 剪贴板复制和粘贴功能，以及启用 Virtio 串行控制台。这些配置项使管理员能够灵活、安全地管理和访问虚拟机控制台，提升用户体验和系统安全性。

图 4-7 控制台配置项

表 4-7 详细介绍了"新建虚拟机"或"编辑虚拟机"窗口中"控制台"选项卡中可用的配置项。

表 4-7 "控制台"配置项

字段名称	描　述	重启生效
无头模式	如果不需要使用虚拟机的图形控制台，则可以勾选此复选框。 选择后，"图形控制台"中的其他字段将被禁用。在虚拟机门户中，虚拟机详情视图中的 Console 图标也被禁用	是
视频类型	定义图形设备。 QXL 是默认设置，同时支持 SPICE 和 VNC 协议，而 VGA 只支持 VNC 协议	是
图形界面协议	定义要使用的协议。 SPICE 是默认协议，VNC 是备选选项。 要同时允许这两个协议，可以选择 SPICE + VNC	是
VNC 键盘格式	定义虚拟机的键盘布局。 这个选项只在使用 VNC 协议时可用	是

续表

字段名称	描述	重启生效
控制台断开操作	定义在 SPICE 或者 VNC 控制台断开连接时会发生什么，此设置可以在虚拟机运行时更改，但只有在建立新的控制台连接后才会生效。此设置有以下几个选项。 无操作：不执行任何操作。 锁定屏幕：这是默认选项。对于所有 Linux 服务器和 Windows 桌面，锁定当前活动的用户会话，对于 Windows 服务器，锁定桌面和当前活动用户。 注销用户：对于所有 Linux 服务器和 Windows 桌面，注销当前活动的用户会话。对于 Windows 服务器，注销桌面和当前活动用户。 关闭虚拟机：安全地将虚拟机关闭。 重启虚拟机：安全地将虚拟机重启	否
监控器	为虚拟机配置多监控器的数量，适用于使用 SPICE 显示协议的虚拟桌面，其数值可选择 1、2、4	是
USB	定义 SPICE USB 重定向。默认不选中此复选框。这个选项仅适用于使用 SPICE 协议的虚拟机。 禁用：根据 osinfo-defaults.properties 配置文件中的 devices.usb.controller 值添加 USB 控制器设备。所有 x86 和 x86_64 操作系统的默认值都是 piix3-uhci，对于 ppc64 操作系统，默认值为 nec-xhci 启用：为 Linux 和 Windows 虚拟机启用原生 KVM/SPICE USB 重定向，虚拟机无须安装客户端代理和 USB 驱动程序	是
启用智能卡	智能卡是一种外部硬件，常被企业用作认证令牌，可用于安全登录、加密密钥存储或其他身份验证的场景。 启用智能卡可以将物理主机上的智能卡设备映射到虚拟机中，使得虚拟机能够访问智能卡，并进行身份验证或其他安全操作	是
单点登录方法	启用单点登录后，用户在使用客户机代理从虚拟机门户连接虚拟机时，可以自动登录客户机操作系统	否
禁用严格的用户检查	单击"高级参数"箭头可以显示这个选项的复选框。 默认情况下，启用严格的检查，同一时刻只能有一个用户连接到虚拟机的控制台。在重新启动之前，其他用户无法再次打开同一虚拟机的控制台。 但是超级用户可以随时连接并替换现有的连接，当超级用户已连接后，普通用户无法再次连接，除非重启当前的虚拟机	否
启用声卡	并不是所有的虚拟机都需要提供声卡设备，如果用户的虚拟机需要使用声卡设备，那么可以在这里将其打开	是
启用 SPICE 文件传输	此选项仅适用于使用 SPICE 协议的虚拟机，并且默认处于选中状态，定义用户是否能够将文件从外部主机拖放到虚拟机的 SPICE 控制台	否
启用 SPICE 剪贴板复制和粘贴功能	此选项仅适用于使用 SPICE 协议的虚拟机，并且默认处于选中状态，定义用户是否可以从外部主机复制和粘贴内容到虚拟机的 SPICE 控制台	否
启用 VirtIO 串行控制台	VirtIO 串行控制台使用 SSH 和密钥对 VirtIO 通道进行模拟，允许管理员通过 VirtIO 串行设备接口高效地访问控制台，主要用于虚拟机的交互式调试	是

注意：

当不需要通过图形控制台访问虚拟机时可配置无头虚拟机，此时虚拟机将在没有图形和视频设备的情况下运行。在主机资源有限或有特定使用要求的情况下，这非常有用。无头虚拟机可以通过串行控制台、SSH 或其他服务来管理。如果要创建新的无头虚拟机，则可以通过"只运行一次"的方式打开图形控制台来创建和配置虚拟机。

4.5 虚拟机"主机"设置说明

在 oVirt 中新建虚拟机时，"主机"选项卡提供了用于指定和配置虚拟机运行环境的选项，如图 4-8 所示。包括配置特定主机运行虚拟机，配置虚拟机迁移策略，配置 NUMA 策略等。这些设置能够确保虚拟机在最优的物理环境中运行，提升虚拟机的性能。

图 4-8　主机配置项

表 4-8 详细介绍了"新建虚拟机"或"编辑虚拟机"窗口中"主机"选项卡可用的配置项。

表 4-8 虚拟机"主机"配置项

字段名称	子元素	描述	重启生效
开始运行在	集群里的任何主机	虚拟机可以在集群中的任何可用主机上启动并运行	否 虚拟机可以在运行时迁移到特定主机
	特定主机	虚拟机将在集群中的特定主机上运行。 管理器或管理员可以根据虚拟机的迁移和高可用性设置将虚拟机迁移到集群中的不同主机上,或者从可用的主机列表中选择特定的主机	
CPU 选项	透传主机 CPU	它允许虚拟机直接使用物理主机的 CPU 特性和功能而不进行任何虚拟化层面的抽象或模拟,这意味着虚拟机可以完全访问主机 CPU 的全部指令集和功能。 使用此选项后"迁移选项"将被设置为"只允许手动迁移"	是
	只迁移到具有相同 TSC 频率的主机上	选择此选项后,此虚拟机只迁移到具有相同 TSC 频率的主机上	是
迁移选项	迁移模式	如果不在此处单独指定,则虚拟机将继承集群的运行或迁移模式。 允许手动和自动迁移:虚拟机可以根据环境状态自动从一个主机迁移到另一个主机,或者由管理员手动迁移。 仅允许手动迁移:虚拟机只能由管理员手动从一个主机迁移到另一个主机。 不允许迁移:不允许自动或者手动迁移虚拟机	否
	迁移策略	默认使用"Minimal downtime"策略。 Minimal downtime:虚拟机执行标准(pre-copy)迁移,但是超时后迁移将中止。 Post-copy migration:后复制迁移,在迁移过程中先暂停源主机上的虚拟机 vCPU,仅传输最小内存页面,之后激活目标主机上的虚拟机 vCPU,并在虚拟机运行时传输其余内存页面。 Suspend workload if needed:虚拟机经历的停机时间可能要比其他策略长,允许虚拟机在繁重工作负载时进行迁移。但是对于极端负载的情形,迁移有可能失败	否
	启用迁移加密	允许在迁移过程中对虚拟机进行加密。 集群默认不加密	否
配置 NUMA	NUMA 节点数	主机上可以分配给虚拟机使用的虚拟 NUMA 节点数	否
	NUMA 固定	打开"NUMA 拓扑"窗口。此窗口显示主机 NUMA 架构下的 CPU 和内存的对应关系。可将虚拟机 vNUMA 拖到左侧的 NUMA 节点来固定虚拟机的 NUMA 节点 除了固定 NUMA 节点,还可以为 NUMA 内存分配设置以下模式。 ● 严格:如果无法在目标节点上分配内存,则内存分配将失败。 ● 首选:内存从单一首选节点分配。如果没有足够的内存可用,则可以从其他节点分配内存。 ● 交错:内存通过轮询算法跨 NUMA 节点分配。 当虚拟机的虚拟节点被配置为固定到物理主机的 NUMA 节点时,迁移模式项的默认值将会被改为"仅允许手动迁移"	是

4.6 虚拟机"高可用性"设置说明

在 oVirt 中,新建或编辑虚拟机时的"高可用性"设置能够确保虚拟机在发生故障时自动恢复和持续运行。如图 4-9 所示,该设置包括启用高可用性、选择虚拟机租赁的目标存储域、定义恢复行为、设置运行/迁移队列的优先级、设置虚拟机的高可用性优先级,以及配置 Watchdog 设备等操作。这些设置能够保证虚拟机在主机故障时自动快速恢复,并且优先恢复关键业务虚拟机,增强恢复能力,提高系统的可靠性和稳定性。

图 4-9 高可用性配置项

表 4-9 详述了"新建虚拟机"或"编辑虚拟机"窗口的"高可用性"选项卡中可用的配置项。

表 4-9 虚拟机"高可用"配置项

字段名称	描 述	重启生效
高可用	勾选此复选框后可开启虚拟机高可用功能。例如,当主机崩溃且处于不响应状态时,oVirt 会在其他主机上自动运行具有高可用性的虚拟机。 注意:如果"主机"设置选项卡中的"迁移模式"设置为"不允许迁移",则此选项对于优化目标为"桌面"和"服务器"的虚拟机不可用。要让虚拟机具有高可用性,管理器必须允许将虚拟机迁移到其他可用的主机;但是,对于优化目标为"高性能"的虚拟机,可以定义高可用性,而无须考虑"迁移模式"中的设置	是

续表

字段名称	描述	重启生效
虚拟机租赁的目标存储域	对于高可用性虚拟机，为了防止在虚拟机重启时出现"脑裂"问题，推荐使用一个存储域来存储虚拟机租约，被选择的存储域会被用来在候选主机之间同步虚拟机的状态信息	是
恢复行为	定义虚拟机暂停（例如，因为底层的存储访问错误而暂停）时的行为。 自动再继续：在存储域不再报错后自动恢复虚拟机，无须用户干预。 继续暂停：虚拟机一直处于暂停模式，直到用户手动恢复。 终止：如果在 80s 内修复 I/O 错误，则虚拟机会自动恢复。但是如果超过 80s 未能修复问题，则虚拟机将被非正常关闭	否
优先级	设置要在另一主机上迁移或重启虚拟机的优先级级别，可以选择"低""中""高"	否
Watchdog 型号和Watchdog 操作	允许用户将 Watchdog 卡附加到虚拟机。Watchdog 是一个计时器，用于在故障中自动检测和恢复。设置之后，Watchdog 监视器会在系统中运行一个倒计时计时器，而操作系统则会定期重置这个倒计时计时器，以防止计时器到达零。如果计时器达到零，则表示系统已无法重置计时器，即产生了故障。此时需要采取纠正措施来解决故障。此功能对于需要高可用性的服务器来说特别有用。 Watchdog 型号：目前唯一能够模拟的卡型号是 i6300esb。 Watchdog 操作：在 Watchdog 计时器达到零时要执行的操作，可用的操作如下。 ● 无：不执行任何操作。不过 Watchdog 事件将会记录在审计日志中。 ● 重置：虚拟机将被重置。 ● 关机：虚拟机立即关机。 ● 转储：执行转储并暂停虚拟机。Libvirt 将转储客户机的内存，不需要"kdump"和"pvpanic"。转储文件将在主机上的 /etc/libvirt/qemu.conf 文件中的 auto_dump_path 指定的目录中创建。 ● 暂停：将虚拟机暂停	是

4.7 虚拟机"资源分配"设置说明

如图 4-10 所示，新建或编辑虚拟机时的"资源分配"选项卡设置旨在优化虚拟机的性能和资源利用率，主要包括 CPU 分配、内存分配、I/O 线程、队列、存储分配等配置选项。

可以通过设置 CPU 共享策略和 CPU 固定拓扑结构来优化计算能力，通过启用内存 Balloon 来提高物理主机的内存利用率，通过启用信任的平台模块（TPM）来提供硬件级安全支持，通过启用 I/O 线程和多队列来优化磁盘和网络 I/O 性能，通过使用存储分配选项（Thin Provision、克隆、启用 VirtIO-SCSI 和多队列）来灵活管理存储资源并提升存储性能。

表 4-10 详细介绍了"新建虚拟机"或"编辑虚拟机"窗口中"资源分配"选项卡可用的配置项。

第 4 章　设置虚拟机详细指南

图 4-10　资源分配配置项

表 4-10　虚拟机"资源分配"配置项

字段名称	子元素	描　述	重启生效
CPU 分配	CPU 配置集	定义虚拟机在其运行的主机上可以访问的最大处理能力	否
	CPU 共享	允许用户设置虚拟机相对于其他虚拟机可能需要的 CPU 资源级别。 ● 低：512。 ● 中：1024。 ● 高：2048。 ● 自定义：自定义 CPU 共享值	否
	CPU 固定拓扑结构	使虚拟机的虚拟 CPU（vCPU）能够在特定主机中的特定物理 CPU（pCPU）上运行。CPU 固定的语法为 v#p[_v#p]，下面举几个例子。 ● 0#0：表示将 vCPU0 固定到 pCPU0。 ● 0#0_1#3：表示将 vCPU0 固定到 pCPU0，并将 vCPU1 固定到 pCPU 3。 ● 1#1-4,^2：表示将 vCPU1 固定到 pCPU1、pCPU2、pCPU3、pCPU4 中的一个。 注意：当这个选项被设置之后，迁移模式的默认值会被关联修改为"仅允许手动迁移"	是
内存分配	启用内存 Balloon	为虚拟机启用内存气球驱动，允许在集群中进行内存超额分配	是

续表

字段名称	子元素	描述	重启生效
信任的平台模块	TPM 设备已启用	启用添加仿真受信任的平台模块（TPM）设备。选中此复选框，可以将模拟的受信任平台模块设备添加到虚拟机。TPM 设备只能在带有 UEFI 固件的 x86_64 机器和安装有 pSeries 固件的 PowerPC 机器中使用	是
I/O 线程	启用 I/O 线程	选择此复选框可提高具有 VirtIO 接口的磁盘速度。原理是通过将 I/O 操作固定到额外的线程上来提升虚拟机的整体性能	是
队列	启用多个队列	启用多个队列。默认选择此复选框。根据可用的 vCPU 数量来确定每个 vNIC 可获得的最优队列数量	是
存储分配	启用 VirtIO-SCSI	允许用户在虚拟机上启用或禁用 VirtIO-SCSI	不适用
	启用 VirtIO-SCSI 多队列	此选项仅在启用了 VirtIO-SCSI 时可用。选中此复选框可在 VirtIO-SCSI 驱动程序中启用多个队列。当虚拟机内的多个线程访问虚拟磁盘时，此设置可以提高 I/O 吞吐量。根据与控制器连接的磁盘数量及可用 vCPU 数量，每个 VirtIO-SCSI 控制器最多可创建四个队列	不适用

4.8 虚拟机"引导选项"设置说明

如图 4-11 所示，虚拟机"引导选项"选项卡提供了一系列启动相关的配置，以确保虚拟机按照预期顺利完成启动。

图 4-11 "引导选项"配置项

用户可以设置第一个设备为硬盘，第二个设备为 CD-ROM 或网络（PXE），虚拟机启动时会按顺序尝试从这些设备加载操作系统。此外，还可以设置启用引导菜单，使得虚拟机加电后暂停，并等待用户手动选择启动设备。

通过附加 CD 选项，用户可以选择一个 ISO 文件作为虚拟机的 CD-ROM，用于安装操作系统或加载特定软件。

表 4-11 详细介绍了"新建虚拟机"或"编辑虚拟机"窗口中"引导选项"选项卡可用的配置项。

表 4-11 "引导选项"配置项

字段名称	描 述	重启生效
第一个设备	虚拟机在开机时尝试引导的第一个设备： ● 硬盘。 ● CD-ROM。 ● 网络（PXE）	是
第二个设备	如果第一个设备不可用，则采用当前设置的设备尝试引导操作系统，可选择的有： ● 硬盘。 ● CD-ROM。 ● 网络（PXE） 注意："第一个设备"中已经选择过的设备将不会显示在选项中	是
附加 CD	如果想要将 CD-ROM 设置为引导设备，则勾选此复选框，并从下拉列表中选择 CD-ROM 镜像。注意，这些镜像必须在 ISO 域中可用	是
启用引导菜单	在虚拟机开始启动之前，控制台中将显示一个菜单，允许用户选择启动设备	是
内核路径	Linux 类型的操作系统才会有此选项，设置系统启动时加载的内核路径	是
initrd 路径	Linux 类型的操作系统才会有此选项，设置内核加载的 initrd 文件的路径	是
内核参数	Linux 类型的操作系统才会有此选项，设置加载内核时的内核参数	是

4.9 虚拟机"随机数生成器"设置说明

如图 4-12 所示，虚拟机"随机数生成器"选项卡通过启动随机数生成器为虚拟机内的应用程序提供高质量的随机数，从而增强了虚拟机的安全性，确保了加密操作和密码生成的质量，同时满足了特定应用程序对随机数频率和数量的需求，也增强了虚拟化环境的可靠性和安全性。

图 4-12　随机数生成器配置项

表 4-12 详述了"新建虚拟机"或"编辑虚拟机"窗口的"随机数生成器"选项卡可用的配置项。

表 4-12　虚拟机"随机数生成器"配置项

字段名称	描　　述	重启生效
启用随机数生成器	启用/禁用随机数生成器设备，选中此复选框可启用一个半虚拟化的随机数生成器 PCI 设备（virtio-rng）。该设备能够将熵从宿主机传递到虚拟机，从而生成更复杂的随机数。 如果"周期"和"字节数"为空，则使用 Libvirt 的默认值。 如果指定了"周期"，那么"字节"也需要被指定	是
周期的长度（ms）	指定 RNG 的"完整周期"或"完整时段"的持续时间，单位为 ms。如果省略此项，将使用 Libvirt 默认值 1000ms（1s）。如果填写此字段，则"每个周期的字节数"字段也必须填写	是
每个周期的字节数	允许每个周期内生成的字节数	是
设备源	随机数生成器的来源。这根据主机集群支持的源自动选择。 ● /dev/urandom 源：Linux 提供的随机数生成器。 ● /dev/hwrng 源：外部硬件生成器	是

4.10 虚拟机"自定义属性"设置说明

在 oVirt 中,虚拟机的"自定义属性"功能允许管理员为虚拟机配置特定的键值对属性,以满足特定需求或优化性能,如图 4-13 所示。这些自定义属性可用于性能优化、安全设置和特定应用需求。例如,属性"cpu.pin=true"可以启用 CPU 固定,"hugepages=2048"可以配置大页内存,"security.apparmor=profile_name"可以指定 AppArmor 安全配置文件,"network.mtu=9000"可以设置网络接口的最大传输单元。通过这些设置,管理员能够根据具体需求对虚拟机进行精细化配置,提升灵活性,优化性能,提高安全性,并满足特定的业务需求。

图 4-13　自定义属性配置项

表 4-13 详述了"新建虚拟机"或"编辑虚拟机"窗口的"自定义属性"选项卡可用的配置项。

表 4-13　虚拟机"自定义属性"配置项说明

字段名称	描述	建议和限制	重启生效
sndbuf	通过套接字发送虚拟机出站数据的缓冲区大小,默认值为 0	无	是
hugepages	以 KB 为单位输入"大内存页"的大小	设置主机支持的最大大页大小; x86_64 建议大小为 1GB; 虚拟机的大页大小必须与主机大页大小相同; 虚拟机的内存大小必须与主机的空闲大页相匹配	是

续表

字段名称	描述	建议和限制	重启生效
vhost	目前 vhost 只支持网络，因此这个参数的作用对象主要指的是 vhost-net 内核模块。 可通过此参数禁用 vhost-net，即禁用附加到虚拟机上的虚拟网络接口卡的基于内核的 VirtIO 网络驱动程序。 禁用 vhost-net 的格式为 LogicalNetworkName: false	vhost-net 能提供比 virtio-net 更好的性能，默认情况下会在所有虚拟机网卡上启用。禁用此属性可以更容易地隔离和诊断性能问题，或调试 vhost-net 错误	是
sap_agent	启用虚拟机上的 SAP 监控，可将其设置为 true 或者 false	无	是
nvram_template	添加一个 nvram_template 选项，以基于 OVMF VARS 在 /var/lib/libvirt/qemu/nvram 中动态创建 nvram 文件	无	是
mdev_type	设置 mdev 的型号	无	是
viodiskcache	VirtIO 磁盘的缓存模式。writethrough 模式会将数据同时写入缓存和磁盘，writeback 模式不会将缓存中的修改数据复制到磁盘，none 模式则会禁用缓存	为了确保虚拟机在迁移过程中发生故障时数据不会出错或丢失，请不要在启用 viodiskcache 的情况下迁移虚拟机	是
extra_cpu_flags	可以通过修改虚拟机的 extra_cpu_flags 自定义属性(movdiri、movdiri、movdiri)来启用 SnowRidge 加速器架构（AIA）	无	是
scsi_hostdev	如果想要为虚拟机添加 SCSI 主机设备，则可以选择最优的 SCSI 主机设备驱动程序。 ● scsi_generic：（默认）使 guest 操作系统能够访问附加到主机的 OS 支持的 SCSI 主机设备。 ● scsi_block：与 scsi_generic 相似，但速度和可靠性更强。 ● scsi_hd：提供低开销的高性能主机设备。使用标准的 SCSI 设备命名方案。可以与 aio-native 一起使用。 ● virtio_blk_pci：基于 pci 总线提供最高性能。支持通过序列号识别设备	如果不确定，那么可以尝试使用 scsi_hd	是

4.11 虚拟机"图标"设置说明

如图 4-14 所示，我们可以向虚拟机和模板添加自定义图标，用户通过个性化的图标可以方便地识别虚拟机。

自定义图标有助于区分虚拟机门户中的虚拟机。单击"上传"按钮可以上传图片文件作为虚拟机的图标，下面是对图片的要求。

- 支持的格式有：jpg、png、gif。
- 最大大小：24 KB。
- 最大尺寸：150px 宽，120px 高。

图 4-14　图标配置项

4.12　虚拟机"Foreman/Satellite"设置说明

在 oVirt 中，虚拟机"Foreman/Satellite"设置功能允许管理员在新建或编辑虚拟机时，通过"Foreman/Satellite"选项卡配置与 Satellite 服务器的集成，如图 4-15 所示。

图 4-15　Foreman/Satellite 配置项

第 5 章
高级配置管理

5.1 oVirt 配置内网

在 oVirt 中，内部虚拟网络（以下简称内网）的作用是为虚拟机提供一个隔离的、仅在数据中心内部通信的网络环境。内网通常不与外网（如互联网或外部局域网）直接连接，它主要用于虚拟机之间的安全通信和数据交换。

内网具有较强的安全性，能通过网络隔离和流量控制来防止未经授权的访问，减少外部攻击的风险。管理员可以轻松地实施流量过滤和监控策略，确保只有合法流量通过，进一步提高安全性。管理员在内网中通过集中控制和自动化配置可以快速部署和配置新的虚拟机，从而减少物理网络设备配置的复杂性和错误。此外，在开发和测试环境中使用内网进行隔离，可以确保与生产环境分离，避免相互影响。

本章主要介绍如何通过 oVirt 中的 ovirt-provider-ovn 来创建内网。

5.1.1 创建 ovirt-provider-ovn

OVN 是 Open vSwitch（OVS）的虚拟网络扩展，专门用于构建虚拟化环境中的软件定义网络（SDN）。它通过分布式控制平面和数据平面实现虚拟网络的高效数据包处理，支持分布式虚拟交换机、分布式路由、防火墙规则、负载均衡和多租户隔离等功能。它允许创建和管理逻辑网络，虚拟机之间能够通过这些逻辑网络实现跨主机通信。而 oVirt Provider OVN 是 oVirt 集成的一个插件，它允许在 oVirt 中使用 OVN（Open Virtual Network）管理虚拟网络。通过 oVirt Provider OVN，管理员可以轻松地配置和管理复杂的虚拟网络拓扑，并实现对虚拟机网络的高级控制。

通常，在 oVirt 中创建虚拟内网时优先选择使用 OVN，这是因为 OVN 提供了先进的网络虚拟化功能，能够更好地满足虚拟化环境中的复杂网络需求。下面，我们将创建一个 OVN 网络并且在表 5-1 中列出了 OVN 相关的配置项。

表 5-1 内部虚拟网络配置

项 目	配 置	说 明
逻辑网络名称	10_10_0_0	标识不同的逻辑网络
启用 VLAN 标签	不启用	可根据需要配置 VLAN
虚拟机网络	是	可用于承载虚拟机之间的流量
MTU	默认(1500)	最大传输单元，这里使用默认值
外部供应商	ovirt-provider-ovn	使用外部供应商
网络端口安全	禁用	是否启用网络端口安全特性
连接到物理网络	否	是否连接物理网格
创建子网	是	创建子网并开启 DHCP 服务
名称	subnet_10.10.0.0	标识不同的子网
CIDR	10.10.0.0/16	通过 IP 地址和网络前缀长度表示一个网络
网关	10.10.0.1	可自行配置
DNS 服务器	10.10.0.1	可自行配置

下面是创建 OVN 网络的具体步骤。

（1）登录 oVirt 管理门户。

（2）在左侧导航栏中选择"网络"→"网络"，如图 5-1 所示。

图 5-1 在导航栏中选择网络

（3）单击"新建"按钮，如图 5-2 所示。

图 5-2　新建网络

（4）在"新建逻辑网络"窗口中选择"常规"选项卡，设置网络名称、描述、注释等信息，如图 5-3 所示。

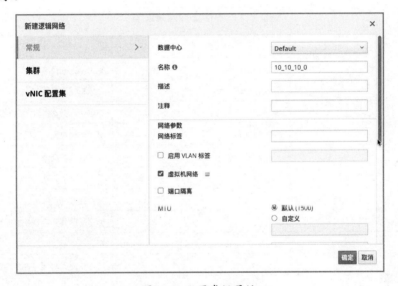

图 5-3　配置常规属性

（5）将窗口右侧的滚动条拉到底部，勾选"在外部供应商上创建"复选框，并在其下拉列表中选择"ovirt-provider-ovn"如图 5-4 所示。

（6）在"网络端口安全"下拉列表中选择"禁用"。

（7）在"子网"选项卡中勾选"创建子网"复选框（子网默认会包含 DHCP 服务器），如图 5-5 所示。

（8）在"名称"处填入子网的名称，如"sub10_10_0_0"。

（9）在 CIDR 文本框中填写子网的 IP 地址和网络前缀，如"10.10.0.0/16"。

（10）IP 版本可根据需求填写 IPv4 或者 IPv6。

（11）填写网关地址，如"10.10.0.1"。

图 5-4　设置外部供应商

图 5-5　配置子网属性

（12）填写 DNS 服务器地址，如"10.10.0.1"。

（13）可根据需要，通过"+"按钮添加新的 DNS 服务器地址。

（14）选择"vNIC 配置集"选项卡，本页保持默认配置即可，如图 5-6 所示，单击"确定"按钮完成网络的创建。

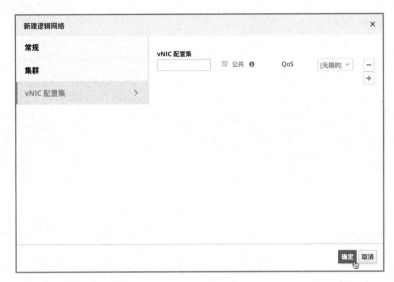

图 5-6　配置 vNIC 配置集

（15）可在"网络"→"网络"页面中查看新添加的"10_10_0_0"网络，如图 5-7 所示。

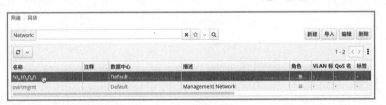

图 5-7　查看新添加的网络

5.1.2　创建路由连通内网与外网

通常情况下，虚拟机的外网 IP 地址较为紧缺，但是大多数虚拟机又需要访问外网资源。为此，我们可以通过 OVN 实现 NAT（Network Address Translation，网络地址转换）功能，但由于命令较复杂，读者可自行查阅。

在这里，我们把一台虚拟机作为路由器，同时连接内网和外网，并启用 MASQUERADE 功能实现 NAT 功能。当内网的主机访问外部资源时，内部 IP 地址通过该虚拟机转换为外部 IP 地址，以实现内网主机的外部通信需求。如果对路由功能有更高要求，那么还可以在这台虚拟机中安装软路由操作系统，以便更好地管理内部虚拟机与外网之间的数据通信。

为了便于演示，下面创建一台虚拟机并安装 CentOS 7.9 系统，配置其 IP 地址并启用 IPV4 地址转发和 MASQUERADE 功能，使该虚拟机在网络中充当路由器，我们称其为"虚拟路由器"，虚拟路由的网络配置如表 5-2 所示。

表 5-2 虚拟路由的网络配置

项 目	值	说 明
外网	192.168.150.0/24	物理网络设备提供的外网
内网	10.10.0.0/16	通过 OVS 提供的虚拟机内网
"虚拟路由"操作系统	CentOS7.9	最小化安装即可
"虚拟路由"接口 1	eth0	配置 IP 地址 192.168.150.200/24
"虚拟路由"接口 2	eth1	配置 IP 地址 10.10.0.1/16
打开系统内核参数	net.ipv4.ip_forward=1	打开 IPv4 的 IP 地址转发功能
防火墙配置	--add-masquerade	允许防火墙 IP 地址伪装功能

下面以 CentOS 7.9 操作系统为例，讲解创建和配置"虚拟路由"的步骤。

（1）为虚拟机安装 CentOS 7.9 操作系统（参见 3.2.2 节）。

（2）为虚拟机配置两个虚拟网络接口，其中 nic1 连接外网 ovirtmgmt 相当于路由的 WAN 口；nic2 连接虚拟机之间的内网 10_10_0_0，相当于路由器的 LAN 口，如图 5-8 所示。

图 5-8 查看虚拟机网络接口配置

（3）进入操作系统，为虚拟路由的 eth0 网卡（连接 ovirtmgmt 虚拟网络）配置 IP 地址（192.168.150.200），并在 Details 选项卡中勾选"Connect automatically"复选框，如图 5-9 所示。

（4）使用 ping 命令验证"虚拟路由"是否可以与外网中的主机连通，具体代码如下。

```
[root@route ~]# ping -c 3 192.168.150.101
PING 192.168.150.101 (192.168.150.101) 56(84) bytes of data.
64 bytes from 192.168.150.101: icmp_seq=1 ttl=64 time=0.155 ms
64 bytes from 192.168.150.101: icmp_seq=2 ttl=64 time=0.252 ms
64 bytes from 192.168.150.101: icmp_seq=3 ttl=64 time=0.219 ms

--- 192.168.150.101 ping statistics ---
```

```
3 packets transmitted, 3 received, 0% packet loss, time 1999ms
rtt min/avg/max/mdev = 0.155/0.208/0.252/0.043 ms
```

图 5-9　设置 eth0 网卡网络信息

（5）配置"虚拟路由"的 eth1 网络接口 IP 地址，并且在 Details 选项卡中勾选"Connect automatically"复选框。由于此虚拟机将用于内网的网关，所以需要手动设置 IP 地址，并且这个地址将作为内部虚拟网络的网关地址。在配置 eth1 网卡的网络信息时仅需要设置 Address（需要与图 5-5 中的网关保持一致）、Netmask，而 Gateway 的信息则无须填写，如图 5-10 所示。

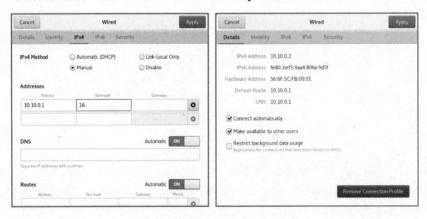

图 5-10　设置 eth1 网卡网络信息

（6）打开"虚拟路由"内核的 IPv4 转发功能。

```
[root@route ~]# echo "net.ipv4.ip_forward=1" >> /etc/sysctl.conf
[root@route ~]# sysctl -w net.ipv4.ip_forward=1
```

（7）修改防火墙配置，打开 IP 地址伪装功能。

```
[root@route ~]# firewall-cmd --add-masquerade --permanent
success
[root@route ~]# firewall-cmd --add-masquerade
success
```

（8）验证防火墙是否配置成功。

```
[root@route ~]# firewall-cmd --list-all
public (active)
  target: default
  icmp-block-inversion: no
  interfaces: eth0 eth1
  sources:
  services: dhcpv6-client ssh
  ports:
  protocols:
  masquerade: yes
  forward-ports:
  source-ports:
  icmp-blocks:
  rich rules:
```

5.1.3 配置内网虚拟机以访问外网

完成 5.1.1 和 5.1.2 节的配置后，创建新的虚拟机 TestNet1 和 TestNet2，并将这两台虚拟机连接到内网。这两台虚拟机能够自动获取 IP 地址，并且可以访问外网，具体步骤如下。

（1）创建虚拟机 TestNet1 和 TestNet2，并且为这两台虚拟机创建一个连接到 10_10_0_0 网络的网络接口，如图 5-11 和图 5-12 所示。

图 5-11　虚拟机 TestNet1 网络接口信息

（2）为这两台虚拟机安装操作系统，并且将网卡配置为自动获取网络地址。
（3）虚拟机 TestNet1 安装了 Linux 操作系统，并自动获取了 IP 地址 10.10.0.4，如图 5-13 所示。

图 5-12 虚拟机 TestNet2 网络接口信息

图 5-13 虚拟机 TestNet1 网络配置信息

（4）虚拟机 TestNet2 安装了 Windows 操作系统，并自动获取了 IP 地址 10.10.0.3，如图 5-14 所示。

图 5-14 虚拟机 TestNet2 网络配置信息

（5）打开命令提示符程序，使用 ping 命令检查 TestNet2（10.10.0.3）能否与内网中的 TestNet1（10.10.0.4）通信，如图 5-15 所示，内网虚拟机之间可以通信。

图 5-15　验证与内网的连通性

（6）验证 TestNet2（10.10.0.3）能否与外网（192.168.150.0/24）中的主机（192.168.150.10）通信，如图 5-16 所示，虚拟机可以与外网设备通信。

图 5-16　验证与外网的连通性

5.1.4　配置外网设备以访问内网

外网的计算机设备通过添加静态路由可以直接访问内网的虚拟机，从而提高网络的灵活性、可达性和互通性。

在当前的网络拓扑中，"虚拟路由"承担了内外部网关的角色，因此外网计算机在访问内网虚拟机时，需要在外网计算机的路由表中添加静态路由信息。表 5-3 中列出了添加静态路由时的网络配置信息。

表 5-3　静态路由网络配置

项　目	值	说　明
源网络	192.168.150.0/24	外网计算机所处的网络
目标网络	10.10.0.0/16	OVN 为 oVirt 提供的内部虚拟网络
虚拟路由网络配置	eth0:192.168.150.200 eth1:10.10.0.1	用作内外网通信的网关
网关地址	192.168.150.200	外网计算机访问 10.10.0.0/16 下一跳的 IP 地址

在 Linux 操作系统中添加静态路由的命令如下：

```
route add -net 10.10.0.0/16 gw 192.168.150.200
```

在 Windows 操作系统中添加静态路由的命令如下：

```
route add 10.10.0.0 mask 255.255.0.0 192.168.150.200
```

在 mac OS 操作系统中添加静态路由的命令如下：

```
route add -net 10.10.0.0/16 192.168.150.210
```

下面将验证外网与内网的互通性，具体步骤如下。

（1）选择一台位于外网中的计算机，这里以当前的存储服务器（192.168.150.10）作为实验对象举例。图 5-17 是这台存储服务器的网络配置信息，显然它是外网中的一台设备。

```
[root@client ~]# ssh root@192.168.150.10
root@192.168.150.10's password:
Last login: Thu Sep 12 19:54:55 2024 from 192.168.150.2
[root@storage ~]# ip a
1: lo: <LOOPBACK,UP,LOWER_UP> mtu 65536 qdisc noqueue state UNKNOWN group default qlen 1000
    link/loopback 00:00:00:00:00:00 brd 00:00:00:00:00:00
    inet 127.0.0.1/8 scope host lo
       valid_lft forever preferred_lft forever
    inet6 ::1/128 scope host
       valid_lft forever preferred_lft forever
2: ens160: <BROADCAST,MULTICAST,UP,LOWER_UP> mtu 1500 qdisc mq state UP group default qlen 1000
    link/ether 00:0c:29:1e:de:bb brd ff:ff:ff:ff:ff:ff
    inet 192.168.150.10/24 brd 192.168.150.255 scope global noprefixroute ens160
       valid_lft forever preferred_lft forever
    inet6 fe80::20c:29ff:fe1e:debb/64 scope link
       valid_lft forever preferred_lft forever
[root@storage ~]#
```

图 5-17　存储服务器网络配置信息

（2）如图 5-18 所示，在未配置路由之前，将当前主机所有的数据包通过默认网关（IP 地址为 192.168.150.1）转发到目标网络。

```
[root@storage ~]# ip route show
default via 192.168.150.1 dev ens160 proto static metric 100
192.168.150.0/24 dev ens160 proto kernel scope link src 192.168.150.10 metric 100
```

图 5-18　存储服务器路由信息

（3）存储服务器可以访问 192.168.150.0/24 网络下的设备，但是不能访问 10.10.0.0/16 网络下的设备，如图 5-19 和图 5-20 所示。

（4）下面通过 route 命令为存储服务器添加静态路由规则。当服务器访问 10.10.0.0/16 网络时会将数据包发送到 192.168.150.200，之后 192.168.150.200 所在的主机会将数据包继续发送到

10.10.0.0/16 网络中对应的计算机,添加静态路由的命令如图 5-21 所示。

```
[root@storage ~]# ping -c 3 192.168.150.101
PING 192.168.150.101 (192.168.150.101) 56(84) bytes of data.
64 bytes from 192.168.150.101: icmp_seq=1 ttl=64 time=0.391 ms
64 bytes from 192.168.150.101: icmp_seq=2 ttl=64 time=0.502 ms
64 bytes from 192.168.150.101: icmp_seq=3 ttl=64 time=0.378 ms

--- 192.168.150.101 ping statistics ---
3 packets transmitted, 3 received, 0% packet loss, time 2000ms
rtt min/avg/max/mdev = 0.378/0.423/0.502/0.060 ms
```

图 5-19 可以访问 192.168.15.0/24 网络

```
[root@storage ~]# ping -c 3 10.10.0.4
PING 10.10.0.4 (10.10.0.4) 56(84) bytes of data.

--- 10.10.0.4 ping statistics ---
3 packets transmitted, 0 received, 100% packet loss, time 1999ms
```

图 5-20 无法访问 10.10.0.0/16 网络

```
[root@storage ~]# route add -net 10.10.0.0/16 gw 192.168.150.200
[root@storage ~]# ip route show
default via 192.168.150.1 dev ens160 proto static metric 100
10.10.0.0/16 via 192.168.150.200 dev ens160
192.168.150.0/24 dev ens160 proto kernel scope link src 192.168.150.10 metric 100
```

图 5-21 添加静态路由

(5)验证外网中的存储服务器(192.168.150.10)在添加路由后是否可以访问 10.10.0.0/16 网络下的 TestNet1 虚拟机(10.10.0.4),如图 5-22 所示。

```
[root@storage ~]# ping -c 3 10.10.0.4
PING 10.10.0.4 (10.10.0.4) 56(84) bytes of data.
64 bytes from 10.10.0.4: icmp_seq=1 ttl=63 time=1.64 ms
64 bytes from 10.10.0.4: icmp_seq=2 ttl=63 time=1.80 ms
64 bytes from 10.10.0.4: icmp_seq=3 ttl=63 time=1.33 ms

--- 10.10.0.4 ping statistics ---
3 packets transmitted, 3 received, 0% packet loss, time 2004ms
rtt min/avg/max/mdev = 1.337/1.595/1.800/0.195 ms
```

图 5-22 添加路由后可访问 10.10.0.0/16 网络

5.2 用户(组)及权限管理

用户(组)管理是 oVirt 中的一个重要部分,涉及权限分配、角色管理和资源访问控制。oVirt 允许管理员为不同用户分配不同的角色,以确保他们能够根据自己的职责访问和操作特定的虚拟化资源。

在 oVirt 管理器引擎的安装过程中,系统会创建一个名为"internal-authz"的内部域,并且内部域会创建一个默认的 admin 账户用于管理虚拟化平台。在内部域中创建的用户账户被称为

"本地用户"。

oVirt 也支持将外部目录服务器（如 Directory、Active Directory、OpenLDAP 等）附加到 oVirt 中，并将其用作外部域。在外部域中创建的用户账户被称为"目录用户"。

本地用户和目录用户都需要通过管理门户添加到管理器引擎，并且被分配适当的角色和权限，之后才能在 oVirt 中正常使用。用户角色主要有两种：普通用户和管理员。普通用户角色通过虚拟机门户管理虚拟机资源。管理员角色通过管理门户对系统基础架构进行维护。管理员也可以为普通用户或者自定义角色添加虚拟机、主机、磁盘等独立资源的相关权限。

本节将说明管理员如何在本地域中创建账户或用户组，并且通过管理门户将本地域中的用户或者用户组与管理器引擎进行关联。

5.2.1 内部认证 AAA-JDBC 介绍

oVrit 管理器引擎在安装时自动配置的"internal-authz"内部认证域就是通过 AAA-JDBC 提供的，它是 oVirt 中的一个身份认证与授权扩展模块，用于将用户、组和密码等认证数据存储在 PostgreSQL 关系型数据库中，并通过标准化的 oVirt AAA 接口提供这些数据的管理操作。该模块通过 JDBC（Java Database Connectivity）接口与数据库进行通信，提供身份验证和访问控制服务。与其他外部身份认证系统（如 LDAP 或 Active Directory）不同，AAA-JDBC 独立于外部服务工作，适用于需要本地用户和权限管理的小型部署或测试环境。

ovirt-aaa-jdbc-tool 是一个命令行工具，专门用于管理 AAA-JDBC 的身份认证和授权模块。该工具需要管理员在管理器引擎节点上运行，它提供了用户管理、组管理等功能。

5.2.2 管理内部域中的本地用户

通过 ovirt-aaa-jdbc-tool 进行用户管理，可以实现创建用户、删除用户、修改用户等功能。

（1）创建用户：可以使用该工具创建新的本地用户账户。用户账户会存储在 oVirt 的 JDBC 认证数据库中。

（2）删除用户：可以通过命令删除现有的用户。

（3）修改用户：管理员可以修改用户的详细信息，如用户名、密码等。

下面通过一些常见示例说明如何通过 ovirt-aaa-jdbc-tool 工具在本地域中管理本地用户。

5.2.2.1 创建新用户账户

ovirt-aaa-jdbc-tool 提供了多个子命令用于管理用户。在创建用户时需要设置用户的有效日期和失效日期，否则用户将无法登录。

下面介绍如何通过命令添加用户"zhangsan"，并且设置 firstName 为"San"，设置 lastName 为"Zhang"，同时设置账户的生效和失效日期，具体代码如下。

```
# 通过 ssh 命令登录到管理器引擎节点(master)
[root@client ~]# ssh root@master.ovirt.com

# 添加用户
[root@master ~]# ovirt-aaa-jdbc-tool user add zhangsan --attribute=firstName=San
--attribute=lastName=Zhang --account-valid-from="2024-09-15 00:00:00+08"
--account-valid-to="2025-09-15 00:00:00+08"
adding user zhangsan...
user added successfully
Note: by default created user cannot log in. see:
/usr/bin/ovirt-aaa-jdbc-tool user password-reset --help.
```

如需了解更多选项，可运行 ovirt-aaa-jdbc-tool user add --help 命令查看添加用户账户的参数说明。

```
[root@master ~]# ovirt-aaa-jdbc-tool user add --help
Picked up JAVA_TOOL_OPTIONS: -Dcom.redhat.fips=false
Usage: /usr/bin/ovirt-aaa-jdbc-tool user add username [options]
Add a new user.

Options:
  --account-login-time=[1|0 ** 336]
    7 * 48 long string for each half hour of the week. 1:login_allowed.
    Affects AUTH_RECORD.VALID_TO. See also WEEK_START_SUNDAY setting.
Default value: 1 ** 336.

  --account-valid-from=[yyyy-MM-dd HH:mm:ssX]
    The date which the account is valid from.
    Default value: current date/time

  --account-valid-to=[yyyy-MM-dd HH:mm:ssX]
    The date when the account become expired from.
    Default value: infinite

  --attribute=[<name>=<value>]
    Available names:
      department
      description
      displayName
      email
```

```
    firstName
    lastName
    title

--flag=[<+|-><flag>]
  Available flags:
    disabled
    nopass

--help
  Show help for this module.

--id=[ID]
  String representation of user unique id.
  Default value: generated UUID

Note: Newly created user cannot log in by default. See '/usr/bin/ovirt-aaa-jdbc-tool user password-reset
--help'.
```

5.2.2.2 设置（重置）用户账户密码

创建用户后必须为新用户设置密码，否则该用户将无法登录。在设置密码时必须使用"--password-valid-to"参数指定密码的过期时间，否则密码的过期时间为当前时间，这将导致该用户无法正常使用。

默认情况下，内部域用户账户的密码策略有以下两个限制。

（1）密码至少需要 6 个字符。

（2）重置密码时，不能再次设置近期使用过的密码。

下面介绍如何通过 password-reset 命令为 zhangsan 用户设置（重置）密码：

```
# 通过 ssh 命令登录到管理器引擎节点(master)
[root@client ~]# ssh root@master.ovirt.com

# 设置（重置）密码
[root@master ~]# ovirt-aaa-jdbc-tool user password-reset zhangsan --password-valid-to="2025-09-15 00:00:00+08"
Password:
updating user zhangsan...
user updated successfully
```

如需了解更多设置密码的选项，可运行 ovirt-aaa-jdbc-tool user password-reset --help 命令，查看重置密码时的参数说明。

```
[root@master ~]# ovirt-aaa-jdbc-tool user password-reset --help
Picked up JAVA_TOOL_OPTIONS: -Dcom.redhat.fips=false
Usage: /usr/bin/ovirt-aaa-jdbc-tool user password-reset username [options]
Reset a user's password.

Options:
  --encrypted
    Indicates that entered password is already encrypted.
    NOTES:
    1. Entering encrypted password means, that password validity tests cannot be performed, so they
are skipped and password is accepted even though it doesn't comply with password validation policy.
    2. Password has to be encrypted using the same algorithm as configure, otherwise user will not be
able to login (we cannot perform any tests that correct encryption algorithm was used).

  --force
    If present password validity tests are skipped.

  --help
    Show help for this module.

  --password=[<type>:<value>]
    Password can be specified in one of the following formats:
      interactive: - query password interactively.
      pass:STRING - provide a password as STRING.
      env:KEY - provide a password using environment KEY.
      file:FILE - provide a password as 1st line of FILE.
      none: - provide an empty password, equal to --flag=nopass
    Default value: interactive:

  --password-valid-to=[yyyy-MM-dd HH:mm:ssX]
    Password expiration date.
```

如果更新的是 admin 用户的密码，还需手动为 ovirt-provider-ovn 设置新的密码，否则 oVirt 管理引擎会继续使用旧密码与 ovirt-provider-ovn 进行网络同步，导致 admin 用户因多次错误登录而被锁定。

要将新密码同步到 ovirt-provider-ovn，需要执行以下操作。

（1）登录 oVirt 管理门户。

（2）在左侧导航栏中选择"管理"→"供应商"，如图 5-23 所示。

（3）选择 ovirt-provider-ovn，单击"编辑"按钮，如图 5-24 所示。

（4）在弹出的"编辑供应商"窗口中选择"常规"→"密码"，并输入新的密码，如图 5-25 所示。单击"测试"按钮，以测试身份是否成功。

图 5-23　打开外网供应商列表

图 5-24　编辑 ovit-provider-ovn

图 5-25　同步更新外网供应商密码

（5）身份验证测试成功后，单击"确定"按钮。

5.2.2.3　编辑用户账户信息

通过 ovirt-aaa-jdbc-tool 可以编辑用户账户的属性，例如修改用户账户的有效期，指定新的用户名称，设置新的账户名称等操作。

系统账户的"--account-valid-to"参数比较重要，它表示用户账户的有效期，当超过这个日期和时间之后，用户账户将会失效。下面介绍如何通过编辑用户账户命令为用户更新账户的过期时间。

```
# 通过 ssh 命令登录到管理器引擎节点(master)
[root@client ~]# ssh root@master.ovirt.com

# 编辑用户账户
[root@master ~]# ovirt-aaa-jdbc-tool user edit zhangsan --account-valid-to="2025-09-15 00:00:00+08"
Picked up JAVA_TOOL_OPTIONS: -Dcom.redhat.fips=false
updating user zhangsan...
user updated successfully
```

如需了解更多选项，可运行 ovirt-aaa-jdbc-tool user edit --help 命令查看编辑用户账户的参数说明。

```
[root@master ~]# ovirt-aaa-jdbc-tool user edit --help
Picked up JAVA_TOOL_OPTIONS: -Dcom.redhat.fips=false
Usage: /usr/bin/ovirt-aaa-jdbc-tool user edit username [options]
Edit a user.

Options:
  --account-login-time=[1|0 ** 336]
    7 * 48 long string for each half hour of the week. 1:login_allowed.
    Affects AUTH_RECORD.VALID_TO. See also WEEK_START_SUNDAY setting. Default: 1 ** 336.

  --account-valid-from=[yyyy-MM-dd HH:mm:ssX]
    The date which the account is valid from.

  --account-valid-to=[yyyy-MM-dd HH:mm:ssX]
    Date when the account become expired from.

  --attribute=[<name>=<value>]
    Available names:
      department
      description
      displayName
      email
      firstName
      lastName
      title

  --flag=[<+|-><flag>]
    Available flags:
      disabled
      nopass
```

```
--help
  Show help for this module.

--id=[ID]
  String representation of user unique id.

--new-name=[STRING]
  New name to assign.

--password-valid-to=[yyyy-MM-dd HH:mm:ssX]
  Password expiration date.
```

5.2.2.4　解锁用户账户

当输入密码错误的次数达到一定数值（默认 5 次）后账户将会被锁定，此时需要通过 unlock 命令解锁，下面将说明如何为用户 zhangsan 解除锁定。

```
# 通过 ssh 命令登录到管理器引擎节点(master)
[root@client ~]# ssh root@master.ovirt.com

# 解锁用户
[root@master ~]# ovirt-aaa-jdbc-tool user unlock zhangsan
Picked up JAVA_TOOL_OPTIONS: -Dcom.redhat.fips=false
updating user zhangsan...
user updated successfully
```

如需了解更多选项，可运行 ovirt-aaa-jdbc-tool user password-reset --help 命令查看解锁用户账户的参数说明。

```
[root@master ~]# ovirt-aaa-jdbc-tool user password-reset --help
Picked up JAVA_TOOL_OPTIONS: -Dcom.redhat.fips=false
Usage: /usr/bin/ovirt-aaa-jdbc-tool user password-reset username [options]
Reset a user's password.

Options:
 --encrypted
   Indicates that entered password is already encrypted.
   NOTES:
   1. Entering encrypted password means, that password validity tests cannot be performed, so they are skipped and password is accepted even though it doesn't comply with password validation policy.
   2. Password has to be encrypted using the same algorithm as configure, otherwise user will not be able to login (we cannot perform any tests that correct encryption algorithm was used).
```

```
--force
  If present password validity tests are skipped.

--help
  Show help for this module.

--password=[<type>:<value>]
  Password can be specified in one of the following formats:
    interactive: - query password interactively.
    pass:STRING - provide a password as STRING.
    env:KEY - provide a password using environment KEY.
    file:FILE - provide a password as 1st line of FILE.
    none: - provide an empty password, equal to --flag=nopass
  Default value: interactive:

--password-valid-to=[yyyy-MM-dd HH:mm:ssX]
  Password expiration date.


[root@master ~]# ovirt-aaa-jdbc-tool user unlock --help
Picked up JAVA_TOOL_OPTIONS: -Dcom.redhat.fips=false
usage: /usr/bin/ovirt-aaa-jdbc-tool user unlock username
Unlock locked users.

Options:
  --help
    Show help for this module.
```

5.2.2.5 查看用户账户

通过 ovirt-aaa-jdbc-tool 可以查看用户账户的名称、ID、用户是否被锁定、用户有效期、最后成功登录的时间、最后登录失败的时间等信息，下面介绍如何查看 zhangsan 用户的详细信息。

```
# 通过 ssh 命令登录到管理器引擎节点(master)
[root@client ~]# ssh root@master.ovirt.com

# 查看用户账户信息
[root@master ~]# ovirt-aaa-jdbc-tool user show zhangsan
Picked up JAVA_TOOL_OPTIONS: -Dcom.redhat.fips=false
-- User zhangsan(2610597e-5a98-4d3b-be9d-259b1e1e4305) --
Namespace: *
Name: zhangsan
ID: 2610597e-5a98-4d3b-be9d-259b1e1e4305
```

```
Display Name:
Email:
First Name: San
Last Name: Zhang
Department:
Title:
Description:
Account Disabled: false
Account Locked: false
Account Unlocked At: 1970-01-01 00:00:00Z
Account Valid From: 2025-09-14 16:00:00Z
Account Valid To: 2224-09-15 03:50:40Z
Account Without Password: false
Last successful Login At: 1970-01-01 00:00:00Z
Last unsuccessful Login At: 1970-01-01 00:00:00Z
Password Valid To: 1970-01-01 00:00:00Z
```

5.2.2.6 删除用户账户

通过 ovirt-aaa-jdbc-tool 及账户的名称可以删除系统中已存在的账户。下面讲解如何删除 zhangsan 用户账户。

```
# 通过 ssh 命令登录到管理器引擎节点(master)
[root@client ~]# ssh root@master.ovirt.com

# 删除用户账户
[root@master ~]# ovirt-aaa-jdbc-tool user delete zhangsan
Picked up JAVA_TOOL_OPTIONS: -Dcom.redhat.fips=false
deleting user zhangsan...
user deleted successfully
```

5.2.2.7 常见的用户参数配置项

除了上面的用户配置，还有一些其他的配置项对于用户的安全和使用有着重要的影响，例如用户会话超时时间，是否禁用本地域的用户，设置用户登录失败重试次数。

通过配置用户会话超时，管理员可以确保在用户长时间不活动时自动注销，从而减少未授权访问的风险。设置用户会话超时时间的单位为 s，具体命令使用举例如下。

```
# 通过 ssh 命令登录到管理器引擎节点(master)
[root@client ~]# ssh root@master.ovirt.com
```

```
# 设置用户会话超时时间
[root@master ~]# engine-config --set UserSessionTimeOutInterval=<integer>
```

通过为用户设置 flag 参数可以禁用本地域中的用户，包括 engine-setup 中创建的 admin@ovirt@internal 用户。禁用/启用默认的 admin 用户的操作如下所示。

```
# 通过 ssh 命令登录到管理器引擎节点(master)
[root@client ~]# ssh root@master.ovirt.com
# 禁用 admin 用户
[root@master ~]# ovirt-aaa-jdbc-tool user edit admin --flag=+disabled

# 启用 admin 用户
[root@master ~]# ovirt-aaa-jdbc-tool user edit username --flag=-disabled
```

为了提高系统安全性，账户在连续登录失败达到一定次数后会被锁定，管理员可通过 setting 模块设置最大失败次数。下面将失败自动锁定账户的次数设置为 3，具体代码如下。

```
# 通过 ssh 命令登录到管理器引擎节点(master)
[root@client ~]# ssh root@master.ovirt.com

# 设置锁定账户的失败次数
[root@master ~]# ovirt-aaa-jdbc-tool settings set --name=MAX_FAILURES_SINCE_SUCCESS --value=3
Picked up JAVA_TOOL_OPTIONS: -Dcom.redhat.fips=false
updating setting ...
setting updated successfully
```

5.2.3　管理内部域中的本地用户组

用户组（User Groups）是一组用户的集合，他们具有相同的访问权限和角色。通过将用户添加到用户组中，管理员可以批量管理这些用户的权限和角色，而不必单独配置每个用户的权限。管理员可以通过用户组简化权限管理，以确保用户权限的一致性。

管理员可以使用 ovirt-aa-jdbc-tool 工具管理内部域中的组账户，并为其分配相应的角色和权限。组中的用户可以自动继承组的角色和权限。

管理组账户与管理用户账户类似，通过 ovirt-aaa-jdbc-tool 工具可以实现用户组的创建、删除和修改。

5.2.3.1　创建用户组

用户组用于将多个用户组织在一起，以便于管理权限和访问控制。下面是通过 ovirt-aaa-jdbc-tool 创建名称为"group1"用户组的步骤。

```
# 通过 ssh 命令登录到管理器引擎节点(master)
[root@client ~]# ssh root@master.ovirt.com

# 添加用户组
[root@master ~]# ovirt-aaa-jdbc-tool group add group1
Picked up JAVA_TOOL_OPTIONS: -Dcom.redhat.fips=false
adding group group1...
group added successfully

# 可通过 show 模块展示 group1 组的详细信息
# 通过 ssh 命令登录到管理器引擎节点(master)
[root@client ~]# ssh root@master.ovirt.com
# 展示用户组的详细信息
[root@master ~]# ovirt-aaa-jdbc-tool group show group1
Picked up JAVA_TOOL_OPTIONS: -Dcom.redhat.fips=false
-- Group group1(91a88f3f-54b9-4cd3-803b-4194b7f5bbf2) --
Namespace: *
Name: group1
ID: 91a88f3f-54b9-4cd3-803b-4194b7f5bbf2
Display Name:
Description:
```

5.2.3.2 将用户（组）添加至用户组

使用 ovirt-aaa-jdbc-tool 可以方便地将用户或用户组添加到现有的用户组中。下面介绍如何通过 ovirt-aaa-jdbc-tool 将用户 zhangsan 添加到用户组 group1。

```
# 通过 ssh 命令登录到管理器引擎节点(master)
[root@client ~]# ssh root@master.ovirt.com

# 将用户添加到用户组中
[root@master ~]# ovirt-aaa-jdbc-tool group-manage useradd group1 --user=zhangsan
Picked up JAVA_TOOL_OPTIONS: -Dcom.redhat.fips=false
updating user group1...
user updated successfully

# 可通过 group-manager show 命令查看用户是否被成功添加到用户组中
[root@master ~]# ovirt-aaa-jdbc-tool group-manage show group1
Picked up JAVA_TOOL_OPTIONS: -Dcom.redhat.fips=false
Group: group1(e78807dc-f915-48d8-81e1-6e4715ae2899) members:
```

```
User: zhangsan
```

oVirt 支持嵌套组,它允许将一个组添加到另一个组中,使得多个组可以共享相同的权限和访问控制。下面将创建 group1-1 用户组,并将其添加到已有的 group1 用户组中。

```
# 创建用户组 group1-1
[root@master ~]# ovirt-aaa-jdbc-tool group add group1-1
Picked up JAVA_TOOL_OPTIONS: -Dcom.redhat.fips=false
adding group group1-1...
group added successfully

# 将 group1-1 用户组添加到 group1 用户组中
[root@master ~]# ovirt-aaa-jdbc-tool group-manage groupadd group1 --group=group1-1
Picked up JAVA_TOOL_OPTIONS: -Dcom.redhat.fips=false
updating group group1...
group updated successfully

# 验证是否成功地将 group1-1 用户组添加到 group1 用户组中
[root@master ~]# ovirt-aaa-jdbc-tool group-manage show group1
Picked up JAVA_TOOL_OPTIONS: -Dcom.redhat.fips=false
Group: group1(91a88f3f-54b9-4cd3-803b-4194b7f5bbf2) members:
  User: zhangsan
  Group: group1-1
```

5.2.3.3 从用户组内移除用户(组)

在 oVirt 中,使用 ovirt-aaa-jdbc-tool 工具能够将用户(组)从用户组中移除,下面介绍如何从一个用户组中移除它的子用户或者子用户组。

```
# 通过 ssh 命令登录到管理器引擎节点(master)
[root@client ~]# ssh root@master.ovirt.com

# 列出 group1 用户组内的用户或用户组
[root@master ~]# ovirt-aaa-jdbc-tool group-manage show group1
Picked up JAVA_TOOL_OPTIONS: -Dcom.redhat.fips=false
Group: group1(91a88f3f-54b9-4cd3-803b-4194b7f5bbf2) members:
  User: zhangsan
  Group: group1-1

# 将用户 zhangsan 从 group1 组内移除
[root@master ~]# ovirt-aaa-jdbc-tool group-manage userdel group1 --user=zhangsan
Picked up JAVA_TOOL_OPTIONS: -Dcom.redhat.fips=false
updating user group1...
user updated successfully
```

```
# 将 group1-1 用户组从 group1 用户组内移除
[root@master ~]# ovirt-aaa-jdbc-tool group-manage groupdel group1 --group=group1-1
Picked up JAVA_TOOL_OPTIONS: -Dcom.redhat.fips=false
updating group group1...
group updated successfully
```

5.2.3.4 查询用户和组

ovirt-aaa-jdbc-tool 提供了强大的用户（组）管理功能，其中 query 命令用于查询用户、组、域等信息。此功能允许管理员检索用户或用户组的详细信息，从而帮助他们了解系统中用户或用户组的状态。下面介绍如何通过 query 模块来查看当前所有用户或用户组的信息。

```
# 通过 ssh 命令登录到管理器引擎节点(master)
[root@client ~]# ssh root@master.ovirt.com

# 列出内部域中所有的用户信息
[root@master ~]# ovirt-aaa-jdbc-tool query --what=user
Picked up JAVA_TOOL_OPTIONS: -Dcom.redhat.fips=false
-- User zhangsan(7f247f02-bbce-4041-bb4a-cd2c5d30c879) --
Namespace: *
Name: zhangsan
ID: 7f247f02-bbce-4041-bb4a-cd2c5d30c879
Display Name:
Email:
First Name: San
Last Name: Zhang
Department:
Title:
Description:
Account Disabled: false
Account Locked: false
Account Unlocked At: 1970-01-01 00:00:00Z
Account Valid From: 2024-05-26 15:11:15Z
Account Valid To: 2025-10-01 20:00:00Z
Account Without Password: false
Last successful Login At: 1970-01-01 00:00:00Z
Last unsuccessful Login At: 1970-01-01 00:00:00Z
Password Valid To: 2025-08-01 04:00:00Z
-- User admin(f2fe7d95-a116-40b9-8f48-b836abc62d6a) --
Namespace: *
Name: admin
```

```
ID: f2fe7d95-a116-40b9-8f48-b836abc62d6a
Display Name:
Email: admin@localhost
First Name: admin
Last Name:
Department:
Title:
Description:
Account Disabled: false
Account Locked: false
Account Unlocked At: 1970-01-01 00:00:00Z
Account Valid From: 2024-05-17 12:58:05Z
Account Valid To: 2224-05-17 12:58:05Z
Account Without Password: false
Last successful Login At: 1970-01-01 00:00:00Z
Last unsuccessful Login At: 1970-01-01 00:00:00Z
Password Valid To: 2224-03-30 12:58:08Z

# 查看内部域中所有用户组的信息
[root@master ~]# ovirt-aaa-jdbc-tool query --what=group
Picked up JAVA_TOOL_OPTIONS: -Dcom.redhat.fips=false
-- Group group1-1(0374d658-efbf-40e5-9fc7-654b74335412) --
Namespace: *
Name: group1-1
ID: 0374d658-efbf-40e5-9fc7-654b74335412
Display Name:
Description:
-- Group group1(91a88f3f-54b9-4cd3-803b-4194b7f5bbf2) --
Namespace: *
Name: group1
ID: 91a88f3f-54b9-4cd3-803b-4194b7f5bbf2
Display Name:
Description:
```

通过以上用例可以知道，"--what=usre/group"参数用于区分查询对象是用户还是用户组，这样查询出来的结果特别多，不利于筛选出用户期望的内容。

为了解决这个问题，query 模块还提供了--pattern 参数用于指定用户的匹配模式，匹配规则可以是部分或者全部的用户名，并且支持通配符匹配。

下面演示如何使用"--pattern"参数过滤特定名称的用户或用户组的账户信息。

```
# 通过 ssh 命令登录到管理器引擎节点(master)
[root@client ~]# ssh root@master.ovirt.com
```

```
# "--pattern"中使用通配符匹配所有以"zhang"开头的用户名
[root@master ~]# ovirt-aaa-jdbc-tool query --what=user --pattern="name=zhang*"
Picked up JAVA_TOOL_OPTIONS: -Dcom.redhat.fips=false
-- User zhangsan(a2772508-ac44-4392-8fca-8967b2567de4) --
Namespace: *
Name: zhangsan
ID: a2772508-ac44-4392-8fca-8967b2567de4
Display Name:
Email:
First Name: San
Last Name: Zhang
Department:
Title:
Description:
Account Disabled: false
Account Locked: false
Account Unlocked At: 1970-01-01 00:00:00Z
Account Valid From: 2024-09-14 16:00:00Z
Account Valid To: 2025-09-14 16:00:00Z
Account Without Password: false
Last successful Login At: 1970-01-01 00:00:00Z
Last unsuccessful Login At: 1970-01-01 00:00:00Z
Password Valid To: 1970-01-01 00:00:00Z

# 在"--pattern"中查找名称为"group1"的用户组信息
[root@master ~]# ovirt-aaa-jdbc-tool query --what=group --pattern="name=group1"
Picked up JAVA_TOOL_OPTIONS: -Dcom.redhat.fips=false
-- Group group1(91a88f3f-54b9-4cd3-803b-4194b7f5bbf2) --
Namespace: *
Name: group1
ID: 91a88f3f-54b9-4cd3-803b-4194b7f5bbf2
Display Name:
Description:
```

5.2.4 将用户（组）添加到管理器引擎

在 oVirt 管理门户中，用户（组）管理功能提供了一套全面的工具，帮助管理员高效地管理用户账户和访问权限。管理员可以添加或删除用户账户，并为其分配不同的角色和权限，以确保每个用户（组）只访问其所需的资源和功能。

前面已经在内部域中添加了用户和用户组的账户信息，但是这些用户还无法用于登录或者管理 oVirt 集群。本节将说明如何将内部域中的用户添加到 oVirt 管理器引擎中。

在 oVirt 中可以通过管理门户将用户和用户组添加到管理器引擎中，具体步骤如下。

（1）登录管理门户。
（2）在左侧导航栏中选择"管理"→"用户"打开用户列表，如图 5-26 所示。

图 5-26　打开用户列表

（3）单击"用户"或"组"按钮可以切换用户或用户组列表，如图 5-27 和图 5-28 所示。

图 5-27　显示管理器引擎中的用户列表

图 5-28　显示管理器引擎中的用户组列表

（4）单击上方菜单栏中的"添加"按钮添加用户（组），如图 5-29 所示。

图 5-29　添加用户（组）

（5）在"添加用户和组"窗口中选择"internal(internal-authz)"，并通过搜索功能查找和添加用户或用户组，如图 5-30 和图 5-31 所示。
（6）在用户列表中可以看到用户 zhangsan 已经添加成功，如图 5-32 所示。
（7）在用户组列表中可以看到用户组 group1 已经添加成功，如图 5-33 所示。

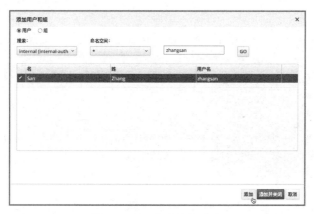

图 5-30 从域中添加用户

图 5-31 从内部域中添加用户组

图 5-32 用户列表

图 5-33 用户组列表

5.2.5 从管理器引擎中删除用户（组）

在 oVirt 管理器引擎中，删除用户（组）可以通过管理门户完成。此操作可以用于清除不再需要的用户（组），确保管理引擎中只有有效的用户（组）存在。

oVirt 可通过管理门户对用户（组）进行删除操作。注意，这里的删除只是把用户（组）从管理引擎中删除，不会同步删除内部域或外部域中的用户账户信息。下面是删除操作的具体步骤。

（1）登录管理门户。
（2）在左侧导航栏中选择"管理"→"用户"打开用户列表。
（3）选中需要删除的用户（组），单击"删除"按钮，如图 5-34 和 5-35 所示。

图 5-34　删除用户

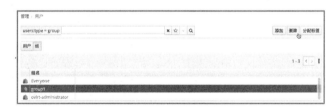

图 5-35　删除用户组

5.2.6 管理器引擎中用户（组）权限管理

oVirt 平台采用基于角色的访问控制（RBAC）机制，通过权限管理系统实现资源操作的细粒度管控。

它的权限基础模型中分为主体对象和权限作用域：主体对象分为用户和用户组，oVirt 支持将权限授予单一用户或用户组，用户组成员自动继承组权限，并且采用多归属机制、允许用户和用户组同时隶属于多个用户组，形成权限叠加效应。权限的作用域分为操作授权和资源绑定，每个权限对应特定资源对象的集合（如创建/删除/修改），并且权限必须与具体的资源实体（虚拟机/存储域/主机）进行绑定后方可生效。

oVirt 采用预置角色体系，包含管理员角色和用户角色两种类型。管理员角色具备系统级操作权限，通过管理门户实施基础设施维护，例如系统管理员（SuperUser）、集群管理员（ClusterAdmin）等。用户角色限定虚拟机操作权限，通过虚拟机门户实施资源管理，例如虚拟机操作员（UserVmManager）、磁盘操作员（DiskOperator）等。系统预置了 17 种管理员角色和 19 种用户角色，这些角色的权限配置固化不可修改。此外，oVirt 支持新建角色功能，管理员可以将 40 种用户权限和 92 种系统权限自由组合生成新的角色。

oVirt 权限管理可以在虚拟机、主机、存储等独立资源上为用户（组）分配角色，以将这些资源单独分配给某个用户（组）使用。例如，用户 zhangsan 只具有 CreateVM 角色，它可以在虚拟机门户中创建虚拟机，但是无法为虚拟机分配磁盘，如果此时在存储域 data_iscsi 权限中为用户 zhangsan 增加 DiskOperator 角色，那么用户 zhangsan 将同时被允许在 data_iscsi 中创建、编辑或删除磁盘。

除将独立资源授权给用户外，oVirt 还可以在系统、集群或数据中心的某一对象层次结构上为用户分配角色。这样，用户可以批量授权这个对象层次结构下所有的资源，其中"系统权限"是 oVirt 中的顶层。例如，用户 zhangsan 只具有 PowerUserRole 角色，它在虚拟机门户中只能看到自己创建的虚拟机，如果此时在"系统权限"中为用户 zhangsan 增加 UserVmManager 角色，那么用户 zhangsan 将可以使用并编辑数据中心中的所有虚拟机。

总体而言，oVirt 在执行操作前实施三级验证，主体身份验证用于确认用户/用户组的有效性，权限匹配验证用于核对操作所需的角色授权，资源作用域验证用于确认权限关联的具体资源对象。

5.2.6.1 用户角色对应的权限

用户角色授予用户在"虚拟机门户"中访问和配置虚拟机的权限，表 5-4 列出了基本用户角色权限类型。

表 5-4 基本用户角色权限类型

角色	权限	备注
UserRole	可以访问和使用虚拟机和虚拟机池	可以登录虚拟机门户，查看所有虚拟机状态和详细信息，能够对虚拟机执行启动、关闭、重启、查看控制台等操作，但无法修改虚拟机的配置
PowerUserRole	可以创建和管理虚拟机	可以登录虚拟机门户，用户可以创建虚拟机、修改虚拟机、删除虚拟机。可以使用存储域，允许为虚拟机新建、修改和删除磁盘
UserVmManager	虚拟机的所有者	不可以登录虚拟机门户，通过 PowerUserRole 在虚拟机门户中创建虚拟机时，虚拟机的权限里会自动为这个用户添加 UserVmManager 角色

续表

角 色	权 限	备 注
VmCreator	可以在虚拟机门户中创建虚拟机	可以登录虚拟机门户，用户可以创建虚拟机、修改虚拟机、删除虚拟机，但是无法添加和修改虚拟机磁盘
DiskOperator	可以操作虚拟磁盘	可以查看、创建、使用、编辑虚拟磁盘
DiskCreator	可以创建虚拟磁盘	可以将此角色应用到整个系统环境。另外，也可以将这个角色应用到特定的数据中心或存储域
VnicProfileUser	虚拟机和模板的逻辑网络和网络接口用户	可以将网络接口从特定逻辑网络中附加或分离

在上面角色中经常使用的是 PowerUserRole 和 DiskOperator。在系统层级上为用户授予 PowerUserRole 角色后，用户将获得访问虚拟机门户的权限，并能够在虚拟机门户中创建虚拟机。通过在存储域对象上授予用户 DiskOperator 的角色，用户将能够查看并使用该存储域下的 ISO 镜像文件。

5.2.6.2 管理员角色对应的权限

管理员角色授予用户在管理门户中维护系统基础架构的权限。表 5-5 列出了常见的管理员角色及其权限。

表 5-5 常见的管理员角色及其权限

角 色	权 限	备 注
SuperUser	oVirt 的系统管理员	具有所有对象和级别的完全权限，可以管理所有数据中心中的所有对象
ClusterAdmin	集群管理员	拥有特定集群中所有对象的管理权限
DataCenterAdmin	数据中心管理员	拥有特定数据中心中存储之外的所有对象的管理权限
TemplateAdmin	虚拟机模板的管理员	可以创建、删除和配置模板的存储域和网络详细信息，并在域之间移动模板
StorageAdmin	存储管理员	可以创建、删除、配置和管理分配的存储域
HostAdmin	主机管理员	可以连接、删除、配置和管理特定主机
NetworkAdmin	网络管理员	可以配置和管理特定数据中心或集群的网络。数据中心或集群的网络管理员继承集群中虚拟机池的网络权限
VmPoolAdmin	虚拟池系统管理员	可以创建、删除和配置虚拟机池，分配和删除虚拟机池用户，可以对虚拟机池中的虚拟机执行基本操作
GlusterAdmin	Gluster 存储管理员	可以创建、删除、配置和管理 Gluster 存储卷
VmImporterExporter	导入和导出虚拟机的管理员	可以导入和导出虚拟机，能够查看其他用户导出的所有虚拟机和模板

应避免为普通用户在诸如集群等资源上分配全局权限,因为权限会自动被系统层次结构中较低级别的资源继承。由于权限的继承,分配全局权限可能会导致以下两个问题。

(1)即使管理员在分配权限时并未有此意图,普通用户也可能会因为权限的继承而自动获得控制虚拟机的权限。

(2)普通用户在虚拟机门户中管理虚拟机时可能会使用到未授权的资源。

因此,强烈建议仅在特定资源(虚拟机/存储域/主机)上为用户(组)设置权限,而不要在系统层级、数据中心层级、集群层级上设置权限,因为这些层级下的资源会因为权限的继承而发生扩散。

5.2.6.3 分配虚拟机门户权限

oVirt 可以为普通用户授予在虚拟机门户中创建和管理虚拟机的权限,这样,普通用户能够按需自主管理自己的虚拟机资源,从而减少管理员的工作量。此操作需要在内部域中创建用户,并为其分配系统级的 PowerUserRole 角色权限和 ISO 存储域的 DiskOperator 权限。以下是配置用户权限的具体步骤。

(1)在内部认证域中创建用户 user1、user2。

```
# 通过 ssh 命令登录到管理器引擎节点(master)
[root@client ~]# ssh root@master.ovirt.com

# 添加用户 user1
[root@master ~]# ovirt-aaa-jdbc-tool user add user1 --account-valid-from="2024-09-15 00:00:00+08" --account-valid-to="2025-09-15 00:00:00+08"
Picked up JAVA_TOOL_OPTIONS: -Dcom.redhat.fips=false
adding user user1...
user added successfully
Note: by default created user cannot log in. see:
/usr/bin/ovirt-aaa-jdbc-tool user password-reset --help.

# 为 user1 设置密码
[root@master ~]# ovirt-aaa-jdbc-tool user password-reset user1 --password-valid-to="2025-09-15 00:00:00+08"
Picked up JAVA_TOOL_OPTIONS: -Dcom.redhat.fips=false
Password:
Reenter password:
updating user user1...
user updated successfully

# 添加用户 user2
[root@master ~]# ovirt-aaa-jdbc-tool user add user2 --account-valid-from="2024-09-15 00:00:00+08" --account-valid-to="2025-09-15 00:00:00+08"
Picked up JAVA_TOOL_OPTIONS: -Dcom.redhat.fips=false
```

```
adding user user2...
user added successfully
Note: by default created user cannot log in. see:
/usr/bin/ovirt-aaa-jdbc-tool user password-reset --help.

# 为 user2 设置密码
[root@master ~]# ovirt-aaa-jdbc-tool user password-reset user2 --password-valid-to="2025-09-15 00:00:00+08"
Picked up JAVA_TOOL_OPTIONS: -Dcom.redhat.fips=false
Password:
Reenter password:
updating user user2...
user updated successfully
```

（2）使用 admin 用户登录管理门户。

（3）在左侧导航栏中选择"管理"→"配置"，如图 5-36 所示。

图 5-36　打开配置窗口

（4）在打开的"配置"窗口中选择"系统权限"选项卡，并单击"添加"按钮，如图 5-37 所示。

图 5-37　添加系统权限

（5）在弹出的"为用户添加系统权限"窗口的"搜索"下拉列表中选择"internal(internal-zuthz)"，单击 GO 按钮查找内部域中的用户。在查找结果中，选中用户 user1 和 user2，在"要分配的角色"下拉列表中选择 PowerUserrole，如图 5-38 所示。

图 5-38　为用户添加 PowerUserRole 角色

（6）单击"确定"按钮，完成用户 PowerUserRole 角色的添加，如图 5-39 所示。

图 5-39　成功为用户添加角色

（7）在 ISO 镜像所在的存储域中为用户添加 DiskOperator 权限。在左侧导航栏中选择"存储"→"域"，进入存储域列表页面，如图 5-40 所示。

图 5-40　打开存储域列表

（8）单击 iso_nfs 域的名字，进入详细页面，如图 5-41 所示。

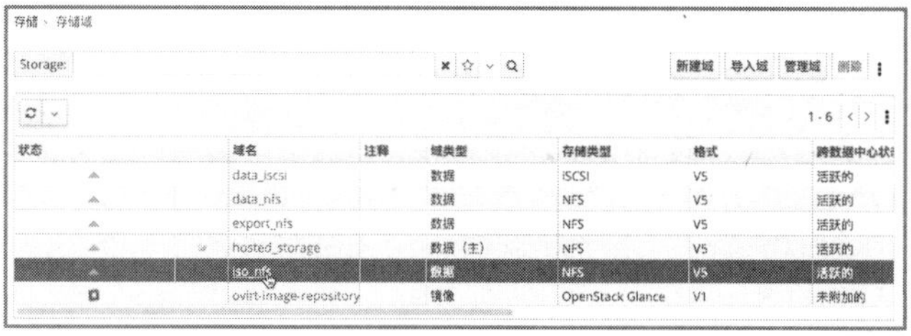

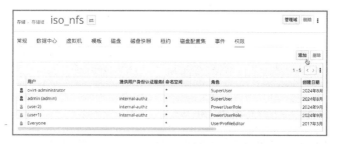

图 5-41　单击域的名称进入存储域详细页面

（9）在"权限"选项卡下方可以看到当前存储域的用户角色授权列表。如图 5-42 所示，单击右上角的"添加"按钮，打开"为用户添加权限"窗口。

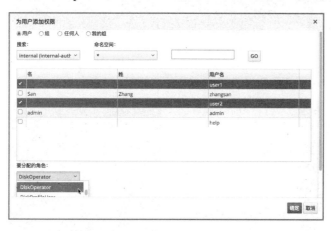

图 5-42　为 iso_nfs 添加新的用户权限

（10）在"为用户添加权限"窗口中单击 GO 按钮，在搜索结果中选择 user1 和 user2，并在"要分配的角色"中选择 DiskOperator，如图 5-43 所示，单击"确定"按钮完成权限的添加。

图 5-43　为 user1 和 user2 添加 DiskOperator 权限

（11）如图 5-44 所示，可以在权限列表中确认 DiskOperator 权限已经添加成功。

图 5-44　确认用户权限添加成功

5.2.6.4　通过虚拟机门户管理虚拟机

前面已在管理门户中添加了 user1 和 user2 用户，并配置了其创建和使用虚拟机的权限。下面将通过示例说明如何使用普通用户管理虚拟机，具体步骤如下。

（1）打开 oVirt 管理主页，单击"虚拟机门户"链接，如图 5-45 所示。

图 5-45　进入虚拟机门户

（2）输入"用户名"及"密码"，单击"登录"按钮，这里使用 user1 登录，如图 5-46 所示。

（3）登录后会看到在当前的普通用户下没有任何虚拟机，此时可单击右上角的"创建虚拟机"按钮创建虚拟机（创建步骤可参考 6.1.2 节），如图 5-47 所示。

图 5-47　创建虚拟机

（4）查看虚拟机是否创建成功，如图 5-52 所示。

图 5-48　查看虚拟机

（5）使用 user2 用户登录虚拟机门户，可以看到 user2 名下的虚拟机列表为空，这表明每个用户只能查看和使用自己创建的虚拟机，用户之间实现了资源隔离，如图 5-49 所示。

图 5-49　user2 用户无法看到其他用户创建的虚拟机

第 6 章 企业实践及案例

人们在企业的长期实践中总结出一套有效的 IT 基础设施管理经验。通过虚拟机门户的使用，用户可以快速创建、管理和监控虚拟机，实现资源的灵活分配。通过模板创建虚拟机简化了虚拟机的部署流程，确保了配置的一致性，减少了人为错误。精细化的用户权限控制保证了系统的安全性，不同用户根据其角色获得不同的权限，从而确保操作权限的合理分配。通过与配额相结合可确保用户或部门的资源分配符合业务需求，防止资源滥用或超配，从而确保系统的稳定性和效率。

下面从虚拟机门户管理实践、模板管理实践、用户权限实践、配额管理实践四个方面介绍一些使用技巧。

6.1 虚拟机门户管理实践

oVirt 虚拟机门户是 oVirt 管理平台的关键组件，专为企业成员和非管理员用户设计，方便他们轻松地管理和操作虚拟机，虚拟机门户的管理界面简洁直观，操作便捷，用户无须具备较高的技术知识即可轻松使用。

在虚拟机门户中，用户可以对虚拟机执行多种基本操作，如创建、删除、启动、停止、重启。还可以通过编辑虚拟机功能调整虚拟机的资源配置,从而满足不同的工作负载需求。此外,用户还可以创建新的虚拟机或删除不再需要的虚拟机。

虚拟机门户还提供了虚拟磁盘和网络接口管理功能。用户可以通过添加、移除或调整虚拟磁盘和网络接口来灵活地管理虚拟机的存储和网络资源。

快照管理也是虚拟机门户的另一个重要功能。用户可以创建虚拟机的快照,并在需要时将虚拟机恢复到之前的状态。这对测试和开发环境而言尤为重要,因为用户可以在不影响生产环境的情况下进行各种操作和实验。

6.1.1 登录到虚拟机门户

在网页浏览器中输入 oVirt 管理地址,按回车键进入欢迎页面,从下拉列表中选择所需语言,这里选择"中文(简体)",如图 6-1 所示,单击"虚拟机门户"链接,进入虚拟机门户。

图 6-1　进入虚拟机门户

在登录页面中输入用户名及密码,单击"登录"按钮,这里使用用户名 user1(其权限配置请参考 5.2.6 节)登录,如图 6-2 所示。

图 6-2　登录虚拟机门户

用户通过验证后将会进入虚拟机门户,这里可以看到当前用户的虚拟机列表,如图 6-3 所示。在门户页面中,用户可以创建虚拟机,也可以使用搜索框过滤虚拟机。在下面的虚拟机窗口会显示虚拟机的操作系统图标、名称、运行状态和管理选项。当虚拟机处于关闭状态时，在管理选项中会显示"运行"；当虚拟机处于运行状态时，在管理选项中会显示首选的控制台；单击下拉列表后会显示 VNC 控制台、SPICE 控制台、挂起、关闭、重启、远程桌面（仅限于 Windows 操作系统）等选项。

图 6-3　虚拟机列表

用户单击页面右上角的用户名，并从下拉列表中选择"退出"选项。系统会立即终止当前用户会话，并返回登录页面。

6.1.2　创建虚拟机和使用虚拟机控制台

在 oVirt 中创建虚拟机需要单击工具栏的"创建虚拟机"按钮，如图 6-4 所示。

图 6-4　创建虚拟机

在"创建虚拟机"窗口的"基本设置"中输入虚拟机名称、描述、集群、置备源、操作系统、内存、虚拟 CPU 的总数等配置信息，并根据需要选择是否使用 Cloud-Init/Sysprep 功能，之后单击"下一步"按钮，如图 6-5 所示。

在"网络"的配置页面中可以创建并配置网络接口信息，可单击"创建 NIC"按钮为虚拟机添加网络接口，如图 6-6 所示。

图 6-5　配置虚拟机基本属性　　　　　图 6-6　为虚拟机添加网络接口

如图 6-7 所示,在"存储"的配置页面中,可以为虚拟机添加虚拟磁盘,其中磁盘类型可以选择"Thin Provision"(精简配置)或者"预分配"。Thin Provision 磁盘在创建时只占用实际使用的存储空间,它能随数据的增加而动态扩展,从而节省存储资源。预分配(Preallocated)磁盘则在创建时即分配全部指定的存储空间,提供更稳定的性能,但会占用更多的存储资源。用户可以根据实际的应用场景选择适当的磁盘类型。

在"查看"的配置页面中查看虚拟机概述,确认无误后单击"创建虚拟机"按钮,执行创建虚拟机操作,如图 6-8 所示。

图 6-7　设置虚拟机存储　　　　　图 6-8　确认虚拟机配置

虚拟机列表页面提供了虚拟机运行情况的概览，包括虚拟机的名称、操作系统类型、虚拟机的状态（例如"运行中"、Off 或"挂起的"）等信息。通过这些信息，用户可以快速了解虚拟机的基本情况和状态，从而有效地管理虚拟机。此外，虚拟机列表页面还包含一个描述字段，管理员或所有者可以在其中输入关于虚拟机用途或其他相关信息的详细描述。通过这些信息，用户可以快速了解虚拟机的基本情况和当前状态，从而进行有效的管理和操作。在虚拟机列表中找到刚刚创建的虚拟机并单击"运行"按钮，启动选中的虚拟机，如图 6-9 所示。

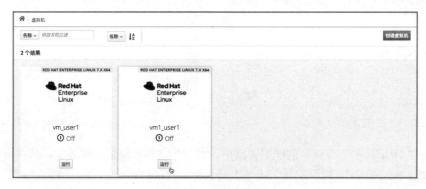

图 6-9　启动虚拟机

虚拟机进入"运行中"状态后，可以在虚拟机窗口的下拉列表中选择"SPICE 控状台"下载 Virt-Viewer 并连接文件。之后，通过 Remote Viewer 程序打开该文件，对虚拟机进行控制操作，如图 6-10 和图 6-11 所示。

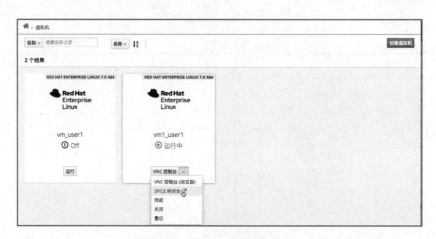

图 6-10　打开 SPICE 控状台

第 6 章 企业实践及案例

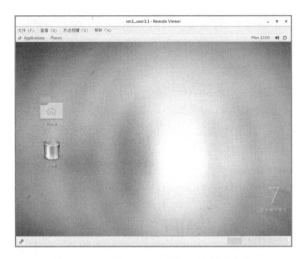

图 6-11 通过 Remote View 控制虚拟机

6.1.3 查看虚拟机

单击虚拟机窗口中的虚拟机名称，可以查看虚拟机的详细信息，如图 6-12 所示。

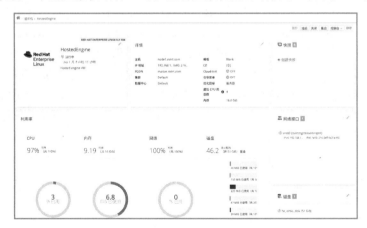

图 6-12 虚拟机的详细信息

在图 6-12 中，"详情"选择卡提供了全面的虚拟机配置和状态概览，能够确保管理员和用户准确地了解和管理虚拟机，具体包含以下关键信息。

- 主机：显示虚拟机所在的物理主机，帮助用户了解虚拟机的物理资源位置。
- IP 地址：显示虚拟机的网络地址（包括 IPv4 和 IPv6），便于网络管理和连接。

• 209 •

- FQDN（完全限定域名）：显示虚拟机的完整域名，需在虚拟机上安装客户机代理以检索此值，确保网络中设备的唯一标识。
- 集群：显示虚拟机所在的集群。
- 数据中心：显示虚拟机所在的数据中心，便于大规模环境下的资源管理和分配。
- 模板：显示用于创建虚拟机的模板，有助于标准化虚拟机配置和快速部署。
- CD：显示当前连接的光盘映像，通常用于操作系统安装或软件部署。
- Cloud-Init（Windows 类型的虚拟机显示为 Sysprep）状态：指示 Cloud-Init 或 Sysprep 的启用状态（开/关），用于虚拟机初始化和配置管理。
- 引导菜单状态：指示虚拟机引导菜单的启用状态（开/关），帮助用户在启动过程中选择启动选项。
- 优化目标：指示虚拟机的优化配置，如桌面、服务器或高性能，帮助调整资源以满足不同的应用需求。
- 虚拟 CPU 的总数：显示分配给虚拟机的 CPU 核心数量。
- 内存：显示分配给虚拟机的内存空间。

在图 6-12 中，"利用率"选项卡展示了图表，帮助管理员和用户监控虚拟机的性能和资源使用情况。这些图表提供了 CPU、内存、网络和磁盘使用情况的实时统计信息，仅在虚拟机运行时显示具体数值。

- CPU：展示虚拟机使用的 CPU 资源的百分比。帮助用户了解虚拟机的计算资源需求和负载情况。通过图表可以实时监控 CPU 的使用情况，识别高负载时段，并进行必要的调整，如增加虚拟 CPU 的数量或优化应用程序性能。
- 内存：显示虚拟机内存使用情况，帮助用户分配适当的内存资源以支持应用程序运行。
- 网络：展示虚拟机的网络流量，包括传入和传出数据量。帮助用户了解虚拟机的网络负载，确保网络连接的稳定性和效率。通过图表可实时监控网络的使用情况，识别网络高峰期，从而进行流量管理和优化网络性能。
- 磁盘：显示磁盘的容量信息，在虚拟机上安装客户机代理程序后可以提供更详细和准确的资源使用数据，比如划分的分区数量，以及文件系统的空间使用量等。

在图 6-12 中，"快照"窗格展示了已保存的快照列表，提供了虚拟机在特定时间点的完整状态记录。通过这些快照，管理员和用户可以将虚拟机快速恢复到之前的状态，便于系统恢复和测试环境管理。每个快照都有创建时间和描述信息，这些信息可以帮助用户识别和管理多个快照。

在图 6-12 中，"网络接口"选项卡展示了为虚拟机定义的所有网络接口列表。通过查看这些网络接口，管理员和用户可以了解每个接口的配置和状态，包括 IP 地址、MAC 地址、连接的虚拟网络等信息。这项功能使得管理和优化虚拟机的网络连接更加便捷和直观，从而确保网络资源的有效利用和通信的顺畅。

在图 6-12 中,"磁盘"选项卡展示了为虚拟机定义的所有磁盘列表。通过查看这些磁盘,管理员和用户可以了解每个磁盘的配置和状态,包括磁盘大小、类型、存储域、磁盘类型等详细信息。这项功能便于管理和优化虚拟机的存储资源,从而确保数据存储的有效性和性能。

6.1.4 删除虚拟机

登录 oVirt 虚拟机门户,在虚拟机列表中单击虚拟机的名称进入虚拟机详情页(需要保证虚拟机处于 Off 状态),单击右上角的"删除"按钮删除虚拟机,如图 6-13 所示。

图 6-13 删除虚拟机

6.1.5 编辑虚拟机

登录 oVirt 虚拟机门户,在虚拟机列表中单击虚拟机的名称进入虚拟机详情页。之后在"虚拟机"窗口中单击 ✏️(编辑)图标,可以对虚拟机的名称、配置、快照、网络接口、磁盘等信息进行修改,如图 6-14 所示。

图 6-14 编辑虚拟机名称等信息

- 虚拟机名称：名称字段用于标识虚拟机，使其在虚拟机列表中易于识别和管理。只能包含大写字母、小写字母、数字、下画线、连字符或句点，不允许使用特殊字符和空格。
- 虚拟机描述（可选）：描述字段用于提供虚拟机的额外信息，如用途、配置细节或其他相关说明，帮助用户和管理员更好地管理和识别虚拟机。

管理员和用户可以根据需要调整虚拟机的配置和资源分配，在"详情"选项卡中修改虚拟机的基本配置，如图 6-15 所示。

图 6-15　在"详情"选项卡中修改虚拟机的基本配置

- CD：选择 ISO 文件，该文件在操作系统内可作为 CD 进行访问。这一功能通常用于安装操作系统或加载其他软件的安装镜像，要在虚拟机处于"运行中"状态时使用。
- 虚拟 CPU 的总数：配置可用于虚拟机的虚拟 CPU 数量，根据应用需求调整 CPU 数量，以满足不同的性能要求。
- 内存：配置虚拟机可用的虚拟内存。确保虚拟机有足够的内存运行应用程序，并根据需要进行调整。

在"详情"选项卡中展开高级选项，各选项说明如下。

- 操作系统：此虚拟机的操作系统类型。根据虚拟机已安装的操作系统选择合适的类型，以确保兼容性和性能。
- 引导菜单：当设置为 ON 时，虚拟机被启动后控制台会展示引导菜单，可选择操作系统引导设备。这对于需要从不同设备引导或多重引导的环境非常有用。
- 启动顺序：配置引导顺序确保虚拟机从正确的设备启动，便于系统维护和故障排除。可以设置虚拟机的第一个启动设备和第二个启动设备。
- VCPU 拓扑：合理配置 VCPU 拓扑是优化虚拟机性能和资源利用的重要手段。通过配置适当的插槽、核心和线程数量，管理员可以确保虚拟机高效利用物理主机的 CPU 资源，满足不同应用程序的性能需求。

如图 6-16 所示，可以在"快照"窗口中管理虚拟机快照。

图 6-16　在"快照"窗口中管理虚拟机快照

- 创建快照：单击"创建快照"按钮可以为当前虚拟机创建快照。如果虚拟机处于运行状态，那么在创建新快照窗口可以选择"保存内存"选项。保存虚拟机的当前运行状态，包括所有正在处理的数据和应用程序的状态。这样，当从该快照恢复时，虚拟机能够恢复到创建快照时的精确状态，继续执行原来的任务和进程。这对于在进行系统更新、应用程序安装或配置更改前确保快速恢复到先前状态非常有用，有助于减少停机时间和避免数据丢失。
- 管理快照：单击 ❶（详情）图标、▶（恢复）图标或 🗑（删除）图标来查看快照、恢复快照或删除快照。

如图 6-17 所示，"网络接口"窗口中显示了此虚拟机定义的所有网络接口列表，用户可以创建、编辑、删除虚拟机的网络。

图 6-17　在"网络接口"窗口中管理虚拟机网络

- 创建 NIC：单击 ✚（创建）图标，在弹出的"新建"窗口中创建新的网络接口。
- 管理网络接口：单击 ✏（编辑）图标或 🗑（删除）图标来编辑或删除网络接口。允许用户根据需要调整网络配置，以确保虚拟机的网络连接符合要求。

"磁盘"窗口显示了此虚拟机已经分配的磁盘列表，用户可以创建、编辑、删除虚拟机磁盘，如图 6-18 所示。

图 6-18　在"磁盘"窗口中管理虚拟机磁盘

- 创建磁盘：单击➕（创建）图标，在弹出的"创建新磁盘"窗口中创建磁盘，允许用户为虚拟机添加额外的存储，以满足数据和应用的存储需求。
- 管理磁盘：单击✏（编辑）图标或🗑（删除）图标来编辑或删除磁盘，这使用户能够灵活地管理虚拟机的存储资源。

6.2　模板管理实践

管理员在创建虚拟机模板时，可以通过设置网络 DHCP 来分配和预配置常用软件，以及使用高速系统盘来提高模板的使用体验，下面对这些方法展开说明。

- 在 5.1 节中已经介绍了如何通过 oVirt 配置内网，这个网络具备 DHCP 服务。管理员在创建模板时优先使用 DHCP 进行 IP 地址分配，无须手动配置 IP，这种方式可以降低网络管理成本。
- 管理员在创建虚拟机模板时，通过预安装常用的软件和工具、优化系统设置、预配置用户和权限，可以显著提升模板的易用性。预安装常用软件和工具的做法可以减少每次创建虚拟机后的安装步骤，并且可以统一组织内部的生产工具和系统环境，优化系统设置可以确保虚拟机设置更适合业务场景的需求，而预配置用户和权限则可以确保新创建的虚拟机符合组织的安全和管理规范。
- 管理员在创建虚拟机模板时，应尽量使用高速磁盘（如支持 NVMe 接口协议的固态硬盘），并尽可能减少系统磁盘大小，因为高速磁盘可以加快虚拟机的部署和启动速度，且最小的系统磁盘可以减少模板的存储空间需求，减少创建虚拟机时复制磁盘的数据总量，提升存储资源的利用效率，缩减创建虚拟机时的用户等待时间。

除上面的基本优化思路外，管理员在创建虚拟机模板时还可以通过 Cloud-Init 对新的虚拟机完成自动化配置，下面对 Cloud-Init 的功能进行说明。

6.2.1 创建带有 Cloud-Init 工具的模板

Cloud-Init 是一个用于自动化虚拟机初始配置的工具。它广泛用于虚拟机和云环境中的实例初始化，允许用户在虚拟机首次启动时自动执行一系列配置任务，简化了虚拟机的部署和管理流程。

在 oVirt 的模板中使用 Cloud-Init 时，先为源 Linux 虚拟机安装 Cloud-Init 包，再将其封装为模板，具体步骤如下。

（1）登录 oVirt 管理门户。

（2）在左侧导航栏中选择"计算"→"虚拟机"。

（3）找到需要封装为模板的源虚拟机，并启动此虚拟机，如图 6-19 所示。

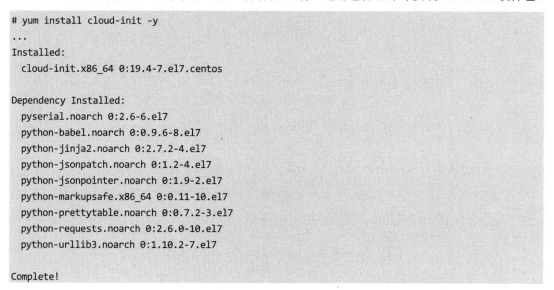

图 6-19　启动源虚拟机

（4）打开虚拟机进入虚拟机控制台，并打开终端，通过包管理命令安装 Cloud-Init 软件包。

```
# yum install cloud-init -y
...
Installed:
  cloud-init.x86_64 0:19.4-7.el7.centos

Dependency Installed:
  pyserial.noarch 0:2.6-6.el7
  python-babel.noarch 0:0.9.6-8.el7
  python-jinja2.noarch 0:2.7.2-4.el7
  python-jsonpatch.noarch 0:1.2-4.el7
  python-jsonpointer.noarch 0:1.9-2.el7
  python-markupsafe.x86_64 0:0.11-10.el7
  python-prettytable.noarch 0:0.7.2-3.el7
  python-requests.noarch 0:2.6.0-10.el7
  python-urllib3.noarch 0:1.10.2-7.el7

Complete!
```

（5）关闭虚拟机，并基于它创建新的模板，如图 6-20 和图 2-21 所示。

图 6-20　创建模板

（6）设置模板的名称等属性，选择"封装模板（只适用于 Linux）"复选框，单击"确定"按钮完成模板的创建，如图 6-21 所示。

图 6-21　设置模板的名称等属性

6.2.2　创建虚拟机时选择 Cloud-Init 选项

管理员在创建虚拟机时可以通过 Cloud-Init 选项自动化配置虚拟机的主机名、网络、用户和密码、时区和本地化语言等，并且 Cloud-Init 还可以自动执行一些自动化脚本，这极大地简化了虚拟机的部署和配置流程。

下面介绍如何通过 Cloud-Init 为新创建的虚拟机自动配置密码和网络。

（1）登录 oVirt 管理门户。

（2）在左侧导航栏中选择"计算"→"虚拟机"，单击"新建"按钮。

（3）在"新建虚拟机"窗口的"普通"选项卡的模板中选择"CentOS7.9_cloud_init"，并为虚拟机设置名称，如图 6-22 所示。

图 6-22　使用 CentOS7.9_cloud_init 模板创建虚拟机

（4）在"新建虚拟机"的"初始运行"窗口中勾选 Cloud-Init 复选框，打开 Cloud-Init 配置项，可以在"虚拟机主机名"的输入框中为虚拟机设置主机名称，如图 6-23 所示。

图 6-23　Cloud-Init 配置项

（5）勾选"配置时区"复选框，并从时区下拉列表中选择一个时区。

（6）单击"验证"左侧的展开按钮，展开用户验证内容，可以为 root 用户重新配置密码，如图 6-24 所示。

- 勾选"使用已经配置的密码"复选框以使用现有凭据，或取消勾选该复选框并在密码及验证密码文本框中输入新的 root 密码。
- 在"SSH 授权密钥"文本区域中输入要添加到虚拟机的授权主机文件中的任何 SSH 密钥。
- 勾选"重新生成 SSH 密钥"复选框，为虚拟机重新生成 SSH 密钥。

图 6-24　用户验证配置项

（7）展开网络部分，如图 6-25 所示。

- 在"DNS 服务器"文本框中输入自定义 DNS 服务器。
- 在"DNS 搜索域"文本框中输入自定义 DNS 搜索域。
- 勾选"In-guest 网络接口"复选框，并使用"+"按钮和"－"按钮来新增或移除网络接口。
- 勾选"In-guest 网络接口"后，可以在首次启动后自动为系统添加网络配置。必须指定正确的网络接口名称（例如 eth0、eno3、enp0s），否则网络配置不会生效。

第 6 章 企业实践及案例

图 6-25 In-guest 网络接口配置项

（8）展开"自定义脚本"选项，在文本区域中输入自定义脚本。

（9）单击"确定"按钮完成虚拟机的创建。

（10）启动新创建的虚拟机，在启动过程中可以看到用户的密码已经被重置，并且网络的 IP 地址也会被设置为用户自定义的值。

6.3 用户权限实践

在大多数场景中，用户希望仅看到自己创建的虚拟机，并且只有自己能够操作这些虚拟机。不同账户之间进行虚拟机隔离，这样有多个好处。

（1）增强安全性：确保用户只能访问和管理自己的虚拟机，防止未经授权的操作和数据泄露。

（2）提高管理效率：简化权限管理，避免因为权限设置复杂而产生管理错误。

（3）保护隐私：防止用户之间的操作互相干扰，保护用户的虚拟机配置和数据隐私。

（4）减少风险：降低误操作的风险，避免用户对他人的虚拟机进行意外更改或删除。

下面通过用户组来统一管理权限，与直接操作每一位用户权限相比，这样可以提高权限管理的效率，具体优势如下。

（1）简化权限管理：利用用户组可以为组内所有用户一次性分配相同的权限，避免逐个用户设置权限的烦琐操作，提高管理效率。

（2）一致性和规范化：用户组确保权限设置的一致性，所有组内成员拥有相同的访问权限，减少了权限设置的差异和错误。

（3）易于维护：当需要调整权限时，只需修改用户组的权限设置，所有组内成员的权限将自动更新，简化了维护工作。

（4）灵活性和可扩展性：用户可以灵活地加入或退出用户组，通过调整组成员即可动态管理权限，适应组织结构的变化和扩展。

（5）提高安全性：管理员通过用户组管理权限，能够更清晰地控制和审计权限分配，防止权限滥用，增强系统的安全性。

（6）支持角色分离：用户组有助于实现角色分离，不同的用户组可以对应不同的角色和职责，确保每个用户只拥有其工作所需的最小权限。

注意：用户是指可以登录系统并使用系统资源的个体，用户组是一组用户的集合，用户（组）是对用户和用户组两者的统称。

下面介绍如何通过用户组简化权限的分配，并在虚拟机门户中实现组内不同用户间虚拟机的隔离。表 6-1 对操作过程中涉及的用户和用户组的权限进行了规划和说明。

表 6-1　用户和用户组的权限规划

项 目	值	说 明
用户 1	dev_emp1	研发部的员工 1，属于 g_dev 组
用户 2	dev_emp2	研发部的员工 2，属于 g_dev 组
组	g_dev	研发部或研发团队小组
存储域资源 1	iso_nfs	g_dev 组有使用权限
存储域资源 2	data_iscsi	g_dev 组有使用权限
存储域资源 3	data_nfs	g_dev 组无使用权限
权限 1	DiskProfileUser	允许创建虚拟磁盘
权限 2	DiskOperator	允许使用 ISO 镜像文件
权限 3	VmCreator	可以在虚拟机门户中创建虚拟机

在内部域中添加用户和用户组的具体步骤如下。

（1）通过 ssh 命令登录管理器引擎节点，在内部域中创建本地用户 dev_emp1 和 dev_emp2。

```
# 通过 ssh 命令登录管理器引擎节点(master)
[root@client ~]# ssh root@master.ovirt.com

# 添加用户 dev_emp1
```

```
[root@master ~]# ovirt-aaa-jdbc-tool user add dev_emp1 --account-valid-from="2024-09-15 00:00:00+08"
--account-valid-to="2025-09-15 00:00:00+08"
adding user dev_emp1...
user added successfully
Note: by default created user cannot log in. see:
/usr/bin/ovirt-aaa-jdbc-tool user password-reset --help

# 添加用户 dev_emp2
[root@master ~]# ovirt-aaa-jdbc-tool user add dev_emp2 --account-valid-from="2024-09-15 00:00:00+08"
--account-valid-to="2025-09-15 00:00:00+08"
adding user dev_emp2...
user added successfully
Note: by default created user cannot log in. see:
/usr/bin/ovirt-aaa-jdbc-tool user password-reset --help

# 为用户 dev_emp1 设置密码
[root@master ~]# ovirt-aaa-jdbc-tool user password-reset dev_emp1 --password-valid-to="2025-09-15 00:00:00+08"
Picked up JAVA_TOOL_OPTIONS: -Dcom.redhat.fips=false
Password:
Reenter password:
updating user dev_emp1...
user updated successfully

# 为用户 dev_emp2 设置密码
[root@master ~]# ovirt-aaa-jdbc-tool user password-reset dev_emp2 --password-valid-to="2025-09-15 00:00:00+08"
Picked up JAVA_TOOL_OPTIONS: -Dcom.redhat.fips=false
Password:
Reenter password:
updating user dev_emp2...
user updated successfully
```

（2）在内部域中创建本地用户组 g_dev，并将 dev_emp1 和 dev_emp2 添加到 g_dev 中。

```
# 创建用户组 g_dev
[root@master ~]# ovirt-aaa-jdbc-tool group add g_dev
Picked up JAVA_TOOL_OPTIONS: -Dcom.redhat.fips=false
adding group g_dev...
group added successfully

# 将用户 dev_emp1 添加到用户组 g_dev 中
[root@master ~]# ovirt-aaa-jdbc-tool group-manage useradd g_dev --user=dev_emp1
Picked up JAVA_TOOL_OPTIONS: -Dcom.redhat.fips=false
```

```
updating user g_dev...
user updated successfully

# 将用户 dev_emp2 添加到用户组 g_dev 中
[root@master ~]# ovirt-aaa-jdbc-tool group-manage useradd g_dev --user=dev_emp2
Picked up JAVA_TOOL_OPTIONS: -Dcom.redhat.fips=false
updating user g_dev...
user updated successfully
```

在内部域中完成用户和（组）的添加后，还需要在管理门户中为用户组分配相关权限，下面是配置权限的具体步骤。

（1）登录 oVirt 管理门户。

（2）在左侧导航栏中选择"管理"→"配置"，打开配置窗口，如图 6-26 所示。

图 6-26　打开配置窗口

（3）在配置窗口中选择"系统权限"选项卡，并且单击"添加"按钮添加新的系统权限，如图 6-27 所示。

图 6-27　添加新的系统权限

（4）在弹出的"为用户添加系统权限"窗口中搜索所有的组，选中名称为"g_dev"的用户组，为其分配 VmCreator 角色，单击"确定"按钮完成添加，如图 6-28 所示。

第 6 章　企业实践及案例

图 6-28　为用户组添加 VmCreator 角色

（5）在"存储"->"存储域"的对象 data_iscsi 窗口中单击"添加"按钮，为用户组 g_dev 添加 DiskProfileUser 权限，如图 6-29 和图 6-30 所示。

图 6-29　单击"添加"按钮

图 6-30　在 data_iscsi 对象上为用户组 g_dev 添加 DiskProfileUser 权限

• 223 •

（6）按同样的步骤，在"存储"→"存储域"的对象 iso_nfs 窗口中单击"添加"按钮，为用户组 g_dev 添加 DiskProfileUser 权限和 DiskOperator 权限，如图 6-31、图 6-32（a）和图 6-32（b）所示。

图 6-31　单击"添加"按钮

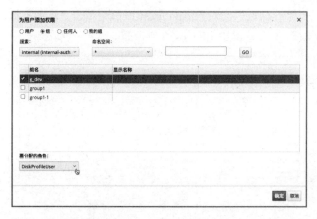

图 6-32（a）　在 iso_nfs 对象上为用户组 g_dev 添加 DiskProfileUser 权限

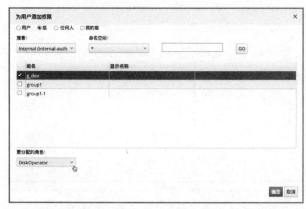

图 6-32（b）　在 iso_nfs 对象上为用户组 g_dev 添加 DiskOperator 权限

（7）使用 dev_emp1 用户登录虚拟机门户，在"创建虚拟机"→"基本设置"→"CD"下拉列表中选择 ISO 镜像文件，如图 6-33 所示。

图 6-33　选择 ISO 镜像文件

（8）可以在"创建虚拟机"→"存储"→"存储域"中添加虚拟磁盘，如图 6-34 所示。

图 6-34　添加虚拟磁盘

（9）查看虚拟机列表，可以看到虚拟机 dev_emp1_vm1 已经创建成功，如图 6-35 所示。

图 6-35　用户 dev_emp1 下的虚拟机列表

（10）使用 dev_emp2 登录虚拟机门户，可以看到虚拟机列表为空。这说明不同用户之间的虚拟机的使用权限是独立的，互不相通，如图 6-36 所示。

图 6-36　用户 dev_emp2 下的虚拟机列表为空

提示：如果想要把 dev_emp1 的虚拟机分配给 dev_emp2 用户使用，那么可以在管理门户中的对应虚拟机的权限列表中为 dev_emp2 用户添加 UserVmManager 权限。

6.4　配额管理实践

oVirt 的配额管理功能允许管理员在数据中心级别控制和限制资源的使用，以确保公平分配和优化资源利用。通过配额管理，管理员可以在不同的用户或用户组之间设置虚拟机、CPU、内存和存储等资源的最大使用限制。这有助于防止单个用户或用户组占用过多资源，确保系统的整体性能和稳定性。配额管理还提供了详细的使用报告和监控功能，使管理员能够实时了解资源使用情况，并根据需要进行调整和优化。

接下来将创建一个名为 "quota1" 的新配额策略，并对 CPU、内存、存储等资源进行相应的限制，具体配置项如表 6-2 所示。

表 6-2　配额配置项

项　目	值	说　明
名称	quota1	-
描述	-	限制 CPU、内存和磁盘的使用总量
数据中心	Default	配额所属的数据中心
集群名	Default	配额所属的集群
内存	32768	单位 MB
vCPU	16	总共可使用的 CPU 核心数量
存储域	特定存储域	只能够使用特定的存储域
data_iscsi 存储域	0GiB/无限	不设限制
data_nfs 存储域	100GiB	限制最多使用 100GB

为数据中心启动配额功能的具体步骤如下。

（1）登录 oVirt 管理门户。

（2）使用管理员账户登录"管理门户"。

（3）在左侧的导航栏中选择"计算"→"数据中心"，打开"数据中心"列表。如图 6-37 所示。

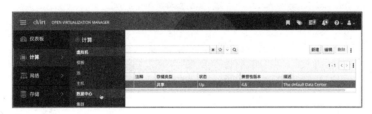

图 6-37　数据中心列表

（4）在菜单栏中单击"编辑"按钮，在弹出的"编辑数据中心"窗口中将数据中心的"配额模式"设置为"强制的"，单击"确定"按钮，启用该数据中心的配额功能，如图 6-38 所示。

（5）在左侧的导航栏中选择"管理"→"配额"，在右侧的窗口中可以看到系统中已有的配额信息，如图 6-39 所示。

（6）单击"添加"按钮，打开"新建配额"窗口，并按表 6-2 的规划完成内存、CPU、存储选项的配置，单击"确定"按钮，如图 6-40 所示。

图 6-38　设置"强制的"配额模式

图 6-39　配额信息

图 6-40　新建配额

(7)确认 quota1 配额策略添加成功,如图 6-41 所示。

图 6-41　确认 quota1 配额策略添加成功

(8)单击 quota1 进入详情页,选择"消费者"选项卡,在菜单栏右侧单击"添加"按钮,如图 6-42 所示。

图 6-42　查看配额消费者

(9)在"为用户和组分配配额"窗口中查找到 g_dev 用户组,单击"确定"按钮,如图 6-43 所示。

图 6-43　查找并添加用户组

(10)在消费者列表中可以看到新添加的用户组,如图 6-44 所示。

图 6-44　确认用户添加成功

(11)在虚拟机门户中登录 dev_emp1 用户(属于 g-dev 用户组),在创建虚拟机时,如果分配的资源(内存或磁盘)超出配额限制就会出现错误提示,报错信息如下:

启动虚拟机失败[无法运行 VM。配额没有足够的集群资源。]
或者
CREATE_DESK_FOR_VM 失败[无法 添加 虚拟磁盘,配额没有足够的存储资源。]

第 7 章 更新及维护

在 oVirt 的使用过程中更新 oVirt 版本、备份与恢复 oVirt、更新 oVirt 证书都是确保系统安全性、稳定性和可靠性的重要环节。

定期执行更新操作可以修复已知漏洞、优化性能并添加新功能，保证虚拟化环境始终处于最佳状态。备份与恢复则是数据保护的关键手段，通过定期备份可以在系统故障或数据丢失时快速恢复，确保业务的连续性。更新证书则保障了系统的安全通信，防止数据在传输过程中被窃取或篡改。这些维护操作的综合实施不仅能降低系统风险，还能提高系统的长期可用性和安全性。

7.1 oVirt 更新

定期更新 oVirt 能够修复已知的安全漏洞和错误，提高系统的稳定性和性能，以及引入新的功能。oVirt 软件更新主要包括两个部分：更新管理器引擎节点和更新主机。

7.1.1 更新管理器引擎节点

更新管理器引擎节点的目的是确保管理平台始终运行在最新版本上,获得最新的功能、安全补丁,实现性能优化和 bug 修复,下面是更新管理器引擎节点的具体步骤。

(1)使用 oVirt 默认的更新源,在更新的过程中要确保与互联网的连接是畅通的。

(2)如果采用自托管引擎的部署方式,则需要将引擎置于全局维护模式。

```
[root@client ~]# ssh root@node1.ovirt.com
[root@node1 ~]# hosted-engine --set-maintenance --mode=global
```

(3)检查管理器引擎是否有更新的软件包。

```
[root@client ~]# ssh root@node1.ovirt.com
[root@master ~]# engine-upgrade-check
```

(4)更新安装包。

```
[root@master ~]# dnf update ovirt\*setup\*
```

(5)通过 engine-setup 脚本升级 oVirt 引擎,在此过程中 engine-setup 脚本会停止 ovirt-engine 服务、更新软件包、备份数据库、更新软件配置,并重启 ovirt-engine 服务。

```
[root@master ~]# engine-setup
```

(6)当更新完成后,会有以下提示。

```
Execution of setup completed successfully
```

(7)在完成 oVirt 引擎的升级后,还可以通过以下命令更新管理器引擎节点中的其他软件包。

```
[root@master ~]# yum update -nobest
```

(8)如果采用自托管引擎的部署方式,则在更新完成后还需要禁用全局维护模式。

```
# 登录到任意一个自托管引擎主机,禁用全局维护模式
[root@client ~]# ssh root@node1.ovirt.com
[root@node1 ~]# hosted-engine --set-maintenance --mode=none
# 当退出全局维护模式后,ovirt-ha-agent 会启动管理器虚拟机,之后管理器会自动运行,管理员可以通过 hosted-engine 命令确定 engine 主机正在运行
[root@node1 ~]# hosted-engine --vm-status
{"health": "good", "vm": "up", "detail": "Up"}
```

7.1.2　更新 oVirt 的所有主机

在 oVirt 中，可以在集群菜单中升级集群中的主机，具体步骤如下。
（1）登录 oVirt 管理门户。
（2）在左侧导航栏中选择"计算"→"集群"，打开集群列表，如图 7-1 所示。

图 7-1　集群列表

（3）选中需要升级的集群，并在菜单栏中单击"升级"按钮，如图 7-2 所示。

图 7-2　选中需要升级的集群

（4）在弹出的"升级集群 Default"窗口中选择需要升级的主机，单击"下一步"按钮，如图 7-3 所示。

图 7-3　选择需要升级的主机

（5）配置升级选项，如图 7-4 所示，默认选择"停止运行固定到主机上的虚拟机"选项，如果取消选择此选项，那么在升级过程中会跳过这些主机。

图 7-4　配置升级选项

（6）单击"下一步"按钮，检查受影响的主机和虚拟机摘要信息，如图 7-5 所示，确认无误后单击"升级"按钮，执行升级操作。

图 7-5　执行升级操作

7.1.3 手动更新 oVirt 的主机

除了在集群列表中一次性升级所有主机，还可以在管理门户的主机列表中直接更新各个主机，具体步骤如下。

（1）登录 oVirt 管理门户。
（2）在左侧导航栏中选择"计算"→"主机"。
（3）选择要更新的主机，选择"安装"→"升级检查"，如图 7-6 所示。

图 7-6 升级检查

（4）执行完检查后，如果有可用的升级版本，那么主机前面会显示升级图标 并且提示"具有有效更新"。在菜单栏中选择"安装"→"升级"可执行升级操作，如图 7-7 所示。

图 7-7 升级主机

7.2 oVirt 的备份与恢复

engine-backup 是 oVirt 管理平台中的一个命令行工具，用于备份和恢复 oVirt Engine 数据。此工具能够对管理器引擎的数据库、配置文件和其他相关数据进行备份，确保系统在故障或迁移时能够快速恢复。

engine-backup 命令的工作模式有两种："engine-backup --mode=backup"和"engine-backup --mode=restore"。前者表示 engine-backup 运行于备份模式，它可以对 oVirt Engine 的数据库、证书、配置文件、扩展和其他必要数据进行完整的备份。后者表示 engine-backup 运行于恢复模式，它可以从之前创建的备份中恢复 oVirt Engine 的数据，适用于系统迁移、升级或灾难恢复。

engine-backup 命令在 oVirt 中用于备份和恢复管理器引擎的数据，其常用参数及说明如表 7-1 所示。

表 7-1 engine-backup 的常用参数及说明

选 项	说 明
--mode	用于指定命令是执行备份操作还是恢复操作。可用的选项有"backup"（默认）、"restore"和"verify"，在使用时必须指定其中一个选项
--file	在备份模式下指定保存的备份文件的路径和名称。 在恢复模式下指定读取备份文件的路径和名称。 默认路径为 /var/lib/ovirt-engine-backup/
--log	指定备份或者恢复过程中日志文件的保存路径。 默认路径为/var/log/ovirt-engine-backup/
--scope	指定备份或恢复操作的范围，有多个选项："all"表示备份或恢复所有的数据库数据和配置文件；"file"表示仅备份或恢复所有的配置文件；"db"表示仅备份 engine 数据库的数据；"dwhdb"表示仅备份数据仓库 ovirt_engine_history 的数据；"cinderlibdb"表示仅备份 Cinderlib 数据库；"grafanadb"表示仅备份 Grafana 数据库

表 7-2 中的数据库选项只能在 engine-backup 处于恢复模式时使用。

表 7-2 engine-backup 恢复模式下的数据库选项

选 项	说 明
--provision-db	在 PostgreSQL 中同步创建数据库实例，当 oVirt 的备份在一个全新的 PostgreSQL 中恢复时需要用到此选项。这个选项被使用时--restore-permissions 默认也会被使用
--provision-all-databases	同步刷新内存中的最新数据到备份归档文件中
--change-db-credentials	允许使用新的凭据来代替备份中的凭据
--restore-permissions 或--no-restore-permissions	是否恢复数据库用户的权限

7.2.1 使用 engine-backup 命令创建备份

我们可以使用 engine-backup 命令创建一个安全的备份文件，以便在需要时能够恢复整个 oVirt。备份时可以根据需求选择执行完整备份、仅备份 Engine 数据库或仅备份仓库数据库。除设置备份内容外，还可以通过修改配置文件在备份时添加自定义文件，从而实现更灵活的备份策略。为 oVirt 创建新备份的具体步骤如下。

（1）登录管理器引擎节点。

```
# 通过 ssh 命令登录管理器引擎节点(master)
[root@client ~]# ssh root@master.ovirt.com
```

（2）创建备份，在不指定任何参数的情况下，表默认会使用"--scope=all"和"--mode=backup"。

```
# 例一，生成完整备份
[root@master ~]# engine-backup
Start of engine-backup with mode 'backup'
scope: all
archive file: /var/lib/ovirt-engine-backup/ovirt-engine-backup-20240714173121.backup
log file: /var/log/ovirt-engine-backup/ovirt-engine-backup-20240714173121.log
Backing up:
Notifying engine
- Files
- Engine database 'engine'
- DWH database 'ovirt_engine_history'
- Grafana database '/var/lib/grafana/grafana.db'
Packing into file '/var/lib/ovirt-engine-backup/ovirt-engine-backup-20240714173121.backup'
Notifying engine
Done.

# 例二，生成 engine 数据库备份
[root@master ~]# engine-backup --scope=files --scope=db
Start of engine-backup with mode 'backup'
scope: files,db
archive file: /var/lib/ovirt-engine-backup/ovirt-engine-backup-20240714173356.backup
log file: /var/log/ovirt-engine-backup/ovirt-engine-backup-20240714173356.log
Backing up:
Notifying engine
- Files
- Engine database 'engine'
Packing into file '/var/lib/ovirt-engine-backup/ovirt-engine-backup-20240714173356.backup'
Notifying engine
Done.

# 例三，生成数据仓库数据库的备份
[root@master ~]# engine-backup --scope=files --scope=dwhdb
Start of engine-backup with mode 'backup'
scope: files,dwhdb
archive file: /var/lib/ovirt-engine-backup/ovirt-engine-backup-20240714173441.backup
log file: /var/log/ovirt-engine-backup/ovirt-engine-backup-20240714173441.log
Backing up:
```

```
Notifying engine
- Files
- DWH database 'ovirt_engine_history'
Packing into file '/var/lib/ovirt-engine-backup/ovirt-engine-backup-20240714173441.backup'
Notifying engine
Done.

# 例四，在备份中添加特定文件
[root@master ~]# mkdir -p /etc/ovirt-engine-backup/engine-backup-config.d
# 在配置目录中创建新的配置文件 ntp-chrony.sh，并通过 cat 命令查看修改后的 ntp-chrony.sh 文件内容
[root@master ~]# cat /etc/ovirt-engine-backup/engine-backup-config.d/ntp-chrony.sh
BACKUP_PATHS="${BACKUP_PATHS}
/etc/chrony.conf
/etc/ntp.conf
/etc/ovirt-engine-backup"
# 在运行 engine-back 命令时，如果命令中包含配置文件选项，则备份中将会包含"/etc/chrony.conf""/etc/ntp.conf"
和 "/etc/ovirt-engine-backup"
[root@master ~]# engine-backup --scope=files
Start of engine-backup with mode 'backup'
scope: files
archive file: /var/lib/ovirt-engine-backup/ovirt-engine-backup-20240714173949.backup
log file: /var/log/ovirt-engine-backup/ovirt-engine-backup-20240714173949.log
Backing up:
Notifying engine
- Files
Packing into file '/var/lib/ovirt-engine-backup/ovirt-engine-backup-20240714173949.backup'
Notifying engine
Done.
```

7.2.2 使用 engine-back 命令恢复备份

使用 engine-backup 命令可以从之前创建的备份文件中恢复 oVirt 环境，包括引擎数据库、仓库数据库和相关配置文件。管理员可以通过该功能将系统恢复到备份时的状态，确保在发生故障或数据丢失时能够迅速恢复 oVirt 平台的正常运行。恢复操作支持完整恢复，也可以根据需求选择只恢复特定的数据库或文件。

7.2.2.1 从备份中创建新的自托管引擎

当 oVirt 由于无法修复的问题而导致自托管引擎不可用时，可以在新的自托管环境中使用之前可用的备份文件将其恢复。在备份恢复的过程中系统会自动创建新的管理器引擎，并将它存

储于新的自托管引擎存储域中。

在恢复时，首先创建一台新主机，然后在这台主机上运行 hosted-engine 脚本，安装程序会创建新的自托管引擎，并将这台主机添加到恢复后的集群环境中。当用户确认恢复无误后，可以手动删除旧的管理器引擎和旧的承域引擎的存储域。恢复备份的具体步骤如下。

（1）准备一台新的主机，并为它安装 oVirt Node 操作系统（可参考 2.5 节），这里为该主机配置的 IP 地址为 192.168.150.89，域名为 node3.ovirt.com，主机名为 node3。

```
# 查看 node3 主机的 IP 地址
[root@node3 ~]# ip a
1: lo: <LOOPBACK,UP,LOWER_UP> mtu 65536 qdisc noqueue state UNKNOWN group default qlen 1000
    link/loopback 00:00:00:00:00:00 brd 00:00:00:00:00:00
    inet 127.0.0.1/8 scope host lo
       valid_lft forever preferred_lft forever
    inet6 ::1/128 scope host
       valid_lft forever preferred_lft forever
2: enp1s0: <BROADCAST,MULTICAST,UP,LOWER_UP> mtu 1500 qdisc mq state UP group default qlen 1000
    link/ether 56:6f:10:aa:01:a5 brd ff:ff:ff:ff:ff:ff
    inet 192.168.150.89/24 brd 192.168.150.255 scope global noprefixroute enp1s0
       valid_lft forever preferred_lft forever
    inet6 fe80::546f:10ff:feaa:1a5/64 scope link noprefixroute
       valid_lft forever preferred_lft forever
3: virbr0: <NO-CARRIER,BROADCAST,MULTICAST,UP> mtu 1500 qdisc noqueue state DOWN group default qlen 1000
    link/ether 52:54:00:5b:db:89 brd ff:ff:ff:ff:ff:ff
    inet 192.168.122.1/24 brd 192.168.122.255 scope global virbr0
       valid_lft forever preferred_lft forever

# 配置本地域名解析
[root@node3 ~]# cat /etc/hosts
127.0.0.1     localhost localhost.localdomain localhost4 localhost4.localdomain4
::1           localhost localhost.localdomain localhost6 localhost6.localdomain6
192.168.150.100 master master.ovirt.com
192.168.150.89 node3 node3.ovirt.com
```

（2）配置 iSCSI 相关的存储域，并为新的主机添加访问权限。

```
# 为新的自托管主机设置 iqn 名称
[root@client ~]#ssh root@node3.ovirt.com
root@node3.ovirt.com's password:
Web console: https://localhost:9090/ or https://192.168.150.89:9090/
Last login: Fri Sep 20 23:54:29 2024 from 192.168.150.1
  node status: OK
  See `nodectl check` for more information
```

```
Admin Console: https://192.168.150.89:9090/
# 为node3主机设置iqn名称
[root@node3 ~]# echo 'InitiatorName=iqn.2024-05.com.ovirt:node3' > /etc/iscsi/initiatorname.iscsi
# 通过ssh命令登录存储器
[root@client ~]# ssh root@192.168.150.10
root@192.168.150.10's password:
Activate the web console with: systemctl enable --now cockpit.socket
Register this system with Red Hat Insights: insights-client --register
Create an account or view all your systems at https://red.ht/insi****-dashboard
Last login: Fri Sep 20 20:47:38 2024 from 192.168.150.1
# 将新的自托管主机的iqn添加到可访问列表中
[root@storage ~]# targetcli /iscsi/iqn.2024-05.com.ovirt:master/tpg1/acls create iqn.2024-05.com.ovirt:node3
# 保存以上配置
[root@storage ~]# targetcli saveconfig
# 确认配置无误
[root@storage ~]# targetcli ls /
o- / ............................................................................. [...]
  o- backstores .................................................................. [...]
  | o- block ..................................................... [Storage Objects: 1]
  | | o- block0 ......................... [/dev/sdb (300.0GiB) write-thru activated]
  | |   o- alua ...................................................... [ALUA Groups: 1]
  | |     o- default_tg_pt_gp ...................... [ALUA state: Active/optimized]
  | o- fileio .................................................... [Storage Objects: 0]
  | o- pscsi ..................................................... [Storage Objects: 0]
  | o- ramdisk ................................................... [Storage Objects: 0]
  o- iscsi ................................................................ [Targets: 1]
  | o- iqn.2024-05.com.ovirt:master .......................................... [TPGs: 1]
  |   o- tpg1 ................................................. [no-gen-acls, no-auth]
  |     o- acls .............................................................. [ACLs: 2]
  |     | o- iqn.2024-05.com.ovirt:node1 ............................. [Mapped LUNs: 1]
  |     | | o- mapped_lun0 ..................................... [lun0 block/block0 (rw)]
  |     | o- iqn.2024-05.com.ovirt:node2 ............................. [Mapped LUNs: 1]
  |     | | o- mapped_lun0 ..................................... [lun0 block/block0 (rw)]
  |     | o- iqn.2024-05.com.ovirt:node3 ............................. [Mapped LUNs: 1]
  |     |   o- mapped_lun0 ..................................... [lun0 block/block0 (rw)]
  |     o- luns .............................................................. [LUNs: 1]
  |     | o- lun0 ..................... [block/block0 (/dev/sdb) (default_tg_pt_gp)]
  |     o- portals ........................................................ [Portals: 1]
  |       o- 192.168.150.10:3260 ............................................... [OK]
  o- loopback ............................................................. [Targets: 0]
```

(3) 通过 SSH 命令登录 node3.ovirt.com，安装 ovirt-engine-appliance 软件包。

```
[root@host3 ~]# rpm -ivh ovirt-engine-appliance-4.4-20220308105414.1.el8.x86_64.rpm
```

(4) 运行 hosted-engine 命令从备份文件中恢复安装，使用 he_pause_before_engine_setup 参数，表示启动引擎虚拟机后不会立即部署管理引擎，而是先暂停，使得安装人员可以登录系统进行一些额外的配置。

```
# 使用 tmux 管理会话，以避免在网络或终端中断时会话断开，导致安装失败
[root@node3 /]# tmux
[root@node3 ~]# hosted-engine –deploy  --restore-from-file=/opt/ovirt-engine-backup-20240919004323.backup \
--ansible-extra-vars=he_pause_before_engine_setup=true
[ INFO  ] Stage: Initializing
[ INFO  ] Stage: Environment setup
          During customization use CTRL-D to abort.
          Continuing will configure this host for serving as hypervisor and will create a local VM with a running engine.
          The provided engine backup file will be restored there,
          it's strongly recommended to run this tool on an host that wasn't part of the environment going to be restored.
          If a reference to this host is already contained in the backup file, it will be filtered out at restore time.
          The locally running engine will be used to configure a new storage domain and create a VM there.
          At the end the disk of the local VM will be moved to the shared storage.
          The old hosted-engine storage domain will be renamed, after checking that everything is correctly working you can manually remove it.
          Other hosted-engine hosts have to be reinstalled from the engine to update their hosted-engine configuration.
          Are you sure you want to continue? (Yes, No)[Yes]:
```

(5) 配置当前主机的网关地址，如果显示的默认值正确，则可直接按回车键继续。

```
--== HOST NETWORK CONFIGURATION ==--
Please indicate the gateway IP address [192.168.150.1]:
```

(6) 脚本会检测可能的网卡接口作为网桥，用于 oVirt 主机间的管理通信。这里可输入接口名称并按回车键，或者直接按回车键使用默认值继续安装：

```
Please indicate a nic to set ovirtmgmt bridge on (enp6s0) [enp6s0]:
```

(7) 指定检查主机网络连通的判断方法：

```
Please indicate a nic to set ovirtmgmt bridge on (enp1s0) [enp1s0]:
Please specify which way the network connectivity should be checked (ping, dns, tcp, none) [dns]: ping
```

（8）输入数据中心的名称，这里的值需要与备份中的数据中心名称一致。

```
--== VM CONFIGURATION ==--
Please enter the name of the data center where you want to deploy this hosted-engine host.
Please note that if you are restoring a backup that contains info about other hosted-engine hosts,
this value should exactly match the value used in the environment you are going to restore.
Data center [Default]:
```

（9）输入集群的名称，这里的值需要与备份中的集群名称一致。

```
Please enter the name of the cluster where you want to deploy this hosted-engine host.
Please note that if you are restoring a backup that contains info about other hosted-engine hosts,
this value should exactly match the value used in the environment you are going to restore.
Cluster [Default]:
```

（10）使用已经备份的证书文件，或是重新生成证书文件。

```
Renew engine CA on restore if needed?
Please notice that if you choose Yes, all hosts will have to be later manually reinstalled from the
engine.
Renew CA if needed? (Yes, No)[No]:
```

（11）在将当前主机添加到集群后，按提示选择是否暂停安装程序，以便管理员进行额外的配置。

```
Pause the execution after adding this host to the engine?
You will be able to connect to the restored engine in order to manually review and remediate its
configuration.
This is normally not required when restoring an up to date and coherent backup.
Pause after adding the host? (Yes, No)[No]:
```

（12）在/usr/share/ovirt-engine-appliance/目录下找到 ovirt-engine-applicace-XXX.ova 文件（由 ovirt-engine-appliance 软件包提供），并输入 OVA 文件的绝对路径，按回车键继续安装。

```
If you want to deploy with a custom engine appliance image, please specify the path to the OVA archive
you would like to use.
Entering no value will use the image from the ovirt-engine-appliance rpm, installing it if needed.
Appliance image path []:
/usr/share/ovirt-engine-appliance/ovirt-engine-appliance-4.4-20220308105414.1.el8.ova
```

（13）为管理器引擎虚拟机设置 CPU 数量和内存大小。

```
Please specify the number of virtual CPUs for the VM. The default is the appliance OVF value [4]:
Please specify the memory size of the VM in MB. The default is the appliance OVF value [16384]:
```

(14) 为管理器引擎主机设置 root 密码。

```
Enter root password that will be used for the engine appliance:
Confirm appliance root password:
```

(15) SSH 公钥可以在不输入密码的情况下以 root 用户身份登录管理器引擎节点（不输入任何内容表示不配置公钥），按回车键继续下一步安装。

```
You may provide an SSH public key, that will be added by the deployment script to the authorized_keys
file of the root user in the engine appliance.
This should allow you passwordless login to the engine machine after deployment.
If you provide no key, authorized_keys will not be touched.
SSH public key []:
```

(16) 指定是否为 root 用户启用 SSH 访问，默认打开此选项。

```
Do you want to enable ssh access for the root user? (yes, no, without-password) [yes]:
```

(17) 指定是否启用 OpenSCAP 和 FIPS 相关功能，默认关闭此选项。

```
Do you want to apply a default OpenSCAP security profile? (Yes, No) [No]:
Do you want to enable FIPS? (Yes, No) [No]:
```

(18) 设置管理器虚拟机网卡的物理地址和网络地址，这里推荐将 IP 地址设置为静态。

```
Please specify a unicast MAC address for the VM, or accept a randomly generated default
[00:16:3e:05:7f:15]:
How should the engine VM network be configured? (DHCP, Static)[DHCP]: Static
Please enter the IP address to be used for the engine VM []: 192.168.150.100
```

(19) 设置管理器虚拟机网络的 DNS 地址，之后按回车键继续下一步安装。

```
Please provide a comma-separated list (max 3) of IP addresses of domain name servers for the engine
VM
Engine VM DNS (leave it empty to skip) []:
```

(20) 设置是否在管理器引擎虚拟机的 /etc/hosts 文件中添加当前主机的域名解析条目（默认添加），完成配置后按回车键继续下一步安装。

```
Add lines for the appliance itself and for this host to /etc/hosts on the engine VM?
Note: ensuring that this host could resolve the engine VM hostname is still up to you.
Add lines to /etc/hosts? (Yes, No)[Yes]:
```

(21) 配置发送和接收通知相关的邮箱设置，包括 SMTP 服务器的 IP 地址、SMTP 服务器的 TCP 端口号、发送者的邮箱地址、接收者的邮箱地址。

```
--== HOSTED ENGINE CONFIGURATION ==--
```

```
Please provide the name of the SMTP server through which we will send notifications [localhost]:
Please provide the TCP port number of the SMTP server [25]:
Please provide the email address from which notifications will be sent [root@localhost]:
Please provide a comma-separated list of email addresses which will get notifications [root@localhost]:
```

（22）为 admin@ovirt 用户设置密码，用以访问管理门户。

```
Enter engine admin password:
Confirm engine admin password:
```

（23）指定当前主机的主机名称（这里建议使用完整的域名）。

```
Please provide the hostname of this host on the management network [node3]: node3.ovirt.com
```

（24）部署程序会解压 appliance 并启动虚拟机镜像，因为在安装时设置了"he_pause_before_engine_setup=true"选项，因此虚拟机启动后不会立即部署管理器引擎服务，而是在主机的临时目录下生成锁文件并暂停安装程序。此时，可以从部署主机登录管理器引擎节点，将所有 yum 源配置文件删除，以避免管理器引擎在安装时由于无法联网更新而导致安装失败。

```
[ INFO  ] TASK [ovirt.ovirt.hosted_engine_setup : Include before engine-setup custom tasks files for the engine VM]
[ INFO  ] You can now connect from this host to the bootstrap engine VM using ssh as root and the temporary IP address - 192.168.1.36
[ INFO  ] TASK [ovirt.ovirt.hosted_engine_setup : include_tasks]
[ INFO  ] ok: [localhost]
[ INFO  ] TASK [ovirt.ovirt.hosted_engine_setup : Create temporary lock file]
[ INFO  ] changed: [localhost -> localhost]
[ INFO  ] TASK [ovirt.ovirt.hosted_engine_setup : Pause execution until /tmp/ansible.ql_8d6f6_he_setup_lock is removed, delete it once ready to proceed]
```

打开一个新的 SSH 窗口并连接到当前的主机 node3.ovirt.com，在这台主机上通过 SSH 命令连接到服务器 192.168.1.36（安装器会在终端打印这个 IP 地址）。之后删除/etc/yum.repos.d 目录下的所有 repo 文件，并在/etc/hosts 文件中添加必要的域名解析条目，具体代码如下。

```
[root@client ~]# ssh root@192.168.150.89
root@192.168.150.89's password:
# 删除所有的软件更新源
[root@master ~]# rm -rf /etc/yum.repos.d/*
# 在本地域名解析文件中添加旧环境下所有主机的域名解析配置
[root@master ~]# cat /etc/hosts
127.0.0.1       localhost localhost.localdomain localhost4 localhost4.localdomain4
::1             localhost localhost.localdomain localhost6 localhost6.localdomain6
192.168.150.89  node3.ovirt.com
192.168.150.101 node1.ovirt.com
192.168.150.102 node2.ovirt.com
```

```
192.168.150.100 master.ovirt.com
```

执行完所有自定义操作后，退出虚拟机的 SSH 连接会话，返回到主机的 SSH 控制台（192.168.150.101），按照安装提示删除临时目录下的锁文件"/tmp/ansible.ql_8d6f6_he_setup_lock"，之后部署程序会继续运行。

```
[root@node3 tmp]# rm /tmp/ansible.ql_8d6f6_he_setup_lock
rm: remove regular empty file '/tmp/ansible.ql_8d6f6_he_setup_lock'? y
```

（25）在恢复过程中，安装脚本会创建一个新的管理引擎，并将当前节点添加到该引擎中。如果在此过程中主机添加失败，安装程序将暂停，等待安装人员处理。解决错误后，按照提示路径删除临时锁文件，即可继续安装。

```
[ INFO  ] The host has been set in non_operational status, deployment errors: code 522: Host
node3.ovirt.com cannot access the Storage Domain(s) <UNKNOWN> attached to the Data Center Default.
Setting Host state to Non-Operational., code 994: Failed to connect Host node3.ovirt.com to Storage
Servers,code 995: Failed to connect Host node3.ovirt.com to Storage Pool Default,code 9000: Failed
to verify Power Management configuration for Host node3.ovirt.com.,
[ INFO  ] skipping: [localhost]
[ INFO  ] You can now connect to https://node3.ovirt.com:6900/ovirt-engine/ and check the status of
this host and eventually remediate it, please continue only when the host is listed as 'up'
[ INFO  ] TASK [ovirt.ovirt.hosted_engine_setup : include_tasks]
[ INFO  ] ok: [localhost]
[ INFO  ] TASK [ovirt.ovirt.hosted_engine_setup : Create temporary lock file]
[ INFO  ] changed: [localhost -> localhost]
[ INFO  ] TASK [ovirt.ovirt.hosted_engine_setup : Pause execution until
/tmp/ansible.oae0t_l3_he_setup_lock is removed, delete it once ready to proceed]
```

（26）选择配置 NFS 存储用作管理器引擎共享存储，之后还要完成 NFS 版本、挂载路径、挂载选项的设置。

```
Please specify the storage you would like to use (glusterfs, iscsi, fc, nfs)[nfs]: nfs
Please specify the nfs version you would like to use (auto, v3, v4, v4_0, v4_1, v4_2)[auto]:
Please specify the full shared storage connection path to use (example: host:/path):
192.168.150.10:/ovirt-engine1
If needed, specify additional mount options for the connection to the hosted-engine storagedomain
(example: rsize=32768,wsize=32768) []:
```

如果在添加管理器引擎存储时报错，并提示需要激活主存储域"[ERROR]-Please activate the master Storage Domain first"，那么需要通过网址"https://node3.ovirt.com:6900/ovirt-engine/"登录管理门户，手动激活主存储域，如图7-8、图7-9和图7-10所示。

图 7-8 进入主存储域详细页

图 7-9 手动激活主存储域

图 7-10 主存储域恢复正常

（27）输入管理器引擎虚拟机的磁盘大小，可以手动输入或者直接使用默认值，之后安装器会把之前部署好的虚拟机磁盘镜像文件复制到共享存储。

```
Please specify the size of the VM disk in GiB: [51]:
```

（28）当出现下面的输出时，表示管理器引擎已经恢复成功。

```
[ INFO  ] Stage: Pre-termination
[ INFO  ] Stage: Termination
[ INFO  ] Hosted Engine successfully deployed
[ INFO  ] Other hosted-engine hosts have to be reinstalled in order to update their storage configuration.
From the engine, host by host, please set maintenance mode and then click on reinstall button ensuring
you choose DEPLOY in hosted engine tab.
[ INFO  ] Please note that the engine VM ssh keys have changed. Please remove the engine VM entry in
ssh known_hosts on your clients.
```

（29）在主机列表中确认所有主机是否都处于"Up"状态。

图 7-11　确认所有主机是否都处于"Up"状态

（30）在存储域列表中确认所有域是否都处于"活跃的"状态。

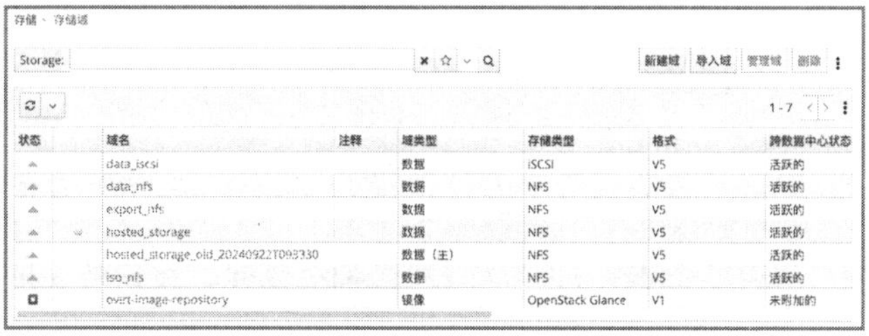

图 7-12　确认所有域是否都处于"活跃的"状态

（31）在确认旧环境中的"hosted_storage_old_20240922T093330"不再使用后，可以将其删除。

（32）如果新环境中的 admin 用户密码与旧环境中的密码不一致，那么还需要更新 ovirt-provider-ovn 的密码，具体流程可参考 5.2.2.2 节。

7.2.2.2　将备份恢复到已有的自托管引擎

除了上一节讲的方法，管理员还可以使用 engine-backup 命令将备份文件恢复到已安装的自托管引擎中，具体步骤如下。

（1）登录到自托管引擎主机并启用全局维护模式。

```
[root@client ~]# ssh root@node1.ovirt.com
[root@node1 ~]# hosted-engine --set-maintenance --mode=global
# 确认全局维护模式已经设置成功
[root@node1 ~]# hosted-engine --vm-status
```

（2）登录到已有的管理引擎节点，删除配置文件并清理与管理器引擎关联的数据库。

```
[root@client ~]# ssh root@master.ovirt.com
[root@master ~]# engine-cleanup
```

（3）恢复完整的备份或仅数据库备份。

```
# 例一，恢复完整的备份
[root@master ~]# engine-backup --mode=restore --file=file_name --log=log_file_name
--restore-permissions
# 例二，仅恢复数据库备份
[root@master ~]# engine-backup --mode=restore --scope=files --scope=db --scope=dwhdb --file=file_name
--log=log_file_name --restore-permissions
```

（4）如果成功会显示以下输出：

```
You should now run engine-setup.
Done.
```

（5）运行 engine-setup 命令重新配置管理器：

```
[root@master ~]# engine-setup
```

（6）登录到管理器引擎虚拟机，并将它关闭。

（7）登录到自托管引擎主机之一，并禁用全局维护模式，之后管理器引擎虚拟机会重新启动。

```
[root@node1 ~]# hosted-engine --set-maintenance --mode=none
```

（8）确认管理器引擎节点正在运行，输出的状态信息应该是"EngineUp"。

```
[root@node1 ~]# hosted-engine --vm-status
--== Host node1 (id: 1) status ==--

Host ID                            : 1
Host timestamp                     : 5254
Score                              : 3400
Engine status                      : {"vm": "up", "health": "good", "detail": "Up"}
Hostname                           : node1
Local maintenance                  : False
stopped                            : False
crc32                              : 0d73bb8a
conf_on_shared_storage             : True
local_conf_timestamp               : 5254
Status up-to-date                  : True
Extra metadata (valid at timestamp):
    metadata_parse_version=1
    metadata_feature_version=1
    timestamp=5254 (Sun Sep 22 10:53:34 2024)
    host-id=1
    score=3400
```

```
vm_conf_refresh_time=5254 (Sun Sep 22 10:53:34 2024)
conf_on_shared_storage=True
maintenance=False
state=EngineUp
stopped=False
```

7.2.3 修改 oVirt 管理器的域名

oVirt 在安装过程中会生成多个证书和密钥，这些证书和密钥依赖于管理器引擎的域名，如果后期需要修改管理器引擎的域名，则必须同步更新所有引用域名的证书、文件或数据。oVirt 提供了 ovirt-engine-rename 命令用于自动执行此任务。

在 ovirt-engine-rename 命令执行的过程中，会自动更新以下文件：

```
/etc/ovirt-engine/engine.conf.d/10-setup-protocols.conf
/etc/ovirt-engine/isouploader.conf.d/10-engine-setup.conf
/etc/ovirt-engine/logcollector.conf.d/10-engine-setup.conf
/etc/pki/ovirt-engine/cert.conf
/etc/pki/ovirt-engine/cert.template
/etc/pki/ovirt-engine/certs/apache.cer
/etc/pki/ovirt-engine/keys/apache.key.nopass
/etc/pki/ovirt-engine/keys/apache.p12
```

ovirt-engine-rename 命令的路径为"/usr/share/ovirt-engine/setup/bin/ovirt-engine-rename"。表 7-3 对 ovirt-engine-rename 命令的可选参数进行了说明。

表 7-3 ovirt-engine-rename 命令的可选参数

选 项	说 明
--newname=[new name]	为管理器引擎指定新的域名
--log=[file]	日志文件的目录
--config=[file]	在重命名时文件的存储路径
--config-append=[file]	在重命名时指定配置文件的存储路径和文件名。此选项可用于指定现有应答文件的路径和文件名来自动完成重命名操作
--generate-answer=[file]	允许指定自动应答文件

更新域名的步骤如下。

（1）为新的域名添加本地或 DNS 服务器解析记录。

（2）运行 ovirt-engine-rename 命令。

```
# /usr/share/ovirt-engine/setup/bin/ovirt-engine-rename
```

（3）出现停止引擎服务提醒时确认停止。

```
During execution engine service will be stopped (OK, Cancel) [OK]:
```

（4）提示输入新域名时，按要求输入。

```
New fully qualified server name:<new_engine_fqdn>
```

（5）对于自托管引擎还需要执行以下操作。

```
# 在每个现有的自托管引擎主机上运行以下命令，更新每个自托管引擎主机上/etc/ovirt-hosted-engine-ha/hosted-engine.conf 文件的域名
[root@nodeX ~]# hosted-engine --set-shared-config fqdn new_engine_fqdn --type=he_local
# 在其中一个自托管引擎主机上运行以下命令，更新共享存储域上主副本中的域名
/etc/ovirt-hosted-engine-ha/hosted-engine.conf
[root@node1 ~]# hosted-engine --set-shared-config fqdn new_engine_fqdn --type=he_shared
```

7.3 更新证书

　　oVirt 证书用于确保管理平台与用户及各组件之间的通信安全。通过加密数据传输，证书能够防止未经授权的访问和数据篡改，保障敏感信息的完整性和机密性。此外，它还用于验证通信双方的身份，从而确保平台内各组件和用户之间的交互安全可靠。

　　oVirt 中证书的默认有效期为 13 个月，这个期限适用于 oVirt 内部 CA 签发的所有证书，包括 oVirt Engine 证书、主机证书及 API 证书等。oVirt 会在证书过期前的 120 天向管理员发送证书即将过期的通知提醒，在证书过期前 30 天向管理员发送证书即将过期的报错提醒。如果证书过期，oVirt 的管理界面、主机和 API 等组件之间的安全连接将无法建立，这将会导致系统无法管理和操作虚拟机。

　　管理器证书过期会导致 oVirt 的管理界面及管理相关的 API 无法正常使用。主机证书过期，管理器将无法管理这台主机上的虚拟机，并且主机会显示为"无响应"状态，运行在这台主机上的虚拟机将无法迁移、关闭，也无法在这台主机上启动新的虚拟机。管理员要尽量在证书过期之前更新证书，如果它们过期，则主机和代理都会停止响应，恢复过程会特别复杂。

　　注意：当证书过期时集群可能会出现各种异常，此时不要随便关闭 hosted-engine 虚拟机。否则可能会使 hosted-engine 无法再次启动，给后续的恢复工作带来不必要的麻烦。

7.3.1 查看证书过期时间

在 oVirt 中，组件之间的通信遵循严格的加密通信和身份验证，证书的有效性直接关系到系统的正常运行和安全性。管理员可通过 cert_data.sh 脚本（在附录 D 中提供）批量检查证书的过期时间，脚本执行后会返回管理器及所有主机上证书的状态信息。

```
[root@master ~]# cd /path/of/script
[root@master ~]# chmod +x cert_date.sh
[root@master ~]# ./cert_date.sh
This script will check certificate expiration dates

Checking RHV-M Certificates...
================================================
 /etc/pki/ovirt-engine/ca.pem:                       Jun 21 00:34:13 2034 GMT
 /etc/pki/ovirt-engine/certs/apache.cer:             Jul 26 00:34:29 2025 GMT
 /etc/pki/ovirt-engine/certs/engine.cer:             Jul 26 00:34:29 2025 GMT
 /etc/pki/ovirt-engine/qemu-ca.pem                   Jun 21 00:34:30 2034 GMT
 /etc/pki/ovirt-engine/certs/websocket-proxy.cer     Jul 26 00:34:29 2025 GMT
 /etc/pki/ovirt-engine/certs/jboss.cer               Jul 26 00:34:29 2025 GMT
 /etc/pki/ovirt-engine/certs/ovirt-provider-ovn      Jul 26 00:34:30 2025 GMT
 /etc/pki/ovirt-engine/certs/ovn-ndb.cer             Jul 26 00:34:30 2025 GMT
 /etc/pki/ovirt-engine/certs/ovn-sdb.cer             Jul 26 00:34:30 2025 GMT
 /etc/pki/ovirt-engine/certs/vmconsole-proxy-helper.cer Jul 26 00:35:05 2025 GMT
 /etc/pki/ovirt-engine/certs/vmconsole-proxy-host.cer   Jul 26 00:35:06 2025 GMT
 /etc/pki/ovirt-engine/certs/vmconsole-proxy-user.cer   Jul 26 00:35:06 2025 GMT


Checking Host Certificates...

Host: node2.ovirt.com
================================================
 /etc/pki/vdsm/certs/vdsmcert.pem:              Aug  9 02:40:21 2025 GMT
 /etc/pki/vdsm/libvirt-spice/server-cert.pem:   Aug  9 02:40:21 2025 GMT
 /etc/pki/vdsm/libvirt-vnc/server-cert.pem:     Aug  3 01:21:37 2025 GMT
 /etc/pki/libvirt/clientcert.pem:               Aug  9 02:40:21 2025 GMT
 /etc/pki/vdsm/libvirt-migrate/server-cert.pem: Aug  9 02:40:21 2025 GMT


Host: node1.ovirt.com
================================================
```

```
/etc/pki/vdsm/certs/vdsmcert.pem:              Aug 13 17:53:28 2025 GMT
/etc/pki/vdsm/libvirt-spice/server-cert.pem:   Aug 13 17:53:28 2025 GMT
/etc/pki/vdsm/libvirt-vnc/server-cert.pem:     Jul 26 00:39:24 2025 GMT
/etc/pki/libvirt/clientcert.pem:               Aug 13 17:53:28 2025 GMT
/etc/pki/vdsm/libvirt-migrate/server-cert.pem: Aug 13 17:53:28 2025 GMT
```

7.3.2 在证书过期前续订证书

管理员可以通过定期检查证书有效期来提前规划和执行证书更新，从而避免服务中断和潜在的安全隐患。在证书到期前及时更新证书是保证 oVirt 稳定、安全运行的关键措施。

7.3.2.1 更新管理器证书

在管理器证书过期前 120 天内（包含已经过期的情形）可通过 engine-setup 脚本更新管理器证书，但是这种方式不适用于证书过期且管理器引擎节点无法启动的情况。更新管理器证书的具体步骤如下。

（1）如果 oVirt 的部署方式为自托管引擎，则需要通过 ssh 命令登录正在运行引擎的主机，并将引擎设置为全局维护模式。

```
[root@client ~]# ssh root@node1.ovirt.com
[root@node1 ~]# hosted-engine --set-maintenance --mode=global
```

（2）默认情况下 CA 签发的证书有效期为 398 天，为了避免频繁手动更新证书，可以通过下面的命令将 VDSM 证书的有效时间配置为 5 年（这里按 1827 天来计算）。

```
# 远程登录到管理器引擎节点并执行以下命令
[root@client ~]# ssh root@master.ovirt.com
[root@master ~]# /usr/share/ovirt-engine/dbscripts/engine-psql.sh -c "update vdc_options set option_value='1827' where option_name='VdsCertificateValidityInDays';"
# 重启 ovirt-engine 服务，使得配置生效
[root@master ~]# systemctl restart ovirt-engine
```

（3）在管理器引擎节点上运行 engine-setup 脚本：

```
[root@master ~]# engine-setup --offline
```

（4）在更新证书的提示后输入"Yes"：

```
Renew certificates? (Yes, No) [Yes]:
```

（5）如果 oVirt 的部署方式为托管引擎的部署形式，那么在执行管理器引擎证书更新操作之

后，还需要登录引擎所在主机并禁用全局维护模式（独立部署形式不需要执行本步骤）。

```
[root@client ~]# ssh root@node1.ovirt.com
[root@node1 ~]# hosted-engine --set-maintenance --mode=none
```

（6）在管理器引擎节点上运行以下命令更新 ovirt-provider-ovn 证书。

```
# 登录到管理器引擎节点
[root@client ~]# ssh root@master.ovirt.com
# 查看签名主体的信息
[root@master ~]# openssl x509 -in /etc/pki/ovirt-engine/certs/ovirt-provider-ovn.cer -noout -subject
subject=C = US, O = ovirt.com, CN = master.ovirt.com
# 更新 ovirt-provider-ovn 证书
[root@master ~]# /usr/share/ovirt-engine/bin/pki-enroll-pkcs12.sh --name="ovirt-provider-ovn"
--password=mypass --subject="/C=US/O=ovirt.com/CN=master.ovirt.com" --keep-key
# 更新 ovn-ndb 证书
[root@master ~]# /usr/share/ovirt-engine/bin/pki-enroll-pkcs12.sh --name="ovn-ndb" --password=mypass
--subject="/C=US/O=ovirt.com/CN=master.ovirt.com" --keep-key
# 更新 ovn-sdb 证书
[root@master ~]# /usr/share/ovirt-engine/bin/pki-enroll-pkcs12.sh --name="ovn-sdb" --password=mypass
--subject="/C=US/O=ovirt.com/CN=master.ovirt.com" --keep-key
# 重启 ovirt-provider-ovn 服务
[root@master ~]# systemctl restart ovirt-provider-ovn.service
[root@master ~]# systemctl restart ovn-northd.service
```

7.3.2.2　通过管理门户更新主机证书

管理员可以通过给主机重新注册证书，或者删除主机并重新添加主机的方式来更新主机证书，删除主机和添加主机已经在前面讲过了。更新主机证书的具体步骤如下。

（1）登录 oVirt 管理门户。

（2）在左侧导航栏中选择"计算"→"主机"。

（3）在菜单栏中选择"管理"→"维护"，将主机设置为"维护"模式。如果当前主机上存在固定或者无法迁移的虚拟机，则必须关闭这些虚拟机，如图 7-13 所示。

图 7-13　将主机设置为"维护"模式

（4）当主机处于维护模式时选中这台主机，并在菜单栏中选择"安装"→"注册证书"，为主机注册证书，如图 7-14 所示。

图 7-14　为主机注册证书

（5）证书注册成功后，在菜单栏中选择"管理"→"激活"将此主机激活，如图 7-15 所示。

图 7-15　激活主机

7.3.3　在证书过期后更新主机证书

若所有主机证书都已经失效，或者无法通过上面的手段更新证书，但是此时管理器虚拟机还处于运行状态，那么此时一定不要擅自关闭管理器虚拟机，可以通过在管理器上执行自动化脚本或者手动的方式更新主机证书。

7.3.3.1　使用脚本更新主机证书

手动更新主机证书的方式比较复杂并且容易出错，我们可以通过运行脚本 singlehost.sh 来实现主机证书的自动化更新，具体操作步骤如下。

（1）下载 singlehost.sh 脚本（在附录 E 中提供）并放到"/root/"目录下。

```
[root@master ~]# chmod +x /root/singlehost.sh
```

（2）在管理器和所有主机上运行以下命令，将旧的证书文件备份到/root/pki.tar.xz 文件中。

```
# 管理器节点
[root@master ~]# tar cJpf /root/pki.tar.xz /etc/pki
```

```
# 主机节点 1
[root@node1 ~]# tar cJpf /root/pki.tar.xz /etc/pki
# ...
# 主机节点 N
[root@nodeN ~]# tar cJpf /root/pki.tar.xz /etc/pki
```

（3）在管理器节点上运行以下命令，为每台主机更新证书：

```
[root@master ~]#/root/singlehost.sh node1.ovirt.com
[root@master ~]#/root/singlehost.sh node2.ovirt.com
...
[root@master ~]#/root/singlehost.sh <HOSTNAME>
```

7.3.3.2　手动更新主机证书

当主机处于不可用状态时，或者自动更新主机证书失败时，可以通过下面步骤手动更新证书。

（1）将主机上的密钥文件复制到管理器的临时目录下。

```
[root@node1 ~]# scp /etc/pki/vdsm/keys/vdsmkey.pem root@master.ovirt.com:/tmp/vdsmkey.pem
root@master.ovirt.com's password:
vdsmkey.pem                                    100% 1704    710.2KB/s   00:00
```

（2）在管理器上为主机生成证书签名申请（CSR）文件。

```
[root@master ~]# openssl req -new -key /tmp/vdsmkey.pem -out /tmp/test_host_vdsm.csr -passin
"pass:mypass" -passout "pass:mypass" -batch -subj "/"
```

（3）在主机上通过旧证书查找签名主体的信息。

```
[root@node1 ~]# openssl x509 -in /etc/pki/vdsm/certs/vdsmcert.pem -noout -subject
subject=O = ovirt.com, CN = node1.ovirt.com
```

（4）在管理器上确认签名的主机已经被添加到 oVirt。

```
[root@master ~]# /usr/share/ovirt-engine/dbscripts/engine-psql.sh -c "select host_name from
vds_static where vds_name='node1.ovirt.com';"
   host_name
-----------------
 node1.ovirt.com
(1 row)
```

（5）在管理器上使用 CA 证书对证书签名申请（CSR）文件进行签名。

```
[root@master ~]# cd /etc/pki/ovirt-engine/
```

```
# 参数 OVIRT_SAN 要根据添加主机时的信息来填写，如果当前添加的是 IP 地址，则要使用 "IP:ipaddress" 的形式，如
果添加主机时使用的是域名，则要使用 "DNS:FQDN" 的形式
# 确认 -subj 后面的信息需要与（3）查找到的主体信息保持一致
[root@master ovirt-engine]# OVIRT_KU="" OVIRT_EKU="" OVIRT_SAN="DNS:node1.ovirt.com" openssl ca
-batch -policy policy_match -config openssl.conf -cert ca.pem -keyfile private/ca.pem -days +398 -in
/tmp/test_host_vdsm.csr -out /tmp/test_host_vdsm.cer -startdate "$(date --utc --date "now -1 days"
+"%y%m%d%H%M%SZ")" -subj "/C=US/O=ovirt.com/CN=node1.ovirt.com" -utf8 -extfile cert.conf -extensions
v3_ca_san
Using configuration from openssl.conf
Check that the request matches the signature
Signature ok
The Subject's Distinguished Name is as follows
countryName            :PRINTABLE:'US'
organizationName       :ASN.1 12:'ovirt.com'
commonName             :ASN.1 12:'node1.ovirt.com'
Certificate is to be certified until Aug 16 14:35:46 2025 GMT (398 days)

Write out database with 1 new entries
Data Base Updated
```

（6）登录到主机，将生成的证书文件从管理节点复制到主机上。

```
[root@node1 ~]# scp root@master.ovirt.com:/tmp/test_host_vdsm.cer  /etc/pki/vdsm/certs/vdsmcert.pem
root@master.ovirt.com's password:
test_host_vdsm.cer                                 100% 5185    228.0KB/s    00:00
```

（7）替换 Libvirt 组件的证书为新的证书文件。

```
[root@node1 ~]# cp /etc/pki/vdsm/certs/vdsmcert.pem /etc/pki/vdsm/libvirt-spice/server-cert.pem
cp: overwrite '/etc/pki/vdsm/libvirt-spice/server-cert.pem'? y
[root@node1 ~]# cp /etc/pki/vdsm/certs/vdsmcert.pem /etc/pki/libvirt/clientcert.pem
cp: overwrite '/etc/pki/libvirt/clientcert.pem'? y
```

（8）Libvirt 组件在做虚拟机迁移时依赖路径为 "/etc/pki/vdsm/libvirt-migrate/server-cert.pem"
的证书，下面将更新这个证书。

```
# 在管理器上列出主机的签名请求文件
[root@master ~]# ll /etc/pki/ovirt-engine/requests-qemu/
total 8
-rw-r--r--. 1 ovirt ovirt 862 Jul 11 17:53 node1.ovirt.com.req
-rw-r--r--. 1 ovirt ovirt 862 Jul  7 02:40 node2.ovirt.com.req
# 在主机上查找签名主机
[root@node1 ~]# openssl x509 -in /etc/pki/vdsm/libvirt-migrate/server-cert.pem  -noout -subject
subject=O = ovirt.com, OU = qemu, CN = node1.ovirt.com
# 在管理器上生成证书
```

```
[root@master ~]# /usr/share/ovirt-engine/bin/pki-enroll-request.sh \
      --name=node1.ovirt.com \
      --subject="/O=ovirt.com/OU=qemu/CN=node1.ovirt.com" \
      --san="DNS:node1.ovirt.com" \
      --days=3650 \
      --ca-file=qemu-ca  \
      --cert-dir=certs-qemu \
      --req-dir=requests-qemu
Using configuration from openssl.conf
Check that the request matches the signature
Signature ok
The Subject's Distinguished Name is as follows
organizationName       :ASN.1 12:'ovirt.com'
organizationalUnitName:ASN.1 12:'qemu'
commonName             :ASN.1 12:'node1.ovirt.com'
Certificate is to be certified until Jul 12 14:53:06 2034 GMT (3650 days)


Write out database with 1 new entries
Data Base Updated
# 将生成的证书文件复制到主机上
[root@master ~]# scp -i /etc/pki/ovirt-engine/keys/engine_id_rsa
/etc/pki/ovirt-engine/certs-qemu/node1.ovirt.com.cer
root@node1.ovirt.com:/etc/pki/vdsm/libvirt-migrate/server-cert.pem
node1.ovirt.com.cer                             100% 5259    3.5MB/s   00:00
# 重新启动 libvirtd 服务，如果主机开启了电源管理，则执行重启之前需要临时关闭
[root@node1 ~]# systemctl restart libvirtd mom-vdsm ovirt-imageio vdsmd supervdsmd
```

（9）重启 libvirtd 服务和 vdsmd 服务。

```
# 如果主机开启了电源管理，则执行重启之前需要临时关闭电源管理功能
[root@node1 ~]# systemctl restart libvirtd vdsmd
```

（10）当主机状态恢复正常后，建议通过管理门户再次更新主机的证书，详细过程可以参考 7.3.2.2 节。

7.3.4 当管理器证书过期且无法启动管理器引擎时

当使用自托管引擎部署 oVirt 时，管理器引擎会运行在主机的虚拟机中。若所有主机的 VDSM 证书都已过期，那么管理器引擎节点将无法启动，此时通过 "hosted-engine --vm-start" 命令启动管理器引擎节点时会有以下报错信息。

```
[root@node1 ~] # hosted-engine --vm-start
```

```
Traceback (most recent call last):
  File "/usr/lib64/python3.6/runpy.py", line 193, in _run_module_as_main
    "__main__", mod_spec)
  File "/usr/lib64/python3.6/runpy.py", line 85, in _run_code
    exec(code, run_globals)
  File "/usr/lib/python3.6/site-packages/ovirt_hosted_engine_setup/vdsm_helper.py", line 214, in <module>
    args.command(args)
  File "/usr/lib/python3.6/site-packages/ovirt_hosted_engine_setup/vdsm_helper.py", line 42, in func
    f(*args, **kwargs)
  File "/usr/lib/python3.6/site-packages/ovirt_hosted_engine_setup/vdsm_helper.py", line 91, in checkVmStatus
    cli = ohautil.connect_vdsm_json_rpc()
  File "/usr/lib/python3.6/site-packages/ovirt_hosted_engine_ha/lib/util.py", line 472, in connect_vdsm_json_rpc
    __vdsm_json_rpc_connect(logger, timeout)
  File "/usr/lib/python3.6/site-packages/ovirt_hosted_engine_ha/lib/util.py", line 415, in __vdsm_json_rpc_connect
    timeout=VDSM_MAX_RETRY * VDSM_DELAY
RuntimeError: Couldn't connect to VDSM within 60 seconds    timeout=VDSM_MAX_RETRY * VDSM_DELAY
RuntimeError: Couldn't connect to VDSM within 60 seconds
```

　　管理引擎节点需要至少一个主机处于可用状态才能正常启动，但此时所有主机证书都已过期，导致管理引擎节点无法运行。更糟糕的是，更新主机证书时需要使用管理引擎节点中的 CA 根证书，而由于管理引擎节点无法启动，主机证书也无法更新，所以形成了一个死循环：只要管理引擎节点无法启动就无法更新主机证书，而更新主机证书又需要从管理引擎节点获取 CA 根证书。

　　如果可以找到管理器引擎之前做过的备份，那么可以从备份文件中找到 CA 根证书和密钥文件，这是最简单的方法。如果实在无法找到备份文件，就只能先从存储中获取 CA 证书和密钥文件，再通过 CA 证书和密钥文件更新主机证书。

7.3.4.1　从备份中获取 CA 证书和密钥文件

　　如果管理器之前通过 engine-backup 命令做过备份，并且当前可以获取近期的备份文件，那么可以从备份中获取 CA 证书和密钥文件，具体代码如下。

```
# tar -xvf <engine-backup>
```

　　在 "etc/pki/ovirt-engine/" 路径中可以找到 CA 证书及密钥文件，之后将整个目录复制到证书过期的主机上，并对当前主机证书进行更新（可参考 7.3.4 节）。

7.3.4.2 从存储中获取 CA 证书和密钥文件

如果无法找到管理器之前的备份文件，就需要从管理器引擎节点的虚拟机磁盘镜像中提取 CA 证书及密钥文件，提取证书文件的具体步骤如下。

（1）查询管理器引擎节点的虚拟机磁盘信息。

```
[root@node1 ~]# egrep "vm_disk_vol_id|sdUUID|vm_disk_id" /etc/ovirt-hosted-engine/hosted-engine.conf
vm_disk_id=a253ad43-6a69-48e0-841a-8cf368bdc883
vm_disk_vol_id=9369d198-df07-43cc-909f-7a07b13b1679
sdUUID=ae0c4779-b12d-4006-9b14-e170f71331ab
# 如果当前虚拟机使用的是 iSCSI 或者 FC 的块存储，那么需要在管理器引擎主机上激活此逻辑卷
[root@node1 ~]# lvchange --config 'devices {filter = ["a|/dev/mapper/*|","r|.*|"]}' -ay
ae0c4779-b12d-4006-9b14-e170f71331ab/9369d198-df07-43cc-909f-7a07b13b1679
```

（2）根据保存管理器引擎虚拟机磁盘存储域的类型（块存储域类型或者共享文件的存储域类型）来选择执行下面的第（3）步或第（4）步。

（3）通过 virt-copy-out 命令将块存储域的文件复制到 /root/ 目录下。

```
[root@node1 ~]# export LIBGUESTFS_BACKEND=direct
# 基于块的存储域，例如 iSCSI/FC
[root@node1 ~]# virt-copy-out -a
/dev/ae0c4779-b12d-4006-9b14-e170f71331ab/9369d198-df07-43cc-909f-7a07b13b1679
/etc/pki/ovirt-engine/ /root/
username: vdsm@ovirt
password: shibboleth
```

（4）通过 virt-copy-out 命令将基于共享文件的存储域中的文件复制到 /root/ 目录下。

```
# 基于文件的存储域（例如 NFS）从虚拟机磁盘中寻找证书文件
# 查询管理器引擎节点的虚拟机磁盘信息
[root@node1 ~]# egrep "vm_disk_vol_id|sdUUID|vm_disk_id" /etc/ovirt-hosted-engine/hosted-engine.conf
vm_disk_id=41fac9d0-207a-4746-ac46-0fd70bf1abf9
vm_disk_vol_id=330ea1ad-c3dd-4ce4-8ba1-6efb7fe961fc
sdUUID=11149d45-5e4b-4841-9e84-ac0c35afe2e8
[root@node1 ~]# mkdir /run/user/36
[root@node1 ~]# chown vdsm.kvm /run/user/36
[root@node1 ~]# su - vdsm -s /bin/bash
[vdsm@node3 ~]$ LIBGUESTFS_BACKEND=direct
[vdsm@node3 ~]$ virt-copy-out -a
/rhev/data-center/mnt/192.168.150.10\:_ovirt-engine/11149d45-5e4b-4841-9e84-ac0c35afe2e8/images/41fac9d0-207a-4746-ac46-0fd70bf1abf9/330ea1ad-c3dd-4ce4-8ba1-6efb7fe961fc /etc/pki/ovirt-engine/ /tmp/
```

7.3.4.3 在主机上更新主机证书

通过上面的过程，我们已经将管理器上的 CA 证书和密钥文件复制到了当前主机上，此时可以直接在主机上通过 CA 证书来为本机生成证书文件，具体步骤如下。

（1）在本机上为主机生成证书签名申请（CSR）文件。

```
[root@node1 ~]# cd /root/ovirt-engine/
[root@node1 ~]# openssl req -new  -key /etc/pki/vdsm/keys/vdsmkey.pem -out /tmp/test_host_vdsm.csr -passin "pass:mypass" -passout "pass:mypass" -batch -subj "/"
```

（2）在主机的旧证书上获取签名主体的信息。

```
[root@node1 ~]# openssl x509 -in  /etc/pki/vdsm/certs/vdsmcert.pem -noout  -subject
```

（3）通过引擎的 CA 证书为证书签名申请（CSR）签名，其中-subj 参数需要与签名主体信息保持一致。

```
[root@node1 ~]# cd /root/ovirt-engine/
[root@node1 ~]# openssl ca -batch -policy policy_match -config openssl.conf -cert ca.pem -keyfile private/ca.pem -days +1825 -in /tmp/test_host_vdsm.csr -out /tmp/test_host_vdsm.cer -startdate "$(date --utc --date "now -1 days" +"%y%m%d%H%M%SZ")" -subj "/C=US/O=ovirt.com/CN=node1.ovirt.com" -utf8
```

（4）使用新证书替换旧的证书文件。

```
[root@node1 ~]# tar cfJ /tmp/vdsm_pki.tar.xz /etc/pki/vdsm/
[root@node1 ~]# cp /tmp/test_host_vdsm.cer /etc/pki/vdsm/certs/vdsmcert.pem
[root@node1 ~]# cp /etc/pki/vdsm/certs/vdsmcert.pem /etc/pki/vdsm/libvirt-spice/server-cert.pem
[root@node1 ~]# cp /etc/pki/vdsm/certs/vdsmcert.pem /etc/pki/vdsm/libvirt-vnc/server-cert.pem
[root@node1 ~]# cp /etc/pki/vdsm/certs/vdsmcert.pem /etc/pki/vdsm/libvirt-migrate/server-cert.pem
[root@node1 ~]# cp /etc/pki/vdsm/certs/vdsmcert.pem /etc/pki/libvirt/clientcert.pem" -utf8
```

（5）重新启动 libvirtd 和 vdsmd 服务。

```
[root@node1 ~]# systemctl restart vdsmd
[root@node1 ~]# systemctl restart libvirtd
```

（6）重新启动管理器引擎主机。

```
[root@node1 ~]# hosted-engine --vm-start
```

（7）当主机状态恢复正常后，建议通过管理门户再次更新主机证书，详细过程可以参考 7.3.3 节。

第 8 章
在国产鲲鹏 920 上使用 oVirt

oVirt 官方并不提供 Arm 平台的 oVirt 安装包或者部署镜像文件，但是鲲鹏社区里有一些相关的内容，被称为"鲲鹏 oVirt 轻量级虚拟化软件"，鲲鹏 oVirt 轻量级虚拟化软件对 oVirt 源码进行了修改并适配了鲲鹏 920 CPU。

由于 oVirt 在鲲鹏上的支持并不完善，经过长期使用和测试后有以下几点需要注意。

（1）无法以自托管引擎的形式进行部署，只能通过"独立部署"的方式安装。

（2）在独立部署时"管理"与"主机"不能共用，即无法将 ovirt-engine 服务和 VDSM 服务同时部署到一台物理服务器上（可以通过 virt-install 或 virsh 命令将管理器引擎节点创建在节点的虚拟机里，这里不介绍这种取巧的方法，读者可自行研究）。

（3）存储域尽量不要使用 NFS 作为数据域来存储 ISO 镜像文件，否则在上传 ISO 镜像文件时会失败。但是，使用 iSCSI 类型的存储不会有这个问题。

（4）控制台无法使用 Spice 协议，只能通过 VNC 的方式进行图形化控制。

（5）无法使用外部供应商的 ovirt-provider-ovn 网络。

（6）不要更新操作系统，不要运行 yum update 命令。

下面将从安装操作系统开始，一步一步引导读者在鲲鹏 920 上部署 oVirt 集群。

8.1 整体安装规划

oVirt 安装过程中至少需要两台服务器,一台作为管理器节点,另一台作为主机。此处使用了三台鲲鹏服务器进行 oVirt 的安装部署,表 8-1 是这些服务器的配置清单。

表 8-1 服务器配置清单

项 目	说 明
服务器型号	TaiShan 服务器
CPU	鲲鹏 920 处理器
服务器 1(可以是物理机或虚拟机)	配置本地域名:master.arm.ovirt.com IP 地址:192.168.101.50
服务器 2	配置本地域名:node1.arm.ovirt.com IP 地址:192.168.101.95
服务器 3	配置本地域名:node2.arm.ovirt.com IP 地址:192.168.101.96
oVirt 管理节点	服务器 1 域名:master.arm.ovirt.com(192.168.101.50)
oVirt 主机 1	服务器 2 域名:node1.arm.ovirt.com(192.168.101.95)
oVirt 主机 2	服务器 3 域名:node2.arm.ovirt.com(192.168.101.96)

鲲鹏 oVirt 轻量级虚拟化软件仅支持 openEuler 操作系统,并且需要安装对应版本的 oVirt 相关软件,表 8-2 对其进行了详细说明。

表 8-2 oVirt 相关软件版本及获取方式

软件名称	版 本	获取方式
openEuler	openEuler-22.03-LTS-SP2	通过 ISO 安装
ovirt-engine	4.4.4.1	通过配置 Yum 源安装
ovirt-host	4.4.2	通过配置 Yum 源安装
VDSM	4.40.60	通过配置 Yum 源安装
Libvirt	6.2.0	通过配置 Yum 源安装
Qemu-KVM	4.1.0	通过配置 Yum 源安装

8.2 部署 openEuler 操作系统

鲲鹏 oVirt 轻量级虚拟化软件依赖于特定版本的操作系统（如 openEuler-22.03-LTS-SP2），因此，首先需要在"服务器 1""服务器 2"和"服务器 3"上安装 openEuler 操作系统。然后，为了提升服务器性能，还要对 BIOS 配置进行调优，以确保系统的最佳运行状态。

8.2.1 部署操作系统

从 openEuler 官网上下载架构为 AArch64 的"openEuler-22.03-LTS-SP2"操作系统，下载后的文件名为"openEuler-22.03-LTS-SP2-aarch64-dvd.iso"，计算得到的 md5sum 文件校验码为"9ca39ad7226ac516eca84ac4f947301f"，下面简要说明一下操作系统的安装步骤。

（1）将下载的 openEuler-22.03-LTS-SP2-aarch64-dvd.iso 镜像文件制作为安装介质，并从物理介质中安装操作系统，或者直接通过 iBMC 中的虚拟光驱加载镜像文件来安装操作系统。

（2）进入光盘的系统启动项选择界面，在这里选择"Install openEuler 22.03-LTS-SP2"，如图 8-1 所示，按回车键继续。

图 8-1　系统启动项选择界面

（3）选择安装器的语言，这里选择 English，如图 8-2 所示，单击 Continue 按钮继续安装。

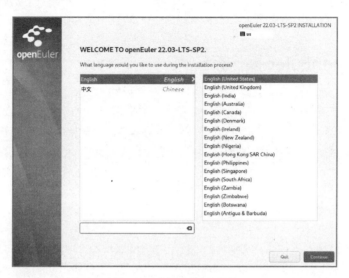

图 8-2　选择安装器语言

（4）如图 8-3 所示，在 INSTALLATION SUMMARY 窗口中完成 Installation Destination、Root Account、User Creation 项目的配置。

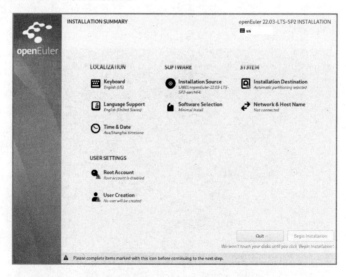

图 8-3　INSTALL SUMMARY 界面

（5）单击"Begin Installation"按钮，开始安装操作系统，如图 8-4 所示。

第 8 章 在国产鲲鹏 920 上使用 oVirt

图 8-4 开始安装操作系统

（6）当进度条左上方出现"Complete！"时，表示已经成功安装了操作系统，如图 8-5 所示。

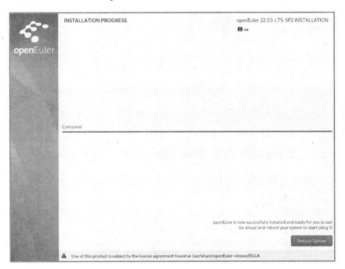

图 8-5 系统安装成功

8.2.2 设置 BIOS

通过在 BIOS 中设置一些高级选项，可以有效提升服务器的性能，BIOS 配置项如表 8-3 所示。

表 8-3　BIOS 配置项

BIOS配置项	选项含义	建议配置值	修改路径
SRIOV	启用或禁用 Single Root Input/Output Virtualization（SRIOV）。	Enabled	BIOS > Advanced > PCIe Configuration > SRIOV
Support Smmu	启用或禁用 SMMU 功能	Enabled	BIOS > Advanced > MISC Configuration > Support Smmu

设置 BIOS 的具体步骤如下。

（1）重启服务器，进入 BIOS 设置界面。

（2）开启 SRIOV：在 BIOS 中依次选择"Advanced > PCIe Configuration > SRIOV"，设置为 Enabled。

（3）开启 SMMU：在 BIOS 中依次选择"Advanced > MISC Configuration > Support Smmu"，设置为 Enabled。（注意：此优化项只在虚拟化场景使用，在非虚拟化场景中需关闭。）

（4）按 F10 键保存 BIOS 配置，并重启服务器。

8.3　安装和部署管理器引擎

鲲鹏 920 不支持自托管引擎的部署方式，因此需要单独准备一台物理服务器用于安装 oVirt 管理器引擎。根据本章开始的规划，管理器引擎将会被部署于服务器 1（master.arm.ovirt.com）中，在安装管理器引擎前需要在服务器 1 中完成 openEuler 操作系统的安装。安装和部署管理器引擎的具体步骤如下。

（1）配置 IP 地址，确保服务器能够与网络通信。可以通过 nmcli 命令对网络进行配置。

```
# 查看系统中已经创建的网络配置
[root@localhost ~]# nmcli con show
NAME      UUID                                  TYPE      DEVICE
enp0s3f0  4fe8c424-13a8-4dcc-8850-71524bc49f58  ethernet  enp1s0
virbr0    6f549112-4219-4e39-acff-a68e4bbe131b  bridge    virbr0

# 删除系统网络的网络配置
[root@localhost ~]# nmcli con del enp0s3f0

# 配置网络的 IP 地址
[root@localhost ~]# nmcli con add type ethernet con-name enp0s3f0 ifname enp0s3f0 ipv4.method manual ipv4.addresses 192.168.101.50/24 ipv4.gateway 192.168.101.1 ipv4.dns 114.114.114.114 autoconnect yes
[root@localhost ~]# nmcli con reload
[root@localhost ~]# nmcli con up enp0s3f0
```

（2）设置主机名称为"master"，并且将 master.arm.ovirt.com、node1.arm.ovirt.com、node2.arm.ovirt.com 域名解析记录添加到"/etc/hosts"配置文件中。

```
[root@localhost ~]# hostnamectl set-hostname master
[root@localhost ~]# vi /etc/hosts
[root@localhost ~]# cat /etc/hosts
127.0.0.1      localhost localhost.localdomain localhost4 localhost4.localdomain4
::1            localhost localhost.localdomain localhost6 localhost6.localdomain6
192.168.101.50 master master.arm.ovirt.com
192.168.101.95 node1 node1.arm.ovirt.com
192.168.101.96 node2 node2.arm.ovirt.com
```

（3）查看 openEuler 软件源配置文件"cat /etc/yum.repos.d/openEulerOS.repo"。

```
[root@master ~]# cat /etc/yum.repos.d/openEulerOS.repo
cat /etc/yum.repos.d/openEuler.repo
#generic-repos is licensed under the Mulan PSL v2.
#You can use this software according to the terms and conditions of the Mulan PSL v2.
#You may obtain a copy of Mulan PSL v2 at:
#       http://lic****.coscl.org.cn/MulanPSL2
#THIS SOFTWARE IS PROVIDED ON AN "AS IS" BASIS, WITHOUT WARRANTIES OF ANY KIND, EITHER EXPRESS OR
#IMPLIED, INCLUDING BUT NOT LIMITED TO NON-INFRINGEMENT, MERCHANTABILITY OR FIT FOR A PARTICULAR
#PURPOSE.
#See the Mulan PSL v2 for more details.

[OS]
name=OS
baseurl=http://repo.****euler.org/openEuler-22.03-LTS-SP2/OS/$basearch/
metalink=https://mirrors.****euler.org/metalink?repo=$releasever/OS&arch=$basearch
metadata_expire=1h
enabled=1
gpgcheck=1
gpgkey=http://repo.****euler.org/openEuler-22.03-LTS-SP2/OS/$basearch/RPM-GPG-KEY-openEuler

[everything]
name=everything
baseurl=http://repo.****euler.org/openEuler-22.03-LTS-SP2/everything/$basearch/
metalink=https://mirrors.****euler.org/metalink?repo=$releasever/everything&arch=$basearch
metadata_expire=1h
enabled=1
gpgcheck=1
gpgkey=http://repo.****euler.org/openEuler-22.03-LTS-SP2/everything/$basearch/RPM-GPG-KEY-openEuler

[EPOL]
```

```
name=EPOL
baseurl=http://repo.****euler.org/openEuler-22.03-LTS-SP2/EPOL/main/$basearch/
metalink=https://mirrors.****euler.org/metalink?repo=$releasever/EPOL/main&arch=$basearch
metadata_expire=1h
enabled=1
gpgcheck=1
gpgkey=http://repo.****euler.org/openEuler-22.03-LTS-SP2/OS/$basearch/RPM-GPG-KEY-openEuler

[debuginfo]
name=debuginfo
baseurl=http://repo.****euler.org/openEuler-22.03-LTS-SP2/debuginfo/$basearch/
metalink=https://mirrors.****euler.org/metalink?repo=$releasever/debuginfo&arch=$basearch
metadata_expire=1h
enabled=1
gpgcheck=1
gpgkey=http://repo.****euler.org/openEuler-22.03-LTS-SP2/debuginfo/$basearch/RPM-GPG-KEY-openEuler

[source]
name=source
baseurl=http://repo.****euler.org/openEuler-22.03-LTS-SP2/source/
metalink=https://mirrors.****euler.org/metalink?repo=$releasever&arch=source
metadata_expire=1h
enabled=1
gpgcheck=1
gpgkey=http://repo.****euler.org/openEuler-22.03-LTS-SP2/source/RPM-GPG-KEY-openEuler

[update]
name=update
baseurl=http://repo.****euler.org/openEuler-22.03-LTS-SP2/update/$basearch/
metalink=https://mirrors.****euler.org/metalink?repo=$releasever/update&arch=$basearch
metadata_expire=1h
enabled=1
gpgcheck=1
gpgkey=http://repo.****euler.org/openEuler-22.03-LTS-SP2/OS/$basearch/RPM-GPG-KEY-openEuler

[update-source]
name=update-source
baseurl=http://repo.****euler.org/openEuler-22.03-LTS-SP2/update/source/
metalink=https://mirrors.****euler.org/metalink?repo=$releasever/update&arch=source
metadata_expire=1h
enabled=1
gpgcheck=1
gpgkey=http://repo.****euler.org/openEuler-22.03-LTS-SP2/source/RPM-GPG-KEY-openEuler
```

（4）通过 yum 命令安装管理器引擎。

```
[root@master ~]# yum install ovirt-engine python3-distro vdsm-jsonrpc-java-1.5.5 -y
# 从openEuler-20.03-LTS-SP1 的源里面下载 42.2.4-4 版本的 postgresql-jdbc
[root@master ~]# wget
https://repo.huaweicloud.com/****euler/openEuler-20.03-LTS-SP1/everything/aarch64/Packages/postgr
esql-jdbc-42.2.4-4.oe1.noarch.rpm

# 安装 42.2.4-4 版本的 postgresql-jdbc
rpm -Uvh --oldpackage postgresql-jdbc-42.2.4-4.oe1.noarch.rpm
```

（5）检查 vdsm-jsonrpc-java 的版本信息，确认其版本为 1.5.x 版本。

```
[root@master ~]# rpm -qa|grep vdsm-jsonrpc-java
vdsm-jsonrpc-java-1.5.5-1.oe2203sp2.noarch
```

（6）检查 postgresql-jdbc 的版本信息，确认其版本为 42.2.4 版本。

```
[root@master ~]# rpm -qa |grep postgresql-jdbc
postgresql-jdbc-42.2.4-4.oe1.noarch
```

（7）手动加载 Open vSwitch 内核模块并配置开机自动加载。

```
[root@master ~]# modprobe openvswitch
[root@master ~]# echo 'openvswitch' > /etc/modules-load.d/99-openvswitch.conf
```

（8）可通过 lsmod 命令确认模块已经加载成功。

```
[root@master ~]# lsmod  |grep openvswitch
openvswitch           163840  0
nsh                    16384  1 openvswitch
nf_conncount           24576  1 openvswitch
nf_nat                 53248  4 ip6table_nat,openvswitch,nft_chain_nat,iptable_nat
nf_conntrack          192512  4 nf_nat,nft_ct,openvswitch,nf_conncount
nf_defrag_ipv6         24576  2 nf_conntrack,openvswitch
libcrc32c              16384  4 nf_conntrack,nf_nat,openvswitch,nf_tables
```

（9）为 libpq 创建软连接。

```
[root@master ~]# ln -sf /usr/lib64/libpq.so.private13-5.13 /usr/lib64/libpq.so.5
```

（10）执行离线部署命令（注意 Configure ovirt-provider-ovn 选项需要设置为"No"，其余选项可以使用默认值）。

```
[root@master ~]# engine-setup --offline
-c:1: DeprecationWarning: dist() and linux_distribution() functions are deprecated in Python 3.5
-c:1: DeprecationWarning: dist() and linux_distribution() functions are deprecated in Python 3.5
```

```
[ INFO  ] Stage: Initializing
[ INFO  ] Stage: Environment setup
          Configuration files: /etc/ovirt-engine-setup.conf.d/10-packaging-jboss.conf,
/etc/ovirt-engine-setup.conf.d/10-packaging.conf
          Log file: /var/log/ovirt-engine/setup/ovirt-engine-setup-20240606010704-pczvj1.log
          Version: otopi-1.9.4 (otopi-1.9.4-2.oe1)
[ INFO  ] Stage: Environment packages setup
[ INFO  ] Stage: Programs detection
[ INFO  ] Stage: Environment setup (late)
[WARNING] Unsupported distribution disabling nfs export
[ INFO  ] Stage: Environment customization

          --== PRODUCT OPTIONS ==--

          Configure Cinderlib integration (Currently in tech preview) (Yes, No) [No]:
          Configure Engine on this host (Yes, No) [Yes]:

          Configuring ovirt-provider-ovn also sets the Default cluster's default network provider to
ovirt-provider-ovn.
          Non-Default clusters may be configured with an OVN after installation.
          Configure ovirt-provider-ovn (Yes, No) [Yes]: No
          Configure WebSocket Proxy on this host (Yes, No) [Yes]:

          * Please note * : Data Warehouse is required for the engine.
          If you choose to not configure it on this host, you have to configure
          it on a remote host, and then configure the engine on this host so
          that it can access the database of the remote Data Warehouse host.
          Configure Data Warehouse on this host (Yes, No) [Yes]:
          Configure Grafana on this host (Yes, No) [Yes]:
          Configure VM Console Proxy on this host (Yes, No) [Yes]:

          --== NETWORK CONFIGURATION ==--

          Host fully qualified DNS name of this server [kunpeng920-master]: master.arm.ovirt.com
[WARNING] Failed to resolve master.arm.ovirt.com using DNS, it can be resolved only locally

          Setup can automatically configure the firewall on this system.
          Note: automatic configuration of the firewall may overwrite current settings.
          Do you want Setup to configure the firewall? (Yes, No) [Yes]:
[ INFO  ] firewalld will be configured as firewall manager.
```

```
          --== DATABASE CONFIGURATION ==--

          Where is the DWH database located? (Local, Remote) [Local]:

          Setup can configure the local postgresql server automatically for the DWH to run. This may
conflict with existing applications.
          Would you like Setup to automatically configure postgresql and create DWH database, or prefer
to perform that manually? (Automatic, Manual) [Automatic]:
          Where is the Engine database located? (Local, Remote) [Local]:

          Setup can configure the local postgresql server automatically for the engine to run. This
may conflict with existing applications.
          Would you like Setup to automatically configure postgresql and create Engine database, or
prefer to perform that manually? (Automatic, Manual) [Automatic]:

          --== OVIRT ENGINE CONFIGURATION ==--

          Engine admin password:
          Confirm engine admin password:
[WARNING] Password is weak：密码少于 8 个字符
          Use weak password? (Yes, No) [No]: Yes
          Application mode (Virt, Gluster, Both) [Both]:

          --== STORAGE CONFIGURATION ==--

          Default SAN wipe after delete (Yes, No) [No]:

          --== PKI CONFIGURATION ==--

          Organization name for certificate [arm.ovirt.com]:

          --== APACHE CONFIGURATION ==--

          Setup can configure the default page of the web server to present the application home page.
This may conflict with existing applications.
          Do you wish to set the application as the default page of the web server? (Yes, No) [Yes]:

          Setup can configure apache to use SSL using a certificate issued from the internal CA.
          Do you wish Setup to configure that, or prefer to perform that manually? (Automatic, Manual)
[Automatic]:

          --== SYSTEM CONFIGURATION ==--
```

```
--== MISC CONFIGURATION ==--

          Please choose Data Warehouse sampling scale:
          (1) Basic
          (2) Full
          (1, 2)[1]:
          Use Engine admin password as initial Grafana admin password (Yes, No) [Yes]:

          --== END OF CONFIGURATION ==--

[ INFO  ] Stage: Setup validation

          --== CONFIGURATION PREVIEW ==--

          Application mode                        : both
          Default SAN wipe after delete           : False
          Host FQDN                               : master.arm.ovirt.com
          Firewall manager                        : firewalld
          Update Firewall                         : True
          Set up Cinderlib integration            : False
          Configure local Engine database         : True
          Set application as default page         : True
          Configure Apache SSL                    : True
          Engine database host                    : localhost
          Engine database port                    : 5432
          Engine database secured connection      : False
          Engine database host name validation    : False
          Engine database name                    : engine
          Engine database user name               : engine
          Engine installation                     : True
          PKI organization                        : arm.ovirt.com
          Set up ovirt-provider-ovn               : False
          Grafana integration                     : True
          Grafana database user name              : ovirt_engine_history_grafana
          Configure WebSocket Proxy               : True
          DWH installation                        : True
          DWH database host                       : localhost
          DWH database port                       : 5432
          DWH database secured connection         : False
          DWH database host name validation       : False
          DWH database name                       : ovirt_engine_history
          Configure local DWH database            : True
```

```
          Configure VMConsole Proxy            : True

          Please confirm installation settings (OK, Cancel) [OK]:
[ INFO  ] Stage: Transaction setup
[ INFO  ] Stopping engine service
[ INFO  ] Stopping ovirt-fence-kdump-listener service
[ INFO  ] Stopping dwh service
[ INFO  ] Stopping vmconsole-proxy service
[ INFO  ] Stopping websocket-proxy service
[ INFO  ] Stage: Misc configuration (early)
[ INFO  ] Stage: Package installation
[ INFO  ] Stage: Misc configuration
[ INFO  ] Upgrading CA
[ INFO  ] Creating PostgreSQL 'engine' database
[ INFO  ] Configuring PostgreSQL
[ INFO  ] Creating PostgreSQL 'ovirt_engine_history' database
[ INFO  ] Configuring PostgreSQL
[ INFO  ] Creating CA: /etc/pki/ovirt-engine/ca.pem
[ INFO  ] Creating CA: /etc/pki/ovirt-engine/qemu-ca.pem
[ INFO  ] Creating/refreshing DWH database schema
[ INFO  ] Setting up ovirt-vmconsole proxy helper PKI artifacts
[ INFO  ] Setting up ovirt-vmconsole SSH PKI artifacts
[ INFO  ] Configuring WebSocket Proxy
[ INFO  ] Creating/refreshing Engine database schema
[ INFO  ] Creating a user for Grafana
[ INFO  ] Creating/refreshing Engine 'internal' domain database schema
[ INFO  ] Creating default mac pool range
[ INFO  ] Setting a password for internal user admin
[ INFO  ] Install selinux module /usr/share/ovirt-engine/selinux/ansible-runner-service.cil
[ INFO  ] Generating post install configuration file
'/etc/ovirt-engine-setup.conf.d/20-setup-ovirt-post.conf'
[ INFO  ] Stage: Transaction commit
[ INFO  ] Stage: Closing up
[ INFO  ] Starting engine service
[ INFO  ] Starting dwh service
[ INFO  ] Starting Grafana service
[ INFO  ] Restarting ovirt-vmconsole proxy service

          --== SUMMARY ==--

[ INFO  ] Restarting httpd
          Please use the user 'admin@internal' and password specified in order to login
          Web access is enabled at:
```

```
            http://master.arm.ovirt.com:80/ovirt-engine
            https://master.arm.ovirt.com:443/ovirt-engine
      Internal CA 41:AF:B1:AF:9D:3B:A2:3A:A0:D8:E8:E9:17:CA:C3:24:37:0B:47:C8
      SSH fingerprint: SHA256:rT+Zwk/wkS8LeK7im06bOEQ6v8AOI9Qso+nrPoRViXo
      Web access for grafana is enabled at:
            https://master.arm.ovirt.com/ovirt-engine-grafana/
      Please run the following command on the engine machine master.arm.ovirt.com, for SSO to work:
      systemctl restart ovirt-engine

      --== END OF SUMMARY ==--

[ INFO  ] Stage: Clean up
          Log file is located at
/var/log/ovirt-engine/setup/ovirt-engine-setup-20240606010704-pczvj1.log
[ INFO  ] Generating answer file '/var/lib/ovirt-engine/setup/answers/20240606010913-setup.conf'
[ INFO  ] Stage: Pre-termination
[ INFO  ] Stage: Termination
[ INFO  ] Execution of setup completed successfully
```

（11）如果出现"Execution of setup completed successfully"，则表示管理器引擎已经部署成功。如果部署失败则需要重新安装管理器引擎，安装前需要执行 engine-cleanup 命令清理环境。

（12）通过 master.arm.ovirt.com 域名访问管理器引擎，打开 oVirt 导航页如图 8-6 所示。

图 8-6　打开 oVirt 导航页

（13）使用 admin 用户登录"管理门户"，确认管理器引擎已经正常运行，如图 8-7 所示。

第 8 章　在国产鲲鹏 920 上使用 oVirt

图 8-7　管理门户页面

8.4　部署和添加主机

主机是指运行 VDSM、Libvirt 等相关组件，为 oVirt 提供硬件资源并运行虚拟机的物理服务器。根据本章开始（见 8.1 节）的规划，我们要将服务器 2（node1.arm.ovirt.com）和服务器 3（node2.arm.ovirt.com）两台服务器用作 oVirt 的主机，下面以服务器 2 为例，说明部署主机和添加主机的方法。

8.4.1　部署主机

部署主机是指在 openEuler 操作系统中安装 VDSM、Libvirt 等相关组件，使管理引擎能够将其添加为主机。执行本操作前需要在服务器 2（node1.arm.ovirt.com）中完成 openEuler 操作系统的安装（可参考 8.2 节），以下是在主机上安装这些组件的具体步骤。

（1）在内核启动时启用 IOMMU（I/O 内存管理单元）的直通模式，以便虚拟机能够直接访问物理设备。为此，需要修改 /etc/grub2-efi.cfg 文件，在"linux /vmlinuz"行的末尾添加"iommu.passthrough=1"，修改结果如图 8-8 所示。

```
# vim /etc/grub2-efi.cfg
```

（2）重启服务器，使得内核启动参数生效。
（3）通过 nmcli 命令为当前主机配置 IP 地址。

```
# 查看系统中已经创建的网络配置
```

```
[root@localhost ~]# nmcli con show

# 删除系统网络的网络配置
[root@localhost ~]# nmcli con del enp2s0f0

# 直接将网络配置到网卡上
[root@localhost ~]# nmcli con add type ethernet con-name enp2s0f0 ifname enp2s0f0 ipv4.method manual ipv4.addresses 192.168.101.95/24 ipv4.gateway 192.168.101.1 ipv4.dns 192.168.101.1 autoconnect yes
[root@localhost ~]# nmcli con reload
[root@localhost ~]# nmcli con up enp1s0
```

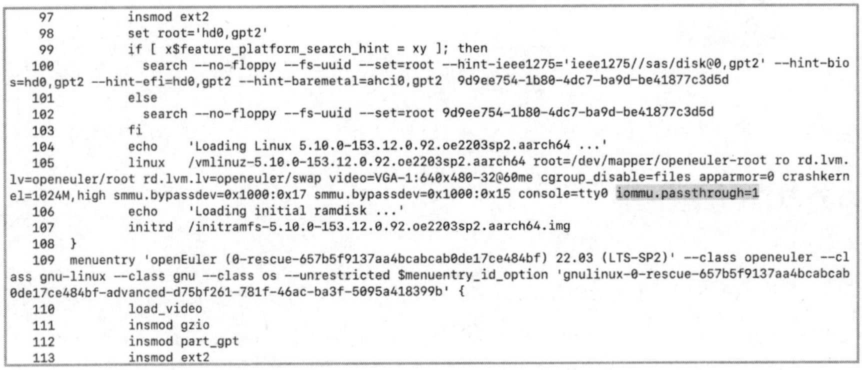

```
 97         insmod ext2
 98         set root='hd0,gpt2'
 99         if [ x$feature_platform_search_hint = xy ]; then
100           search --no-floppy --fs-uuid --set=root --hint-ieee1275='ieee1275//sas/disk@0,gpt2' --hint-bios=hd0,gpt2 --hint-efi=hd0,gpt2 --hint-baremetal=ahci0,gpt2  9d9ee754-1b80-4dc7-ba9d-be41877c3d5d
101         else
102           search --no-floppy --fs-uuid --set=root 9d9ee754-1b80-4dc7-ba9d-be41877c3d5d
103         fi
104         echo    'Loading Linux 5.10.0-153.12.0.92.oe2203sp2.aarch64 ...'
105         linux   /vmlinuz-5.10.0-153.12.0.92.oe2203sp2.aarch64 root=/dev/mapper/openeuler-root ro rd.lvm.lv=openeuler/root rd.lvm.lv=openeuler/swap video=VGA-1:640x480-32@60me cgroup_disable=files apparmor=0 crashkernel=1024M,high smmu.bypassdev=0x1000:0x17 smmu.bypassdev=0x1000:0x15 console=tty0 iommu.passthrough=1
106         echo    'Loading initial ramdisk ...'
107         initrd  /initramfs-5.10.0-153.12.0.92.oe2203sp2.aarch64.img
108       }
109       menuentry 'openEuler (0-rescue-657b5f9137aa4bcabcab0de17ce484bf) 22.03 (LTS-SP2)' --class openeuler --class gnu-linux --class gnu --class os --unrestricted $menuentry_id_option 'gnulinux-0-rescue-657b5f9137aa4bcabcab0de17ce484bf-advanced-d75bf261-781f-46ac-ba3f-5095a418399b' {
110         load_video
111         insmod gzio
112         insmod part_gpt
113         insmod ext2
```

图 8-8　修改内核启动参数的结果

（4）设置主机名称及域名解析文件。

```
[root@localhost ~]# hostnamectl set-hostname node1
[root@localhost ~]# cat /etc/hosts
127.0.0.1     localhost localhost.localdomain localhost4 localhost4.localdomain4
::1           localhost localhost.localdomain localhost6 localhost6.localdomain6
192.168.101.50 master master.arm.ovirt.com
192.168.101.95 node1 node1.arm.ovirt.com
192.168.101.96 node2 node2.arm.ovirt.com
```

（5）查看 openEuler 软件源配置文件 cat /etc/yum.repos.d/openEulerOS.repo，可以看到该文件已经被正确配置。

```
[root@node1 ~]# cat /etc/yum.repos.d/openEulerOS.repo
#generic-repos is licensed under the Mulan PSL v2.
#You can use this software according to the terms and conditions of the Mulan PSL v2.
#You may obtain a copy of Mulan PSL v2 at:
#        http://lic****.coscl.org.cn/MulanPSL2
#THIS SOFTWARE IS PROVIDED ON AN "AS IS" BASIS, WITHOUT WARRANTIES OF ANY KIND, EITHER EXPRESS OR
```

```
#IMPLIED, INCLUDING BUT NOT LIMITED TO NON-INFRINGEMENT, MERCHANTABILITY OR FIT FOR A PARTICULAR
#PURPOSE.
#See the Mulan PSL v2 for more details.

[OS]
name=OS
baseurl=http://repo.****euler.org/openEuler-22.03-LTS-SP2/OS/$basearch/
metalink=https://mirrors.****euler.org/metalink?repo=$releasever/OS&arch=$basearch
metadata_expire=1h
enabled=1
gpgcheck=1
gpgkey=http://repo.****euler.org/openEuler-22.03-LTS-SP2/OS/$basearch/RPM-GPG-KEY-openEuler

[everything]
name=everything
baseurl=http://repo.****euler.org/openEuler-22.03-LTS-SP2/everything/$basearch/
metalink=https://mirrors.****euler.org/metalink?repo=$releasever/everything&arch=$basearch
metadata_expire=1h
enabled=1
gpgcheck=1
gpgkey=http://repo.****euler.org/openEuler-22.03-LTS-SP2/everything/$basearch/RPM-GPG-KEY-openEuler

[EPOL]
name=EPOL
baseurl=http://repo.****euler.org/openEuler-22.03-LTS-SP2/EPOL/main/$basearch/
metalink=https://mirrors.****euler.org/metalink?repo=$releasever/EPOL/main&arch=$basearch
metadata_expire=1h
enabled=1
gpgcheck=1
gpgkey=http://repo.****euler.org/openEuler-22.03-LTS-SP2/OS/$basearch/RPM-GPG-KEY-openEuler

[debuginfo]
name=debuginfo
baseurl=http://repo.****euler.org/openEuler-22.03-LTS-SP2/debuginfo/$basearch/
metalink=https://mirrors.****euler.org/metalink?repo=$releasever/debuginfo&arch=$basearch
metadata_expire=1h
enabled=1
gpgcheck=1
gpgkey=http://repo.****euler.org/openEuler-22.03-LTS-SP2/debuginfo/$basearch/RPM-GPG-KEY-openEuler

[source]
name=source
baseurl=http://repo.****euler.org/openEuler-22.03-LTS-SP2/source/
```

```
metalink=https://mirrors.****euler.org/metalink?repo=$releasever&arch=source
metadata_expire=1h
enabled=1
gpgcheck=1
gpgkey=http://repo.****euler.org/openEuler-22.03-LTS-SP2/source/RPM-GPG-KEY-openEuler

[update]
name=update
baseurl=http://repo.****euler.org/openEuler-22.03-LTS-SP2/update/$basearch/
metalink=https://mirrors.****euler.org/metalink?repo=$releasever/update&arch=$basearch
metadata_expire=1h
enabled=1
gpgcheck=1
gpgkey=http://repo.****euler.org/openEuler-22.03-LTS-SP2/OS/$basearch/RPM-GPG-KEY-openEuler

[update-source]
name=update-source
baseurl=http://repo.****euler.org/openEuler-22.03-LTS-SP2/update/source/
metalink=https://mirrors.****euler.org/metalink?repo=$releasever/update&arch=source
metadata_expire=1h
enabled=1
gpgcheck=1
gpgkey=http://repo.****euler.org/openEuler-22.03-LTS-SP2/source/RPM-GPG-KEY-openEuler
```

（6）安装 ovirt-host 软件包。

```
# yum install -y ovirt-host glibc ovirt-hosted-engine-setup
```

（7）手动加载 Open vSwitch 内核驱动，并设置开机自动加载。

```
# modprobe openvswitch
# echo 'openvswitch' > /etc/modules-load.d/99-openvswitch.conf
```

（8）通过 lsmod 命令确认模块加载成功。

```
# lsmod |grep openvswitch
openvswitch           163840  0
nsh                    16384  1 openvswitch
nf_conncount           24576  1 openvswitch
nf_nat                 53248  4 ip6table_nat,openvswitch,nft_chain_nat,iptable_nat
nf_conntrack          192512  4 nf_nat,nft_ct,openvswitch,nf_conncount
nf_defrag_ipv6         24576  2 nf_conntrack,openvswitch
libcrc32c              16384  4 nf_conntrack,nf_nat,openvswitch,nf_tables
```

（9）升级 OpenSSH 与 sudo（OpenSSH 与 sudo 版本过低会导致 oVirt 服务无法正常启动）。

```
# yum update -y openssh sudo python3-libvirt
```

（10）打开/usr/libexec/vdsm/hooks/before_vm_start/50_hostedengine 文件，将文件头“python3”修改为“/usr/bin/python3”，如图 8-9 和图 8-10 所示。

```
# vi /usr/libexec/vdsm/hooks/before_vm_start/50_hostedengine
```

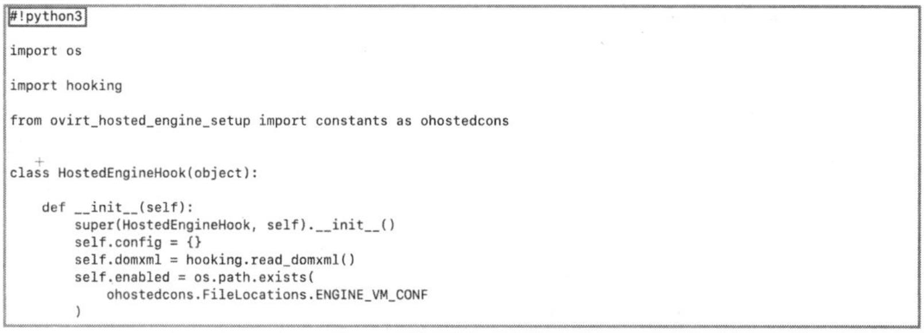

```
#!python3

import os

import hooking

from ovirt_hosted_engine_setup import constants as ohostedcons


class HostedEngineHook(object):

    def __init__(self):
        super(HostedEngineHook, self).__init__()
        self.config = {}
        self.domxml = hooking.read_domxml()
        self.enabled = os.path.exists(
            ohostedcons.FileLocations.ENGINE_VM_CONF
        )
```

图 8-9　修改之前的文件内容

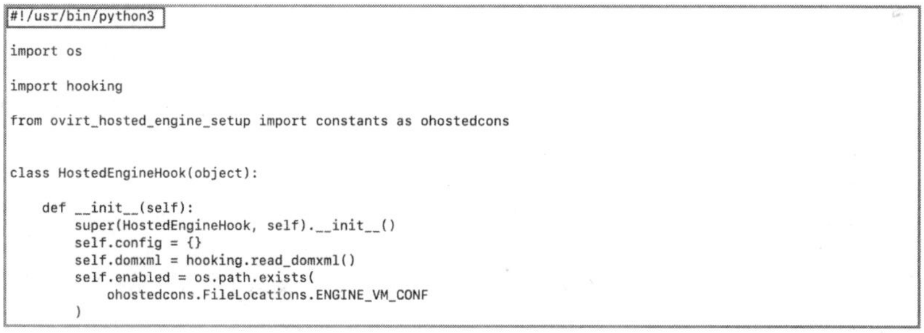

```
#!/usr/bin/python3

import os

import hooking

from ovirt_hosted_engine_setup import constants as ohostedcons


class HostedEngineHook(object):

    def __init__(self):
        super(HostedEngineHook, self).__init__()
        self.config = {}
        self.domxml = hooking.read_domxml()
        self.enabled = os.path.exists(
            ohostedcons.FileLocations.ENGINE_VM_CONF
        )
```

图 8-10　修改之后的文件内容

8.4.2　添加主机

在 oVirt 中，添加主机的作用是将物理服务器纳入虚拟化环境，提供计算、存储和网络资源，以便运行和管理虚拟机。添加主机本质上是通过浏览器在 oVirt 的管理门户中将主机添加到集群的过程，具体步骤如下。

（1）登录管理门户。

（2）选择“计算”→“主机”，进入主机列表页，如图 8-11 所示。

（3）在菜单栏中单击“新建”按钮，如图 8-12 所示。

（4）在“新建主机”窗口的“常规”选项卡界面内完善“名称”“主机名/IP”“SSH 端口”

"密码"等选项,单击"确定"按钮开始添加。如图8-13所示。

图 8-11 进入主机列表页

图 8-12 新建主机

图 8-13 "新建主机"窗口页面

(5)等待主机添加完成。

提示:若添加主机失败则可以参考2.9节排除故障后重新添加节点。

8.5 通过管理门户添加存储域

通过独立部署的方式安装 oVirt 后，添加的第一个存储域将被设为主存储域。由于 NFS 的配置相较于 iSCSI 更为简单，因此建议优先考虑将 NFS 添加为主存储域。

准备 NFS 存储和添加 NFS 存储的过程可以参考 2.2.1 节和 3.1.3 节。

准备 iSCSI 存储和添加 iSCSI 存储的过程可以参考 2.2.1 节和 3.1.3 节。

在为鲲鹏 920 的 oVirt 添加 iSCSI 时会发生报错（原因可能是程序有 bug），以下介绍整个添加步骤及排查错误的过程。

（1）在"存储"→"域"中选择"新建域"，添加 iSCSI 类型的存储域，如图 8-14 所示。

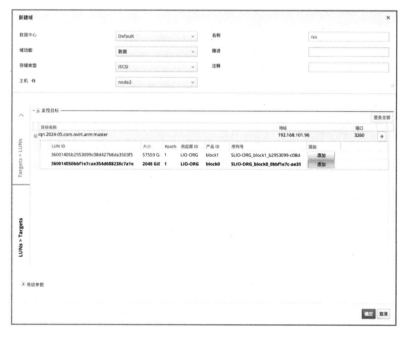

图 8-14 添加 iSCSI 类型的存储域

（2）单击"确定"按钮，稍后会收到一个报错"执行附加存储域操作时出错……"，这里单击"关闭"按钮忽略这个报错，如图 8-15 所示。

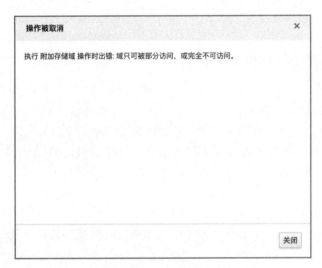

图 8-15　执行附加存储域操作时出错

（3）在"事件细节"窗口中查看原因，如图 8-16 所示，从窗口中显示的信息可知，附加数据中心失败。

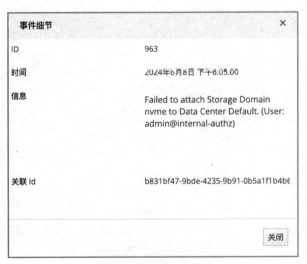

图 8-16　附加数据中心失败

（4）在"存储"→"域"下的存储域列表中找到添加失败的域，单击域名称进入详细页面。在"数据中心"配置页内，单击菜单栏上的"附加"按钮，将存储域附加到数据中心即可，如图 8-17 所示。

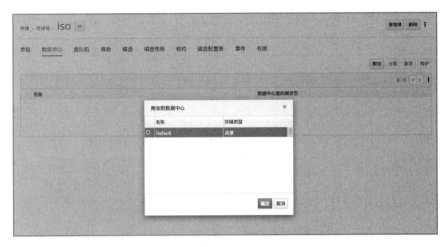

图 8-17　将存储域附加到数据中心

（5）在数据中心的菜单栏中单击"激活"按钮，激活存储域，如图 8-18 所示。

图 8-18　激活存储域

（6）稍等片刻，可以看到存储域已经处于"活跃的"状态，如图 8-19 所示。

图 8-19　查看存储域状态

第 9 章 在国产龙芯服务器上使用 oVirt

龙芯处理器是中国自主研发的处理器，采用完全自主研发的 LoongArch 架构，随着我国在信息化产业自主可控的推进，龙芯逐渐形成独立的芯片产业链，以及完全自主的芯片研发生态。

在龙芯处理器上部署 oVirt 虚拟化平台，能够确保整个 IT 基础设施的自主可控，避免对国外技术的依赖。oVirt 在国产龙芯架构上的部署和应用也填补了国产龙芯架构下虚拟化管理平台的空白，推动了国产技术生态的发展。

在龙芯架构下，部署 oVirt 依赖于 Loongnix Server 8.4 操作系统。整个虚拟化管理平台采用独立部署的方式，并使用龙芯官方的 oVirt 安装源进行安装。

9.1 整体安装规划

安装过程中至少需要两台服务器，一台作为管理器节点，另一台作为主机。此处使用了两台鲲鹏服务器进行 oVirt 的部署验证，表 9-1 是这些服务器的环境配置信息。

表 9-1　环境配置信息

项　目	说　明
服务器型号	龙芯服务器
CPU 类型	Loongson 3A5000（或同类型支持 Loongarch64 指令集的 CPU）
服务器 1（可以是物理机或虚拟机）	配置本地域名：master.loongarch.ovirt.com IP 地址：192.168.2.47
服务器 2	配置本地域名：node1.loongarch.ovirt.com IP 地址：192.168.2.216
oVirt 管理节点	服务器 1 域名：master.loongarch.ovirt.com　（192.168.2.47）
oVirt Host1	服务器 2 域名：node1.loongarch.ovirt.com　（192.168.2.216）

表 9-2 对操作系统版本及 oVirt 软件版本进行了说明。

表 9-2　软件版本信息

软件名称	版　本	获取方式
openEuler	Loongnix Server 8.4	通过 ISO 安装
ovirt-engine	4.4.4.1	通过配置 Yum 源安装
ovirt-host	4.4.9	通过配置 Yum 源安装
VDSM	4.40.100.2	通过配置 Yum 源安装
Libvirt	6.0.0	通过配置 Yum 源安装
Qemu-KVM	4.2.0	通过配置 Yum 源安装

9.2　部署和配置 Loongnix Server 8.4 操作系统

Loongnix 版本的 oVirt 需要安装在 Loongnix Server 8.4 操作系统中，因此管理员需要为"服务器 1"和"服务器 2"部署 Loongnix Server 操作系统，并为其配置网络和软件源。

9.2.1　部署操作系统

从龙芯官网上下载"Loongnix Server 8.4"操作系统，下载后的文件名为"Loongnix-server-

8.4.0.livecd.loongarch64.iso",计算得到的 md5sum 文件校验码为"DAED57EFB79EFDCC47AA1023D1064204",下面简要说明一下操作系统的安装步骤。

(1) 将下载的 Loongnix-server-8.4.0.livecd.loongarch64.iso 操作系统镜像文件制作为安装介质,并从物理介质中安装操作系统,或者直接通过远程管理平台的虚拟光驱加载镜像文件来安装操作系统。

(2) 进入光盘的系统启动项选择界面,在这里选择"Start Loongnix 8.4.0.Livecd",如图 9-1 所示。

图 9-1　系统启动项选择界面

(3) 进入系统后,在桌面上找到"安装到硬盘"图标,双击该图标运行安装程序,如图 9-2 所示。

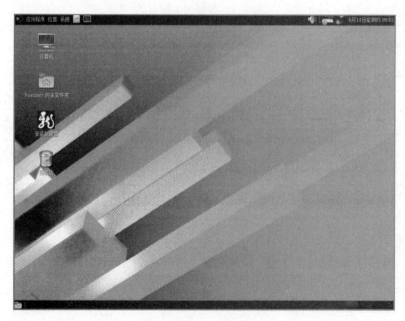

图 9-2　进入 Livecd 桌面

(4) 设置安装器语言,这里选择"简体中文(中国)"如图 9-3 所示。

(5) 在安装信息摘要中完成所有的安装配置项,并单击"开始安装"按钮,如图 9-4 所示。

图 9-3　安装器语言选择菜单

图 9-4　安装信息摘要

（6）等待操作系统安装完成即可。

9.2.2　配置网络并启用 SSH 服务

系统安装完成后，需要配置 IP 地址以确保服务器能够与网络通信，并通过打开 SSH 服务来启用远程访问。

可以通过 nmcli 命令对网络进行配置。

```
# 查看系统中已经创建的网络配置
[root@localhost ~]# nmcli con show

# 删除系统网络的网络配置
[root@localhost ~]# nmcli con del enp0s3f0

# 配置网络的 IP 地址
[root@localhost ~]# nmcli con add type ethernet con-name enp0s3f0 ifname enp0s3f0 ipv4.method manual ipv4.addresses 192.168.2.47/24 ipv4.gateway 192.168.2.47 ipv4.dns 192.168.2.1 autoconnect yes
[root@localhost ~]# nmcli con reload
[root@localhost ~]# nmcli con up enp1s0
```

在系统安装后，默认 SSH 服务并没有开启，可以通过以下命令启用。

```
[root@localhost ~]# systemctl start sshd
[root@localhost ~]# systemctl enable sshd
Created symlink /etc/systemd/system/multi-user.target.wants/sshd.service → /usr/lib/systemd/system/sshd.service.
```

9.2.3 配置远程 yum 源

在 oVirt 安装过程中所有软件包都需要从网络上下载，下面是软件源的配置文件。

```
# 通过 VI 命令将下面的软件源信息写入配置文件 "/etc/yum.repos.d/ovirt_addos.repo" 中
[root@localhost yum.repos.d]# cat ovirt_addos.repo
[ovirt-44]
name=Loongnix server $releasever - oVirt-44
baseurl=http://pkg.****gnix.cn/loongnix-server/$releasever/virt/$basearch/ovirt-44/release
gpgcheck=0
enabled=1

[openstack-ussuri]
name=openstack-ussuri
baseurl=http://pkg.****gnix.cn/loongnix-server/8.4/cloud/loongarch64/release/openstack-ussuri/
gpgcheck=0
enabled=1

[Loongnixplus]
name=Loongnixplus
baseurl=http://pkg.****gnix.cn/loongnix-server/8.4/Loongnixplus/loongarch64/release/
```

```
gpgcheck=0
enabled=1

[PowerTools]
name=PowerTools
baseurl=http://pkg.****gnix.cn/loongnix-server/8.4/PowerTools/loongarch64/release/
gpgcheck=0
enabled=1

[openstack-rocky]
name=openstack-rocky
baseurl=http://pkg.****gnix.cn/loongnix-server/8.4/cloud/loongarch64/release/openstack-rocky/
gpgcheck=0
enabled=1

[epel]
name=epel
baseurl=http://pkg.****gnix.cn/loongnix-server/8.4/epel/loongarch64/release/Everything/
gpgcheck=0
enabled=1
```

9.3 安装和部署管理器引擎

根据本章开始的规划，管理器引擎将会被部署于 192.168.101.50 服务器中，下面是在这台服务器上部署管理器引擎的具体步骤。

（1）设置 master 主机的名称，并将 master.loongarch.ovirt.com、master.loongarch.ovirt.com 域名解析记录添加到"/etc/hosts"配置文件中。

```
[root@localhost ~]# hostnamectl set-hostname master
[root@localhost ~]# vi /etc/hosts
[root@localhost ~]# cat /etc/hosts
127.0.0.1    localhost localhost.localdomain localhost4 localhost4.localdomain4
::1          localhost localhost.localdomain localhost6 localhost6.localdomain6
192.168.2.47 master master.loongarch.ovirt.com
192.168.101.2.216 node1 node1.loongarch.ovirt.com
```

（2）通过命令手动下载 12.7 版本的 postgresql、postgresql-server、postgresql-contrib 软件包，并使用 yum 命令安装这些软件包。

```
# 通过 wget 命令下载 12.7 版本的 postgresql 安装包到本地
```

```
[root@localhost ~]# wget
https://pkg.****gnix.cn/loongnix-server/8.4/AppStream/loongarch64/release/Packages/postgresql-12.
7-1.0.1.module%2Blns8.4.0%2B10433%2Bf0a9b894.loongarch64.rpm
[root@localhost ~]# wget
https://pkg.****gnix.cn/loongnix-server/8.4/AppStream/loongarch64/release/Packages/postgresql-ser
ver-12.7-1.0.1.module%2Blns8.4.0%2B10433%2Bf0a9b894.loongarch64.rpm
[root@localhost ~]# wget
https://pkg.****gnix.cn/loongnix-server/8.4/AppStream/loongarch64/release/Packages/postgresql-con
trib-12.7-1.0.1.module%2Blns8.4.0%2B10433%2Bf0a9b894.loongarch64.rpm

# 确认下载的 postgresql 安装包的版本号
[root@localhost ~]# ls *.rpm
postgresql-12.7-1.0.1.module+lns8.4.0+10433+f0a9b894.loongarch64.rpm
postgresql-contrib-12.7-1.0.1.module+lns8.4.0+10433+f0a9b894.loongarch64.rpm
postgresql-server-12.7-1.0.1.module+lns8.4.0+10433+f0a9b894.loongarch64.rpm

# 通过 yum 安装 postgresql 相关软件包，系统在安装过程中会自动解决包之间的依赖问题
[root@localhost ~]# yum install ./postgresql*
```

（3）通过 yum 命令安装管理器引擎。

```
# 安装 ovirt-engine
[root@localhost ~]# yum install -y ovirt-engine python3-ovirt-engine-lib
```

（4）使用 engine-setup 命令部署本地管理引擎。

```
[root@localhost ~]# engine-setup --offline
[ INFO  ] Stage: Initializing
[ INFO  ] Stage: Environment setup
          Configuration files: /etc/ovirt-engine-setup.conf.d/10-packaging-jboss.conf,
/etc/ovirt-engine-setup.conf.d/10-packaging.conf
          Log file: /var/log/ovirt-engine/setup/ovirt-engine-setup-20240613133238-zg4tv1.log
          Version: otopi-1.9.6 (otopi-1.9.6-1.lns8)
[ INFO  ] Stage: Environment packages setup
[ INFO  ] Stage: Programs detection
[ INFO  ] Stage: Environment setup (late)
[ INFO  ] Stage: Environment customization

          --== PRODUCT OPTIONS ==--

          Configure Cinderlib integration (Currently in tech preview) (Yes, No) [No]: Yes
          Configure Engine on this host (Yes, No) [Yes]:

          Configuring ovirt-provider-ovn also sets the Default cluster's default network provider to
ovirt-provider-ovn.
```

```
          Non-Default clusters may be configured with an OVN after installation.
          Configure ovirt-provider-ovn (Yes, No) [Yes]:
          Configure WebSocket Proxy on this host (Yes, No) [Yes]:

          * Please note * : Data Warehouse is required for the engine.
          If you choose to not configure it on this host, you have to configure
          it on a remote host, and then configure the engine on this host so
          that it can access the database of the remote Data Warehouse host.
          Configure Data Warehouse on this host (Yes, No) [Yes]:
          Configure VM Console Proxy on this host (Yes, No) [Yes]:
          Configure Grafana on this host (Yes, No) [Yes]:

          --== PACKAGES ==--


          --== NETWORK CONFIGURATION ==--

          Host fully qualified DNS name of this server [localhost.localdomain]:
master.loongarch.ovirt.com
[WARNING] Failed to resolve master.loongarch.ovirt.com using DNS, it can be resolved only locally

          Setup can automatically configure the firewall on this system.
          Note: automatic configuration of the firewall may overwrite current settings.
          Do you want Setup to configure the firewall? (Yes, No) [Yes]:
[ INFO  ] firewalld will be configured as firewall manager.

          --== DATABASE CONFIGURATION ==--

          Where is the DWH database located? (Local, Remote) [Local]:

          Setup can configure the local postgresql server automatically for the DWH to run. This may
conflict with existing applications.
          Would you like Setup to automatically configure postgresql and create DWH database, or prefer
to perform that manually? (Automatic, Manual) [Automatic]:
          Where is the ovirt cinderlib database located? (Local, Remote) [Local]:
          Setup can configure the local postgresql server automatically for the CinderLib to run. This
may conflict with existing applications.
          Would you like Setup to automatically configure postgresql and create CinderLib database,
or prefer to perform that manually? (Automatic, Manual) [Automatic]:
          Where is the Engine database located? (Local, Remote) [Local]:

          Setup can configure the local postgresql server automatically for the engine to run. This
may conflict with existing applications.
```

```
          Would you like Setup to automatically configure postgresql and create Engine database, or
prefer to perform that manually? (Automatic, Manual) [Automatic]:

          --== OVIRT ENGINE CONFIGURATION ==--

          Engine admin password:
          Confirm engine admin password:
[WARNING] Password is weak: 密码少于 8 个字符
          Use weak password? (Yes, No) [No]: Yes
          Application mode (Virt, Gluster, Both) [Both]:
          Use default credentials (admin@internal) for ovirt-provider-ovn (Yes, No) [Yes]:

          --== STORAGE CONFIGURATION ==--

          Default SAN wipe after delete (Yes, No) [No]:

          --== PKI CONFIGURATION ==--

          Organization name for certificate [loongarch.ovirt.com]:

          --== APACHE CONFIGURATION ==--

          Setup can configure the default page of the web server to present the application home page.
This may conflict with existing applications.
          Do you wish to set the application as the default page of the web server? (Yes, No) [Yes]:

          Setup can configure apache to use SSL using a certificate issued from the internal CA.
          Do you wish Setup to configure that, or prefer to perform that manually? (Automatic, Manual)
[Automatic]:

          --== SYSTEM CONFIGURATION ==--


          --== MISC CONFIGURATION ==--

          Please choose Data Warehouse sampling scale:
          (1) Basic
          (2) Full
          (1, 2)[1]:
          Use Engine admin password as initial Grafana admin password (Yes, No) [Yes]:

          --== END OF CONFIGURATION ==--
```

```
[ INFO  ] Stage: Setup validation
[WARNING] Cannot validate host name settings, reason: resolved host does not match any of the local addresses
[WARNING] Less than 16384MB of memory is available


          --== CONFIGURATION PREVIEW ==--

          Application mode                        : both
          Default SAN wipe after delete           : False
          Host FQDN                               : master.loongarch.ovirt.com
          Firewall manager                        : firewalld
          Update Firewall                         : True
          CinderLib database host                 : localhost
          CinderLib database port                 : 5432
          CinderLib database secured connection   : False
          CinderLib database host name validation : False
          CinderLib database name                 : ovirt_cinderlib
          CinderLib database user name            : ovirt_cinderlib
          Set up Cinderlib integration            : True
          Configure local CinderLib database      : True
          Configure local Engine database         : True
          Set application as default page         : True
          Configure Apache SSL                    : True
          Engine database host                    : localhost
          Engine database port                    : 5432
          Engine database secured connection      : False
          Engine database host name validation    : False
          Engine database name                    : engine
          Engine database user name               : engine
          Engine installation                     : True
          PKI organization                        : loongarch.ovirt.com
          Set up ovirt-provider-ovn               : True
          Grafana integration                     : True
          Grafana database user name              : ovirt_engine_history_grafana
          Configure WebSocket Proxy               : True
          DWH installation                        : True
          DWH database host                       : localhost
          DWH database port                       : 5432
          DWH database secured connection         : False
          DWH database host name validation       : False
          DWH database name                       : ovirt_engine_history
          Configure local DWH database            : True
          Configure VMConsole Proxy               : True
```

```
              Please confirm installation settings (OK, Cancel) [OK]:
[ INFO  ] Stage: Transaction setup
[ INFO  ] Stopping engine service
[ INFO  ] Stopping ovirt-fence-kdump-listener service
[ INFO  ] Stopping dwh service
[ INFO  ] Stopping vmconsole-proxy service
[ INFO  ] Stopping websocket-proxy service
[ INFO  ] Stage: Misc configuration (early)
[ INFO  ] Stage: Package installation
[ INFO  ] Stage: Misc configuration
[ INFO  ] Upgrading CA
[ INFO  ] Initializing PostgreSQL
[ INFO  ] Creating PostgreSQL 'engine' database
[ INFO  ] Configuring PostgreSQL
[ INFO  ] Creating PostgreSQL 'ovirt_engine_history' database
[ INFO  ] Configuring PostgreSQL
[ INFO  ] Creating CA: /etc/pki/ovirt-engine/ca.pem
[ INFO  ] Creating CA: /etc/pki/ovirt-engine/qemu-ca.pem
[ INFO  ] Updating OVN SSL configuration
[ INFO  ] Updating OVN timeout configuration
[ INFO  ] Creating/refreshing DWH database schema
[ INFO  ] Setting up ovirt-vmconsole proxy helper PKI artifacts
[ INFO  ] Setting up ovirt-vmconsole SSH PKI artifacts
[ INFO  ] Configuring WebSocket Proxy
[ INFO  ] Creating/refreshing Engine database schema
[ INFO  ] Creating a user for Grafana
[ INFO  ] Creating/refreshing Engine 'internal' domain database schema
[ INFO  ] Creating default mac pool range
[ INFO  ] Adding default OVN provider to database
[ INFO  ] Adding OVN provider secret to database
[ INFO  ] Setting a password for internal user admin
[ INFO  ] Generating post install configuration file
'/etc/ovirt-engine-setup.conf.d/20-setup-ovirt-post.conf'
[ INFO  ] Stage: Transaction commit
[ INFO  ] Stage: Closing up
[ INFO  ] Starting engine service
[ INFO  ] Starting dwh service
[ INFO  ] Starting Grafana service
[ INFO  ] Restarting ovirt-vmconsole proxy service

          --== SUMMARY ==--
```

```
[ INFO  ] Restarting httpd
         Please use the user 'admin@internal' and password specified in order to login
         Web access is enabled at:
             http://master.loongarch.ovirt.com:80/ovirt-engine
             https://master.loongarch.ovirt.com:443/ovirt-engine
         Internal CA 0F:2D:EE:75:50:84:6D:FB:BA:4F:06:38:DE:E6:1E:DF:37:36:4E:89
         SSH fingerprint: SHA256:+Dow+EmHZyiPTTvWzyDxiDyYLZLQJrMyWUP79ZMrCS4
[WARNING] Less than 16384MB of memory is available
         Web access for grafana is enabled at:
             https://master.loongarch.ovirt.com/ovirt-engine-grafana/
         Please run the following command on the engine machine master.loongarch.ovirt.com, for SSO
to work:
         systemctl restart ovirt-engine

         --== END OF SUMMARY ==--

[ INFO  ] Stage: Clean up
         Log file is located at
/var/log/ovirt-engine/setup/ovirt-engine-setup-20240613140143-ezs8ld.log
[ INFO  ] Generating answer file '/var/lib/ovirt-engine/setup/answers/20240613140717-setup.conf'
[ INFO  ] Stage: Pre-termination
[ INFO  ] Stage: Termination
[ INFO  ] Execution of setup completed successfully
```

（5）上一步执行完，如果命令窗口出现"Execution of setup completed successfully"的信息，则表示管理器引擎已经部署成功。

（6）通过"master.loongarch.ovirt.com"域名访问管理器引擎，管理门户页面如图 9-5 所示。

图 9-5　管理门户页面

（7）在"计算"→"集群"列表中选择名称为"Default"的集群，在菜单栏中选择" ⋮ "图标，在弹出的下拉列表中单击"删除"选项，删除安装程序自动创建的"兼容性版本"为 4.6 的集群，如图 9-6 所示。

图 9-6　删除集群

（8）在"计算"→"数据中心"列表中选择名称为"Default"的数据中心，在菜单栏中单击"删除"按钮，删除安装程序自动创建的"兼容性版本"为 4.6 的数据中心，如图 9-7 所示。

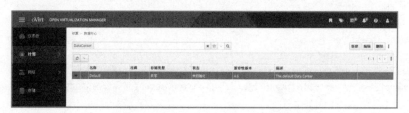

图 9-7　删除数据中心

（9）在"计算"→"数据中心"选项卡中，单击菜单栏上的"新建"按钮，在弹出的"新建数据中心"窗口中创建"兼容版本"为 4.4 的数据中心，如图 9-8 所示。

图 9-8　创建数据中心

（10）在"计算"→集群"选项卡中单击菜单上的"新建"按钮，在弹出的"新建集群"窗口中创建"兼容版本"为 4.4 的集群，如图 9-9 所示。

第 9 章　在国产龙芯服务器上使用 oVirt

图 9-9　创建集群

9.4　部署和添加主机

主机是指运行 VDSM、Libvirt 等相关组件，为 oVirt 提供硬件资源并运行虚拟机的物理服务器。根据本章开始的规划，服务器 2（node1.loongarch.ovirt.com）将用作 oVirt 的主机，下面将说明部署主机和添加主机的方法。

9.4.1　部署主机

在部署主机前，需要在服务器 2 中完成 Loongnix Server 8.4 操作系统的安装，部署主机是指在服务器 2 的操作系统中安装 VDSM、Libvirt 等相关组件，使管理引擎能够将其添加为主机。部署主机的具体步骤如下。

（1）通过 nmcli 命令为当前主机配置 IP 地址。

```
# 查看系统中已经创建的网络配置
[root@localhost ~]# nmcli con show

# 删除系统网络的网络配置
[root@localhost ~]# nmcli con del enp0s3f0

# 直接将网络配置到网卡上
[root@localhost ~]# nmcli con add type ethernet con-name enp0s3f0 ifname enp0s3f0 ipv4.method manual ipv4.addresses 192.168.2.216/24 ipv4.gateway 192.168.12.1 ipv4.dns 192.168.2.1 autoconnect yes
```

```
[root@localhost ~]# nmcli con reload
[root@localhost ~]# nmcli con up enp0s3f0
```

（2）设置主机名称和域名解析文件。

```
[root@localhost ~]# hostnamectl set-hostname node1

[root@localhost ~]# cat /etc/hosts
127.0.0.1     localhost localhost.localdomain localhost4 localhost4.localdomain4
::1           localhost localhost.localdomain localhost6 localhost6.localdomain6
192.168.2.47 master master.loongarch.ovirt.com
192.168.2.216 node1 node1.loongarch.ovirt.com
```

（3）查看软件源配置文件"cat /etc/yum.repos.d/ovirt_addos.repo"是否已经被正确配置。

```
[root@node1 yum.repos.d]# cat ovirt_addos.repo
[ovirt-44]
name=Loongnix server $releasever - oVirt-44
baseurl=http://pkg.****gnix.cn/loongnix-server/$releasever/virt/$basearch/ovirt-44/release
gpgcheck=0
enabled=1

[openstack-ussuri]
name=openstack-ussuri
baseurl=http://pkg.****gnix.cn/loongnix-server/8.4/cloud/loongarch64/release/openstack-ussuri/
gpgcheck=0
enabled=1

[Loongnixplus]
name=Loongnixplus
baseurl=http://pkg.****gnix.cn/loongnix-server/8.4/Loongnixplus/loongarch64/release/
gpgcheck=0
enabled=1

[PowerTools]
name=PowerTools
baseurl=http://pkg.****gnix.cn/loongnix-server/8.4/PowerTools/loongarch64/release/
gpgcheck=0
enabled=1

[openstack-rocky]
name=openstack-rocky
baseurl=http://pkg.****gnix.cn/loongnix-server/8.4/cloud/loongarch64/release/openstack-rocky/
gpgcheck=0
enabled=1
```

```
[epel]
name=epel
baseurl=http://pkg.****gnix.cn/loongnix-server/8.4/epel/loongarch64/release/Everything/
gpgcheck=0
enabled=1
```

(4)安装 ovirt-host 软件包

```
[root@node1 ~]# yum install -y ovirt-host glibc ovirt-hosted-engine-setup --allowerasing
```

9.4.2 添加主机

在 oVirt 中,添加主机的作用是将物理服务器纳入虚拟化环境,提供计算、存储和网络资源,以便运行和管理虚拟机。添加主机本质上是通过浏览器在 oVirt 的管理门户中将主机添加到集群的过程。下面是添加主机的具体步骤。

(1)登录管理门户。

(2)选择"计算"→"主机",进入主机列表页,如图 9-10 所示。

图 9-10 进入主机列表页

(3)在菜单栏中单击"新建"按钮,如图 9-11 所示。

图 9-11 新建主机

（4）在"新建主机"窗口的"常规"选项卡中完善"名称""主机名/IP""SSH 端口""密码"等选项，单击"确定"按钮开始添加，如图 9-12 所示。

图 9-12　添加新主机

9.5　通过管理门户添加存储域

通过独立管理引擎方式添加的第一个存储域将被设为主存储域。由于 NFS 的配置相较于 iSCSI 更为简单，因此建议优先考虑将 NFS 添加为主存储域。

准备 NFS 存储和添加 NFS 存储的过程可以参考 2.2.1 节和 3.1.3 节。

准备 iSCSI 存储和添加 iSCSI 存储的过程可以参考 2.2.1 节和 3.1.3 节。

附 录

附录 A 管理器引擎开放的防火墙端口清单

管理器引擎要求打开多个端口，以允许通过系统的防火墙网络流量。在运行 engine-setup 脚本部署管理器引擎的过程中，脚本会自动配置好管理器引擎的防火墙。管理器引擎开放的端口清单如表 A.1 所示。

表 A.1 管理器引擎开放的端口清单

端口	协议	源	目的	用途	加密
\	ICMP	Host	Manager、Host	帮助诊断	否
22	TCP	客户端	Manager、Host	SSH 访问（可选）	是
2222	TCP	客户端	Manager	SSH 访问，以启用与虚拟机串行控制台的连接	是
80,443	TCP	管理门户 虚拟机门户 Host REST API 客户端	Manager	提供对 Manager 的 HTTP（端口 80，未加密）和 HTTPS（端口 443、加密）访问。 HTTP 将连接重定向到 HTTPS	是
6100	TCP	管理门户 虚拟机门户	Manager	WebSocket 的代理端口，以便 Manager 为 noVNC 提供代理访问	否
7410	UDP	Host	Manager	Manager 侦听 Host 的 Kdump	否

续表

端口	协议	源	目的	用途	加密
54323	TCP	管理门户客户端	Manager 的 ovirt-imageio 服务	与 ovirt-imageio 通信	是
6642	TCP	Host	Manager 的 ovn-northd 服务	连接 Open Virtual Network（OVN）数据库	是
9696	TCP	OVN 外网客户端	OVN 外网供应商	OpenStack 网络 API	是
35357	TCP	OVN 外网客户端	OVN 外网供应商	OpenStack 身份认证 API	是
53	TCP,UDP	Manager	DNS 服务器	从 1023 以上端口到端口 53 的 DNS 请求及响应。默认打开	否
123	UDP	Manager	NTP 服务器	从 1023 以上端口到端口 123 的 NTP 请求及响应。默认打开	否

附录 B 主机防火墙端口清单

oVirt 的主机需要打开多个端口以允许通过系统的防火墙网络流量通过。在向 Manager 添加主机时，安装程序会自动配置防火墙，主机开放的防火墙端口如表 B.1 所示。

表 B.1 主机开放的防火墙端口清单

端口	协议	源	目的地	用途	加密
22	TCP	客户端	Manager、Host	SSH 访问 可选	是
2223	TCP	Manager	Host	SSH 访问，以启用与虚拟机串行控制台的连接	是
161	UDP	Host	Manager	简单网络管理协议（SNMP）从主机发送到一个或多个外部 SNMP 管理器时才需要（可选）	否
111	TCP	NFS 存储服务器	Host	NFS 连接（可选）	否
5900-6923	TCP	管理门户客户端 虚拟机门户客户端	Host	通过 VNC 和 SPICE 访问远程客户机控制台，必须打开这些端口，以便于客户端访问虚拟机	是
5989	TCP,UDP	Common Information Model Object Manager (CIMOM)	Host	CIMOM 用于监控主机上运行的虚拟机（可选）	否
9090	TCP	Manager 客户端机器	Host	访问 Cockpit Web 界面	是

续表

端口	协议	源	目的地	用途	加密
16514	TCP	Host	Host	Libvirt 虚拟机迁移	是
49152-49215	TCP	Host	Host	使用 VDSM 进行虚拟机迁移和隔离。促进虚拟机的自动化和手动迁移	是
54321	TCP	Manager Host	Host	VDSM 与管理器和其他虚拟化主机的通信	是
54322	TCP	Manager 的 ovirt-imageio 服务	Host	通过此端口与 ovirt-imageio 服务通信	是
6081	UDP	Host	Host	将开放虚拟网络（OVN）用作网络提供程序时，允许 OVN 在主机之间创建隧道	否
53	TCP UDP	Host	DNS 服务器	用于响应 DNS 查询请求	否
123	UDP	Host	NTP 服务器	用于响应 NTP 请求	空
4500	TCP UDP	Host	Host	Internet 安全协议（IPSec）	是
500	UDP	Host	Host	Internet 安全协议（IPSec）	是
-	AH ESP	Host	Host	Internet 安全协议（IPSec）	是

附录 C 打开主机虚拟化嵌套（仅 x86 架构支持）

oVirt 中的虚拟化嵌套技术允许在一个虚拟机（VM）内部运行其他虚拟机，这是通过在 VM 中启用硬件辅助虚拟化来实现的。虚拟化嵌套广泛应用于开发和测试环境，特别适合于需要模拟复杂网络或多层虚拟化架构的场景。

通过下面的步骤可以为 x86 架构下的 oVirt 开启虚拟化嵌套功能。

（1）使用管理员用户登录 oVirt 管理门户。

（2）选择"计算"→"主机"，打开主机列表。

（3）选中需要设置的主机，单击"编辑"按钮。

（4）在新弹出的"编辑主机"窗口中，选择"内核"选项卡，并勾选"嵌套的虚拟化"选项，如图 C.1 所示。

（5）重启这台主机，使得配置生效。

（6）打开需要嵌套虚拟化的"编辑虚拟机"窗口，在"主机"选项卡中的"特定主机"下拉列表中选择刚刚配置的主机，并在"CPU 选项"中勾选"透传主机 CPU"复选框，如图 C.2 所示。

图 C.1　打开虚拟化嵌套选项

图 C.2　编辑虚拟机以支持虚拟化嵌套功能

附录 D cert_data.sh 脚本文件

管理员可以通过 cert_data.sh 脚本查看管理器引擎节点及所有主机的证书时效信息（文件在本书的下载资源中）。

```bash
#!/bin/bash
echo "This script will check certificate expiration dates"
echo
echo "Checking RHV-M Certificates..."
echo "==================================================";
ca=`openssl x509 -in /etc/pki/ovirt-engine/ca.pem -noout -enddate| cut -d= -f2`
apache=`openssl x509 -in /etc/pki/ovirt-engine/certs/apache.cer -noout -enddate| cut -d= -f2`
engine=`openssl x509 -in /etc/pki/ovirt-engine/certs/engine.cer -noout -enddate| cut -d= -f2`
qemu=`openssl x509 -in /etc/pki/ovirt-engine/qemu-ca.pem -noout -enddate| cut -d= -f2`
wsp=`openssl x509 -in /etc/pki/ovirt-engine/certs/websocket-proxy.cer -noout -enddate| cut -d= -f2`
jboss=`openssl x509 -in /etc/pki/ovirt-engine/certs/jboss.cer -noout -enddate| cut -d= -f2`
ovn=`openssl x509 -in /etc/pki/ovirt-engine/certs/ovirt-provider-ovn.cer -noout -enddate| cut -d= -f2`
ovnnbd=`openssl x509 -in /etc/pki/ovirt-engine/certs/ovn-ndb.cer -noout -enddate| cut -d= -f2`
ovnsbd=`openssl x509 -in /etc/pki/ovirt-engine/certs/ovn-sdb.cer -noout -enddate| cut -d= -f2`
vmhelper=`openssl x509 -in /etc/pki/ovirt-engine/certs/vmconsole-proxy-helper.cer -noout -enddate| cut -d= -f2`
vmhost=`openssl x509 -in /etc/pki/ovirt-engine/certs/vmconsole-proxy-host.cer -noout -enddate| cut -d= -f2`
vmuser=`openssl x509 -in /etc/pki/ovirt-engine/certs/vmconsole-proxy-user.cer -noout -enddate| cut -d= -f2`

echo " /etc/pki/ovirt-engine/ca.pem:                              $ca"
echo " /etc/pki/ovirt-engine/certs/apache.cer:                    $apache"
echo " /etc/pki/ovirt-engine/certs/engine.cer:                    $engine"
echo " /etc/pki/ovirt-engine/qemu-ca.pem                          $qemu"
echo " /etc/pki/ovirt-engine/certs/websocket-proxy.cer            $wsp"
echo " /etc/pki/ovirt-engine/certs/jboss.cer                      $jboss"
echo " /etc/pki/ovirt-engine/certs/ovirt-provider-ovn             $ovn"
echo " /etc/pki/ovirt-engine/certs/ovn-ndb.cer                    $ovnnbd"
echo " /etc/pki/ovirt-engine/certs/ovn-sdb.cer                    $ovnsbd"
echo " /etc/pki/ovirt-engine/certs/vmconsole-proxy-helper.cer     $vmhelper"
echo " /etc/pki/ovirt-engine/certs/vmconsole-proxy-host.cer       $vmhost"
echo " /etc/pki/ovirt-engine/certs/vmconsole-proxy-user.cer       $vmuser"
```

```bash
echo

hosts=`/usr/share/ovirt-engine/dbscripts/engine-psql.sh -t -c "select host_name from vds;" | xargs`
echo
echo "Checking Host Certificates..."
echo

for i in $hosts;
     do echo "Host: $i";
     echo "==============================================";
     vdsm=`ssh -i /etc/pki/ovirt-engine/keys/engine_id_rsa root@${i} 'openssl x509 -in /etc/pki/vdsm/certs/vdsmcert.pem -noout -enddate' | cut -d= -f2`
     echo -e "  /etc/pki/vdsm/certs/vdsmcert.pem:         $vdsm";

     spice=`ssh -i /etc/pki/ovirt-engine/keys/engine_id_rsa root@${i} 'openssl x509 -in /etc/pki/vdsm/libvirt-spice/server-cert.pem -noout -enddate' | cut -d= -f2`
     echo -e "  /etc/pki/vdsm/libvirt-spice/server-cert.pem:  $spice";

     vnc=`ssh -i /etc/pki/ovirt-engine/keys/engine_id_rsa root@${i} 'openssl x509 -in /etc/pki/vdsm/libvirt-vnc/server-cert.pem -noout -enddate' | cut -d= -f2`
     echo -e "  /etc/pki/vdsm/libvirt-vnc/server-cert.pem:    $vnc";

     libvirt=`ssh -i /etc/pki/ovirt-engine/keys/engine_id_rsa root@${i} 'openssl x509 -in /etc/pki/libvirt/clientcert.pem -noout -enddate' | cut -d= -f2`
     echo -e "  /etc/pki/libvirt/clientcert.pem:          $libvirt";

     migrate=`ssh -i /etc/pki/ovirt-engine/keys/engine_id_rsa root@${i} 'openssl x509 -in /etc/pki/vdsm/libvirt-migrate/server-cert.pem -noout -enddate' | cut -d= -f2`
     echo -e "  /etc/pki/vdsm/libvirt-migrate/server-cert.pem: $migrate";

     echo;
     echo;
done
```

附录 E   singlehost.sh 脚本文件

singlehost.sh 脚本文件可运行于管理器上，实现对主机证书的更新（此脚本文件在本书的下载资源中）。

```
#! /bin/bash
```

```
# This script must be run from the RHV Manager and it will renew the hypervisor's expired certificates
# and restart the hypervisor services in an unattended way (in the best case) .
# It will perform the following steps:
#   - If the CA certificate is not expired it will check if it has valid start and end dates
#     or it will renew it
#   - If the CA certificate is expired it will enable global maitenance mode if an SHE installation is detected,
#     stop the engine and run engine-setup to renew the CA itself and all the engine certs.
#   - It will connect to the database using engine-pgsql.sh script to get the list of hypervisors.
#   - For each hypervisor it will check if the certificate is expired.
#   - If the certificate expired it will check if a password-less SSH connection to the hypervisor is available
#     and if not it will configure it (in this case the hypervisor's root password will be required)
#   - It will check if the CSR is available locally and if not, it will connect to the hypervisor to regenerate it.
#   - Then it will renew the certificate using 'pki-enroll-request.sh' script, and copy the new certificate
#     to the hypervisor along with the CA if it was renewed in previous steps.
#   - Once the new certificate is copied to the required destinations it will connect to the hypervisor and restart
#     the vdsmd and imageio services
#   - As final step it will start the engine again and it will disable global maintenance mode in case it was enabled.

set -e

engine_scripts_dir="/usr/share/ovirt-engine"
enroll_request="${engine_scripts_dir}/bin/pki-enroll-request.sh"
create_ca="${engine_scripts_dir}/bin/pki-create-ca.sh"
engine_psql="${engine_scripts_dir}/dbscripts/engine-psql.sh"

pki_dir="/etc/pki/ovirt-engine"
certs_dir="${pki_dir}/certs"
requests_dir="${pki_dir}/requests"
ca_file="${pki_dir}/ca.pem"
ca_truststore="${pki_dir}/.truststore"

ssh_key="${pki_dir}/keys/engine_id_rsa"
ssh_key_pub="${pki_dir}/keys/engine_id_rsa.pub"

ok='\e[32m\u25B6 GOOD:\e[0m'
error='\e[31m\u25B6 ERROR\e[0m'
warn='\e[33m\u25B6 WARN:\e[0m'
```

```bash
info='\e[34m\u25B6 INFO:\e[0m'

log() {
    echo -e "[$(date --rfc-3339=seconds)]: $*"
}

log_info() {
    log $info $*
}

log_ok() {
    log $ok $*
}

log_error() {
    log $error $*
}

log_warn() {
    log $warn $*
}

ssh_copy_id() {
    host="${1}"
    key_present='1'
    ssh -o 'PasswordAuthentication no' -o 'StrictHostKeyChecking no' -i "${ssh_key}" "root@${host}" exit 0 || key_present=0
    if [ "${key_present}" != "1" ]; then
        log_warn "SSH key is not present on host '${host}' copying it, you will need to enter the host's root password"
        ssh-copy-id -i "${ssh_key_pub}" "root@${host}"
    fi
}

ssh_run() {
    host="${1}"
    cmd="${@:2}"
    ssh_copy_id "${host}"
    ssh -i "${ssh_key}" "root@${host}" "${cmd}"
}

scp_run() {
    host="${1}"
```

```
    src="${2}"
    dst="${3}"
    ssh_copy_id "${host}"
    scp -i "${ssh_key}" "${src}" "root@${host}:${dst}"
}


OPTIND=1
force_renew=false


while getopts "hf" opt; do
    case "${opt}" in
    f)
        force_renew=true
        ;;
    *)
        echo "$0 [-f]"
        echo "   -f force certificate renewal even if not needed"
        exit 0
        ;;
    esac
done

if [ "$UID" != 0 ]; then
    log_error "This script needs to be run as root"
    exit 1
fi

if [ ! -f "${engine_psql}" -o ! -f "${enroll_request}" -o ! -f "${create_ca}" ]; then
    log_error "Engine required script does not exist. This script must be run within the RHV Manager"
    exit 1
fi

if [ ! -f "${ssh_key_pub}" ]; then
    log_info "Engine SSH pub key does not exist, generating it"
    ssh-keygen -y -f "${ssh_key}" > "${ssh_key_pub}"
fi

ca_updated=false
ca_date_gmt_count="$(openssl x509 -noout -startdate -enddate -in ${ca_file} | grep -c GMT)"
ca_expired="$(openssl verify -CAfile ${ca_file} ${ca_file} 2>&1 | grep -c -e 'error 10 at' -e 'certificate has expired' ||:)"
```

```
she_host="$(${engine_psql} --no-align -t -c 'select host_name from vds where is_hosted_engine_host
limit 1;')"
sleep 1

if [ "$ca_expired" = "1" -o "${ca_date_gmt_count}" != "2" -o "${force_renew}" = "true" ]; then
  if [ ! -z "$she_host" ]; then
    log_info "Removing '${she_host}' from the 'known_hosts' file to avoid conflicts"
    ssh-keygen -R ${she_host}
    log_info "Enabling Global Maintenance mode on host ${she_host}"
    ssh_run "${she_host}" hosted-engine --set-maintenance --mode=global
  fi
  log_info "Stopping the oVirt Engine service"
  systemctl stop httpd
  systemctl stop ovirt-engine
  if [ "${ca_expired}" = "1" ]; then
    log_warn 'CA Certificate expired, running engine-setup to fix it'
    engine-setup --accept-defaults
  else
    if [ "${ca_date_gmt_count}" != "2" ]; then
      log_warn 'CA Certificate has an invalid date we need to renew it.'
    fi
    log_info 'Renewing CA Certificate.'
    cp "${ca_truststore}" "${ca_truststore}.$(date '+%Y%m%d%H%M%S')"
    ${create_ca} --renew --keystore-password=mypass
  fi
  ca_updated=true
fi

#ca_expires_in_seconds="$(date -d "$(openssl x509 -in ${ca_file} -noout -enddate| sed -e
's/^notAfter=//')" +%s)"
#now_in_seconds="$(date +%s)"
#ca_expires_in_days="$(( (ca_expires_in_seconds - now_in_seconds) / (60 * 60 * 24)))"
#days="${ca_expires_in_days}"


host_name=$1
echo $host_name
  if [ "$host_name" != "" ]; then
    log_info "Verifying certificate for host '${host_name}'"
    cert_file="${certs_dir}/${host_name}.cer"
#    subject="$(openssl x509 -in ${cert_file} -noout -subject|sed -e 's/^subject= //')"
    subject="$(openssl x509 -in ${cert_file} -noout -subject|sed -e 's/subject=/\//' |sed -e's/,/\//'
```

```
|sed -e 's/ //g')"
    expired="$(openssl verify -CAfile ${ca_file} ${cert_file} 2>&1 | grep -c -e 'error 10 at' -e
'certificate has expired' ||:)"

    if [ "${expired}" = "1" -o "${force_renew}" = "true" ] ; then
      log_info "Removing '${host_name}' from the 'known_hosts' file to avoid conflicts"
      ssh-keygen -R ${host_name}
      log_warn "Certificate for host '${host_name}' has expired"

      req_file="${requests_dir}/${host_name}.req"
      if [ ! -f "${req_file}" ]; then
        log_warn "CSR does not exists, connecting to ${host_name} to regenerate it"
        ssh_run "${host_name}" openssl req -new -key "/etc/pki/vdsm/keys/vdsmkey.pem" -subj
"${subject}" > "${req_file}"
      fi

      log_info "Enrolling host ${host_name}"
      PWD="${pki_dir}" ${enroll_request} --name="${host_name}" --subject="${subject}" --days=1825
      log_info "Copying the certifificates to '${host_name}'"
      scp_run "${host_name}" "${cert_file}" "/etc/pki/vdsm/certs/vdsmcert.pem" &>/dev/null
      scp_run "${host_name}" "${cert_file}" "/etc/pki/libvirt/clientcert.pem" &>/dev/null
      scp_run "${host_name}" "${cert_file}" "/etc/pki/vdsm/libvirt-spice/server-cert.pem"
&>/dev/null
      scp_run "${host_name}" "${cert_file}" "/etc/pki/vdsm/libvirt-vnc/server-cert.pem" &>/dev/null
      if [ "$ca_updated" = true ]; then
        log_info "Refreshing the CA certificate on host '${host_name}'"
        scp -i "${ssh_key}" "${pki_dir}/ca.pem" "root@${host_name}:/etc/pki/vdsm/certs/cacert.pem"
&>/dev/null
        scp -i "${ssh_key}" "${pki_dir}/ca.pem"
"root@${host_name}:/etc/pki/vdsm/libvirt-spice/ca-cert.pem" &>/dev/null
        scp -i "${ssh_key}" "${pki_dir}/ca.pem" "root@${host_name}:/etc/pki/CA/cacert.pem"
&>/dev/null
        scp -i "${ssh_key}" "${pki_dir}/ca.pem"
"root@${host_name}:/etc/pki/vdsm/libvirt-vnc/ca-cert.pem" &>/dev/null
      fi
      log_info "Restarting libvirtd service on host '${host_name}'"
      ssh_run "${host_name}" systemctl restart libvirtd
      log_info "Restarting vdsm service on host '${host_name}'"
      ssh_run "${host_name}" systemctl restart vdsmd
      log_info "Restarting ovirt-imageio service on host '${host_name}'"
      ssh_run "${host_name}" systemctl restart ovirt-imageio
    else
      log_ok "Certificate not expired for host '${host_name}', skipping..."
```

```
    fi
  else
    log_error "Unable to get host's list, is the database running?"
    exit 1
  fi


if [ "${ca_updated}" = true ]; then
  log_info "Starting the oVirt Engine service"
  systemctl start ovirt-engine
  systemctl start httpd
  if [ ! -z "$she_host" ]; then
    sleep 30
    log_info "Disabling Global Maintenance mode on host ${she_host}"
    ssh_run ${she_host} hosted-engine --set-maintenance --mode=none
  fi
fi
```

博文视点诚邀精锐作者加盟

十载耕耘奠定专业地位

《C++Primer（中文版）（第5版）》、《淘宝技术这十年》、《代码大全》、《Windows内核情景分析》、《加密与解密》、《编程之美》、《VC++深入详解》、《SEO实战密码》、《PPT演义》……

"圣经"级图书光耀夺目，被无数读者朋友奉为案头手册传世经典。

潘爱民、毛德操、张亚勤、张宏江、昝辉Zac、李刚、曹江华……

"明星"级作者济济一堂，他们的名字熠熠生辉，与IT业的蓬勃发展紧密相连。

十年的开拓、探索和励精图治，成就**博**古通今、**文**圆质方、**视**角独特、**点**石成金之计算机图书的风向标杆：博文视点。

"凤翱翔于千仞兮，非梧不栖"，博文视点欢迎更多才华横溢、锐意创新的作者朋友加盟，与大师并列于IT专业出版之巅。

以书为证彰显卓越品质

● 专业的作者服务 ●

博文视点自成立以来一直专注于IT专业技术图书的出版，拥有丰富的与技术图书作者合作的经验，并参照IT技术图书的特点，打造了一支高效运转、富有服务意识的编辑出版团队。我们始终坚持：

善待作者——我们会把出版流程整理得清晰简明，为作者提供优厚的稿酬服务，解除作者的顾虑，安心写作，展现出最好的作品。

尊重作者——我们尊重每一位作者的技术实力和生活习惯，并会参照作者实际的工作、生活节奏，量身制定写作计划，确保合作顺利进行。

提升作者——我们打造精品图书，更要打造知名作者。博文视点致力于通过图书提升作者的个人品牌和技术影响力，为作者的事业开拓带来更多的机会。

英雄帖

江湖风云起，代有才人出。
IT界群雄并起，逐鹿中原。
博文视点诚邀天下技术英豪加入，
指点江山，激扬文字
传播信息技术，分享IT心得

联系我们

博文视点官网：http://www.broadview.com.cn
投稿电话：010-51260888　88254368

CSDN官方博客：http://blog.csdn.net/broadview2006/
投稿邮箱：jsj@phei.com.cn

 @博文视点Broadview   微信公众账号 博文视点Broadview

反侵权盗版声明

电子工业出版社依法对本作品享有专有出版权。任何未经权利人书面许可，复制、销售或通过信息网络传播本作品的行为；歪曲、篡改、剽窃本作品的行为，均违反《中华人民共和国著作权法》，其行为人应承担相应的民事责任和行政责任，构成犯罪的，将被依法追究刑事责任。

为了维护市场秩序，保护权利人的合法权益，我社将依法查处和打击侵权盗版的单位和个人。欢迎社会各界人士积极举报侵权盗版行为，本社将奖励举报有功人员，并保证举报人的信息不被泄露。

举报电话：（010）88254396；（010）88258888

传　　真：（010）88254397

E-mail：dbqq@phei.com.cn

通信地址：北京市万寿路173信箱　电子工业出版社总编办公室

邮　　编：100036